大学计算机

——数据分析与计算

主　编　丁益祥　魏媛媛　吴宛萍
副主编　黄华文　许小静　洪　樱
主　审　姜明华　胡新荣　魏　雄

科学出版社
北　京

内 容 简 介

本书以计算思维和数据思维为导向，旨在培养读者运用 Excel 和 Python 进行数据分析与计算的能力。全书分为三篇，从信息技术基础、Excel 数据分析与计算和 Python 数据分析与计算三方面，分别介绍信息与计算机、计算资源管理和利用、计算机网络及信息安全；Excel 基础知识、数据分析与应用（包括数据分析的含义和步骤、数据清洗与加工、数据排序与筛选、分类汇总、常用函数、数据可视化、数据透视表、数据透视图等）；Python 程序设计基础（包括数据类型和运算、控制结构、函数、内置类型），Pandas 数据分析与计算（包括 Series 和 DataFrame、单条件查询、多条件查询、重塑和透视表、Matplotlib 基础、Pandas 图表可视化），以及数据分析综合案例等。

本书既可作为高等院校非计算机专业的计算机公共基础课教材，也可作为数据分析相关工作从业人员的参考用书。

图书在版编目(CIP)数据

大学计算机：数据分析与计算/丁益祥，魏嫒嫒，吴宛萍主编. —北京：科学出版社，2024.6

ISBN 978-7-03-078477-3

Ⅰ.①大… Ⅱ.①丁… ②魏… ③吴… Ⅲ. ①电子计算机-高等学校-教材 Ⅳ. ①TP3

中国国家版本馆 CIP 数据核字（2024）第 087903 号

责任编辑：杨 昕 戴 薇 / 责任校对：王万红
责任印制：吕春珉 / 封面设计：东方人华平面设计部

科学出版社 出版
北京东黄城根北街 16 号
邮政编码：100717
http://www.sciencep.com

三河市骏杰印刷有限公司印刷
科学出版社发行 各地新华书店经销
*
2024 年 6 月第 一 版 开本：787×1092 1/16
2025 年 2 月第五次印刷 印张：13 1/4
字数：314 000

定价：50.00 元

（如有印装质量问题，我社负责调换）
销售部电话 010-62136230 编辑部电话 010-62135763-2032

前 言

随着大数据技术的快速发展，人们对数据的价值越来越重视，利用数据分析技术从海量数据中提取的信息具有极高的价值。培养具备一定数据计算、统计、分析、可视化呈现能力的技术人员，将更符合当今社会发展的需要。Excel 和 Python 作为数据分析与计算的常用工具，能够帮助使用者高效地从海量数据中发现问题、验证假设、搭建模型、预测未来。Excel 适合处理数据量较小的数据，建立在 Python 语言基础上的数据分析库 Pandas 能够高效处理具有数百万行的超大数据集。

本书分为三篇，第一篇为信息技术基础，主要介绍信息与计算机、计算资源管理和利用、计算机网络及信息安全；第二篇为 Excel 数据分析与计算，主要讲述 Excel 基础、Excel 数据分析与应用；第三篇为 Python 数据分析与计算，主要讲述 Python 程序设计基础、建立在 Python 语言基础上的数据分析库 Pandas 的使用方法，以及基于 Pandas 的数据分析综合案例。

本书由丁益祥、魏媛媛、吴宛萍任主编，黄华文、许小静、洪樱任副主编，陈其乐、程传庆、冯利民、胡靖、钱顺心、张勇、郑琴、周明参与了编写工作。全书由姜明华、胡新荣、魏雄主审。

本书编写人员均为武汉纺织大学计算机基础教研室具有丰富教学经验的一线教师。本书在编写过程中得到武汉纺织大学的大力资助，在此致以衷心的感谢。

由于编者水平有限，书中难免存在不妥之处，敬请广大读者批评指正。

编　者

前言

目　　录

第一篇　信息技术基础

第二篇　Excel 数据分析与计算

第三篇 Python 数据分析与计算

第一篇 信息技术基础

第 1 章　信息技术与计算机基础

在高科技信息时代下，信息技术以其高速化、集成化、虚拟化和智能化等特点，加速了人们在各个领域内的相互交流与合作。

信息技术是一门利用电子计算机和现代通信手段获取、传递、存储、处理、显示信息的技术。本章介绍与信息技术相关的计算机基础知识、操作系统基础知识和计算机网络及信息安全基础知识。

1.1　信息与计算机

从结绳记事到算盘、差分机、计算尺、计算机，计算和计算工具的发展在人类历史中有着举足轻重的地位。

1.1.1　计算机发展和未来

1. *发展历史*

1946 年 2 月，世界上第一台电子数字积分计算机（electronic numerical integrator and computer，ENIAC）（图 1-1）在美国宾夕法尼亚大学诞生，它标志着科学技术的发展进入了新的时代——电子计算机时代。第一代计算机的特点是使用电子管，运算速度达到每秒数千次双精度浮点运算。

第二代计算机的主要特点是用晶体管取代了电子管；在软件技术上出现了算法语言和操作系统；应用领域从科学计算扩展到了数据处理；运算速度达到几万次至几十万次双精度浮点运算每秒。图 1-2 所示的通用自动计算机（universal automatic computer，UNIVAC）是第一台商用电子计算机，标志着计算机进入了商业应用的时代。

图 1-1　ENIAC

图 1-2　UNIVAC

第三代计算机的主要特点是普遍采用集成电路，体积和功耗都显著减小，可靠性大幅提高；运算速度达到几十万次到几百万次双精度浮点运算每秒。

第四代计算机的主要特点是大规模集成电路（large scale integration，LSI）和超大规模集成电路成为计算机的主要器件，运算速度提高到几百万次到几亿次双精度浮点运算每秒。20 世纪 80 年代，超大规模集成电路（very large scale integration，VLSI）在芯片上集成了几十万个元件，而特大规模集成电路（ultra large scale integration，ULSI）将元件的数量扩充到百万级。

1958 年，我国成功研制出国内第一台计算机。2009 年，我国成功研制出首台千万亿次超级计算机系统“天河一号”，峰值性能达每秒 1206 万亿次双精度浮点运算。2017 年，在德国法兰克福举行的 ISC①2017 国际高性能计算大会公布了新一期世界超级计算机 TOP500 榜单，中国第一台全部采用国产处理器构建的超级计算机“神威·太湖之光”（图 1-3）首次亮相，一举夺冠，它的峰值性能达到 12.5436 亿亿次双精度浮点运算每秒。2020 年 12 月，中国科学技术大学潘建伟团队成功构建 76 个光子的量子计算原型机“九章”，2023 年 6 月，基于“九章”光量子计算原型机完成了对“稠密子图”和“Max-Haf”两类图论问题的求解，其运算速度相比当时全球最快的超级计算机使用最优经典算法精确模拟同一实验的速度快约 1.8 亿倍。

图 1-3　神威·太湖之光

2. 计算机的未来

随着计算机技术的快速发展，计算机正融入人们日常生活的方方面面。计算机技术正朝着超高速、超小型、网络化、智能化的方向发展。

超高速是指计算机具有极高的运算速度、大容量的存储空间、更加强大和完善的功能，可以同时执行多条指令或同时对多个数据进行处理，主要用于航空航天、军事、气象（图 1-4）、生物工程等学科领域。

超小型趋势得益于极大规模集成电路（giga large scale integration，GLSI）技术的飞速发展，以微处理器为核心的微型计算机的性能在不断跃升，使得计算机的体积不断缩小（图 1-5），速度不断提高，功能更加强大。可穿戴式智能设备能为每个人提供专属的、个性化的服务，计算机的超小型化将得到更大的发展。

① International Supercomputing Conference（国际超级计算大会）。

网络技术已经与计算机技术紧密结合，众多计算机通过相互连接，形成了一个规模庞大、功能多样的网络系统（图 1-6），从而实现了信息的相互传递和资源共享。

计算机的智能化要求计算机具有人类的部分智能，能够进行图像识别、定理证明、研究学习、启发和理解人类语言等工作，人工智能（artificial intelligence，AI）是计算机应用研究的前沿学科（图 1-7）。

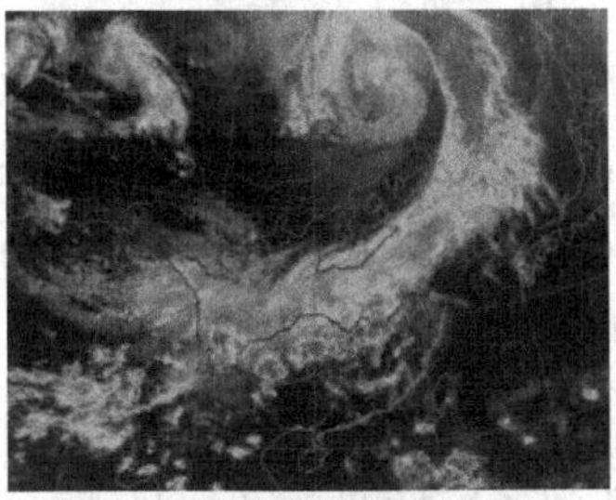

图 1-4　气象分析计算

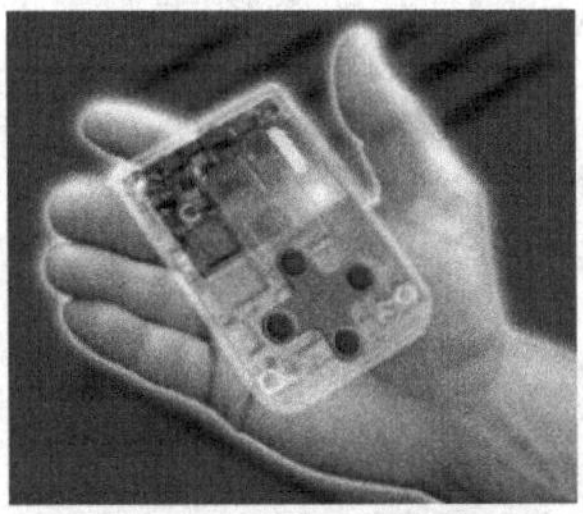

图 1-5　超小型计算机

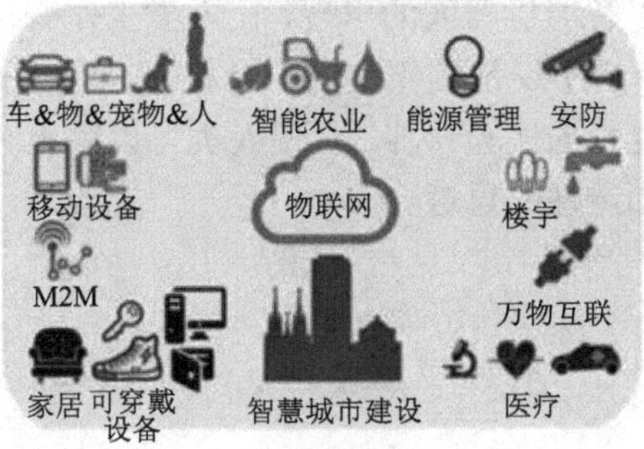

图 1-6　计算机网络

图 1-7　人工智能

人工智能是指模拟人脑进行演绎推理和采取决策的思维过程，让计算机自动探索解题的方法，是模拟人类某些智力行为（如感知、推理、学习和理解）的理论、技术和应用。目前，一些智能系统已经能够替代人的部分脑力劳动。

人工智能目前在计算机领域得到了广泛的重视，并在机器人、经济政治决策、控制系统、仿真系统中得到应用。

人工智能的研究课题多种多样，如自学习、自适应、自然语言的理解、计算机视觉和听觉等。智能机器人是人工智能研究的综合产物，有感知和理解周围环境、进行推理和操纵工具的能力，并能够通过学习适应周围环境，自主完成任务。在不允许人进入的场所，如高温、放射性环境下，使用机器人有着特殊的意义。

目前，研究人工智能的主要手段及实现人工智能技术的机器主要是使用计算机。除了计算机科学，人工智能还涉及信息论、控制论、自动化、仿生学、生物学、心理学、数理逻辑、语言学、医学和哲学等多门学科。人工智能学科的主要研究内容包括知识表示、自动推理和搜索方法、机器学习和知识获取、知识处理系统、自然语言理解、计算机视觉、智能机器人、自动程序设计等。人工智能研究目前主要有以下 3 种方法。

（1）符号主义：模拟人的数理逻辑，其缺点是知识需要更新，推理不一定正确，如知识库+逻辑推理。

（2）联结主义：模拟人的大脑（神经中枢），在大数据中学习知识，如深度学习+数据驱动。

（3）行为主义：模拟人的社交活动，通过周围环境的反馈自主学习，如行为+反馈。

目前，人工智能大多应用在智能控制、专家系统、智能搜索、定理证明、博弈、自动程序设计、语言和图像理解、机器视觉、遗传编程、机器人工厂等领域。

2020 年 7 月，Nature 杂志封面刊登了由英国利物浦大学研究人员开发的一款人工智能机器人化学家（图1-8）。这款机器人具有人形特征，可以在标准实验室中自主工作，像人类一样使用各种实验仪器。然而，与人类不同的是，这款机器人具有无限的耐心，可以同时考虑数十个维度的变量，每天工作 21.5h，剩下的 2.5h 用于检修和补充电量。更重要的是，这款机器人可以独立思考，能够自主完成一系列的实验操作。

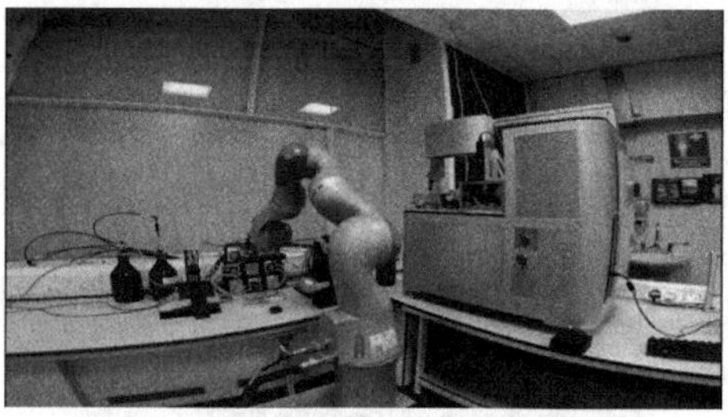
图 1-8　人工智能机器人化学家

人工智能机器人的出现，让人类工作变得更为灵活。它不仅是实验室的一台机器，也是一个具有超能力的实验伙伴，它使人类可以腾出时间来进行创造性的思考。

1.1.2　计算机基础知识

1. 计算机的分类

1）微型计算机

微型计算机（图 1-9）又被称为个人计算机（personal computer，PC），是指专为个人设计的计算机，通常包括图形显示设备、键盘、鼠标等。微型计算机的出现与发展掀起了计算机普及浪潮。

2）服务器

服务器（图 1-10）是用来运行大规模程序的计算机，可以同时为多个用户提供服务。服务器最初用来承担大负载的任务，如单个科学或工程应用中的复杂计算，或者处理多个小任务。

图 1-9　微型计算机

图 1-10　服务器

3）嵌入式计算机

嵌入式计算机是应用最为广泛、保有量最大的一类计算机。它通常集成在其他设备中，用来执行一个预定的任务，其应用领域（图 1-11）跨越最广，在可穿戴式设备、智能手机、移动摄像、PC、智能家居、大卖场、辅助医疗、汽车无线充电、车载设备，甚至服装领域都有着广泛应用。

图 1-11　嵌入式计算机应用领域

2. 计算机的特点

计算机具备如下特点。

（1）快速。计算机采用高速电子元件和存储程序的思想，将要解决问题的步骤先存入设备，通过电子元件的快速运行得到结果。

（2）通用。计算机处理的信息可以是数值数据，也可以是非数值数据，这些信息都能够数字化编码。程序越丰富，通用性越强。

（3）准确。准确包括两个方面的含义：一是计算精度高；二是计算方法科学。计算精度取决于运算位数，位数越多越精确。计算精度还与计算方法有关，计算方法由程序体现，加上多位数的计算功能，能够保证计算结果的准确性。

（4）逻辑。逻辑判断和逻辑运算是计算机的基本功能之一，计算机内部有一个能够执行算术逻辑运算的部件，通过执行能够体现逻辑判断和逻辑运算的程序，使整个系统具有逻辑性。

3. 计算机的性能指标

评价计算机系统的性能主要基于如下指标。

（1）基本字长。基本字长是指参与运算的数的基本位数，它标志着计算机的精度。位数越多，计算机精度越高，硬件成本也越大。

（2）存储容量。

- 主存容量。当前需要执行的程序与处理的数据存放在主存中，主存容量越大，运算速度越快，计算机的处理能力越强。主存中每个存储单元有 8 位，称为一个字节（byte，B）。
- 外存容量。外存容量一般是指计算机系统中联机运行的外存储器容量。

（3）运算速度。

- CPU 时钟频率。计算机的操作需要分解指令，每个时钟周期完成一步操作，时钟频率在很大程度上反映了 CPU 运行的快慢。

- 百万条指令每秒（million instructions per second，MIPS）。MIPS 值大致相当于每秒能完成的定点加减法运算次数。

（4）外设性能。外设的配置也是影响整个计算机系统性能的重要因素，在系统技术说明中常给出允许配置情况与实际配置情况，以方便做出相应的对比。

（5）系统软件性能。计算机允许配置的软件原则上是可以不断扩充的，但是增加软件的同时也有可能为计算机硬件系统带来负担和麻烦，因此，对计算机整机系统进行评价时也要考虑该系统内安装软件的实际情况。

4. 计算机的应用

计算机革命还在继续，每次革命都可使计算成本大幅降低，计算速度大幅提高，进而使计算机的应用领域（图 1-12）更加广泛和深入。

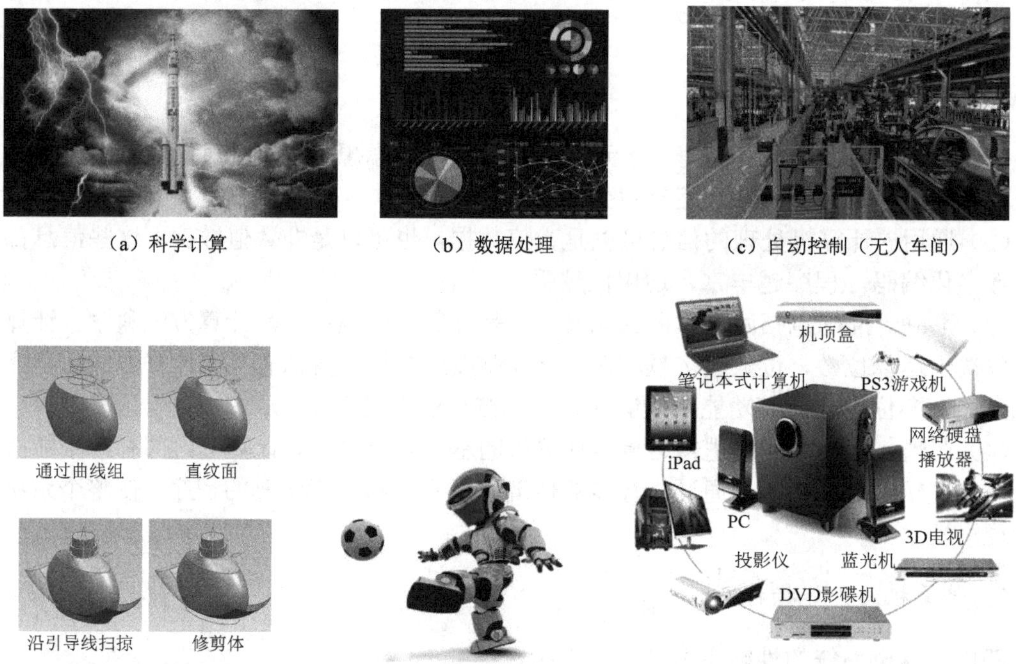

（a）科学计算　（b）数据处理　（c）自动控制（无人车间）

（d）计算机辅助设计　（e）人工智能　（f）多媒体和网络

图 1-12　计算机应用领域

（1）科学计算。在科学技术及工程设计应用中，所遇到的各种数学问题的计算统称为科学计算。计算机的应用最早就是从这一领域开展的。

（2）数据处理。数据通常是指由描述事物的数字、字母和符号等组成的序列。数据信息处理是指对数据信息进行一系列的操作，包括加工、分析、传送、存储及检测等。

（3）自动控制。利用计算机对连续的工业生产过程进行控制，称为过程自动控制。被控制的对象可以是一台或一组机床、一条生产线、一个车间，甚至整个工厂。利用计算机进行过程控制，可以有效节省劳动力、减轻劳动强度、提高生产效率、降低能源消耗和成本。

（4）计算机辅助设计与辅助制造。计算机辅助设计（computer aided design，CAD）是指用计算机帮助设计人员进行设计，这能够大幅提高设计效率和产品质量。计算机辅助制造（computer aided manufacture，CAM）是指用计算机对生产设备进行管理、控制和操作。

（5）人工智能。日常生活中人工智能的典型应用包括语音识别（微信语音转文字），图像识别（小猿搜题、车牌识别、识花君、人脸识别等），机器翻译，自然语言处理（Siri、小爱同学、小度等），机器人（AlphaGo、深蓝、机器人化学家等），自动驾驶技术、GPS导航、专家系统、人工神经网络。

（6）多媒体和网络。随着电子技术，特别是通信和计算机技术的发展，文本、音频、视频、动画、图形和图像等各种媒体综合起来，构成了多媒体（multimedia）。计算机和互联网的结合使得在线音乐、视频、社交媒体等娱乐形式得以发展。

1.1.3　信息与信息的表示

二进制数有运算简单、便于物理实现、降低硬件成本等优点。计算机中的数据由位（bit，b）组成，数字表示为二进制的形式。

1. 数制的基本知识

数制也称计数制，是指用一组固定的符号和统一的规则来表示数值的方法。按照进位的方法进行计数，称为进位计数制。在进位计数制中有基数和位权两个概念。

基数是指在某种进位计数制中，每个数位上所能使用的数码的个数。

位权简称权，是指某种数制中每个数位对应的单位值。例如，十进制数中，小数点左边第 1 位为个位数，其位权为 10^0；第 2 位为十位数，其位权为 10^1；第 3 位为百位数，其位权为 10^2……小数点右边第 1 位为十分位数，其位权为 10^{-1}；第 2 位为百分位数，其位权为 10^{-2}；第 3 位为千分位数，其位权为 10^{-3}……。任何一种 R 进制数都可以用位权表示法来表示。

2. 计算机中常用的数制

（1）十进制：用 10 个数码来表示数据，分别是 0、1、2、3、4、5、6、7、8、9。例如，十进制数 2846.932 可以表示如下：

$$(2846.932)_{10} = 2\times10^3 + 8\times10^2 + 4\times10^1 + 6\times10^0 + 9\times10^{-1} + 3\times10^{-2} + 2\times10^{-3}$$

（2）二进制：使用的数码只有 0、1 两个。例如，二进制数 1001.1010 可以表示如下：

$$(1001.1010)_2 = 1\times2^3 + 0\times2^2 + 0\times2^1 + 1\times2^0 + 1\times2^{-1} + 0\times2^{-2} + 1\times2^{-3} + 0\times2^{-4}$$

（3）八进制：八进制用到的数码有 8 个，即 0、1、2、3、4、5、6、7。

（4）十六进制：十六进制用到 16 个数码，即 0、1、2、3、4、5、6、7、8、9、A、B、C、D、E、F，字母 A、B、C、D、E、F（或者 a、b、c、d、e、f）分别代表 10、11、12、13、14、15。

表 1-1 是数制之间的对照情况。

表 1-1　十进制、二进制、八进制和十六进制对照表

十进制	二进制	八进制	十六进制	十进制	二进制	八进制	十六进制
0	0	0	0	9	1001	11	9
1	1	1	1	10	1010	12	A
2	10	2	2	11	1011	13	B
3	11	3	3	12	1100	14	C
4	100	4	4	13	1101	15	D
5	101	5	5	14	1110	16	E
6	110	6	6	15	1111	17	F
7	111	7	7	16	10000	20	10
8	1000	10	8	17	10001	21	11

3. 数制之间的相互转换

1）其他进制数转换为十进制数

利用按权展开式就可以把其他进制数转换为一个十进制数。

【例 1-1】 将二进制数$(1101.101)_2$转换为十进制数，计算过程如下：

$$(1101.101)_2 = 1\times2^3 + 1\times2^2 + 0\times2^1 + 1\times2^0 + 1\times2^{-1} + 0\times2^{-2} + 1\times2^{-3} = (13.625)_{10}$$

【例 1-2】 将八进制数$(42.01)_8$转换为十进制数，计算过程如下：

$$(42.01)_8 = 4\times8^1 + 2\times8^0 + 0\times8^{-1} + 1\times8^{-2} = (34.015625)_{10}$$

【例 1-3】 将十六进制数$(AC3)_{16}$转换为十进制数，计算过程如下：

$$(AC3)_{16} = 10\times16^2 + 12\times16^1 + 3\times16^0 = (2755)_{10}$$

2）十进制整数转换为二进制整数

【例 1-4】 将十进制数 118 转换为二进制数，计算过程如下：

除数	商	余数 ↑
2	118	
2	59	0
2	29	1
2	14	1
2	7	0
2	3	1
2	1	1
	0	1

$(118)_{10}=(1110110)_2$

3）十进制小数转换为二进制小数

【例 1-5】 将$(0.56)_{10}$转换为二进制数，计算过程如下：

计算	整数部分 ↓
0.56×2=1.12	1
0.12×2=0.24	0
0.24×2=0.48	0
0.48×2=0.96	0
0.96×2=1.92	1
0.92×2=1.84	1
0.84×2=1.68	1

$(0.56)_{10}=(0.1000111\cdots)_2$

如果要求精度为小数点后 4 位，那么$(0.56)_{10}=(0.1001)_2$，采用 0 舍 1 入法进行取舍。

4）八进制和十六进制数转换为二进制数

因为 $8=2^3$，$16=2^4$，即 3 位二进制数相当于一位八进制数，4 位二进制数相当于一位十六进制数，所以，二进制数和八进制数、十六进制数之间的转换十分容易。

例如，二进制数 1001 1001 1111 可以表示为八进制数 4637；二进制数 0101 1110 0111 1100 可以表示为十六进制数 5E7C。

同样，八进制数和十六进制数可以转化为二进制数。例如，八进制数 256773 可以表示为二进制数 1 0101 1101 1111 1011；十六进制数 94B6 可以表示为二进制数 1001 0100 1011 0110。

4. 常用二进制计量单位

计算机系统中常用的二进制计量单位有位、字节和字。

位是计算机中最小的数据单位，计算机中最直接、最基本的操作就是对二进制位的操作。

8 位组成一个字节。计算机中内存的容量、磁盘的存储容量或者文件的大小均以字节为单位，如千字节（KB）、兆字节（MB）、吉字节（GB）等。它们之间的换算关系如下所示。

1B=8b

$1KB=1024B=2^{10}B$、$1MB=1024KB=2^{20}B$、$1GB=1024MB=2^{30}B$

$1TB=1024GB=2^{40}B$、$1PB=1024TB=2^{50}B$、$1EB=1024PB=2^{60}B$

字（word，W）是计算机中作为一个整体被存取、传送和处理的二进制串。一个字由若干字节组成，不同的计算机系统对字的长度规定不一，常见的字长有 2B、4B、8B 等。

1.1.4 非数值信息在计算机中的编码

1. 字符的表示方法

国际上使用的字符信息表示系统有很多种，现在广泛采用美国信息交换标准代码（American Standard Code for Information Interchange，ASCII）。ASCII 字符对应表如表 1-2 所示。

2. 汉字的表示方法

我国在 1980 年制定了《信息交换用汉字编码字符集　基本集》（GB/T 2312—1980），作为汉字信息交换代码。2000 年 3 月 17 日，信息产业部和国家质量技术监督局联合发布了《信息技术　信息交换用汉字编码字符集　基本集的扩充》（GB 18030—2000），不仅收录了 27 000 多个汉字，还收录了藏、蒙、维等主要少数民族的文字。2005 年 11 月 8 日，国家质量技术监督局和中国国家标准化管理委员会发布了《信息技术　中文编码字符集》（GB 18030—2005），在 GB 18030—2000 基础上增加了 CJK 统一汉字扩充 B 的汉字。

表 1-2 ASCII 字符对应表

十进制	二进制	十六进制	字符	十进制	二进制	十六进制	字符	十进制	二进制	十六进制	字符	十进制	二进制	十六进制	字符
0	0000 0000	00	nul	32	0010 0000	20	sp	64	0100 0000	40	@	96	0110 0000	60	‘
1	0000 0001	01	soh	33	0010 0001	21	!	65	0100 0001	41	A	97	0110 0001	61	a
2	0000 0010	02	stx	34	0010 0010	22	“	66	0100 0010	42	B	98	0110 0010	62	b
3	0000 0011	03	etx	35	0010 0011	23	#	67	0100 0011	43	C	99	0110 0011	63	c
4	0000 0100	04	eot	36	0010 0100	24	$	68	0100 0100	44	D	100	0110 0100	64	d
5	0000 0101	05	enq	37	0010 0101	25	%	69	0100 0101	45	E	101	0110 0101	65	e
6	0000 0110	06	ack	38	0010 0110	26	&	70	0100 0110	46	F	102	0110 0110	66	f
7	0000 0111	07	bel	39	0010 0111	27	`	71	0100 0111	47	G	103	0110 0111	67	g
8	0000 1000	08	bs	40	0010 1000	28	(	72	0100 1000	48	H	104	0110 1000	68	h
9	0000 1001	09	ht	41	0010 1001	29	)	73	0100 1001	49	I	105	0110 1001	69	i
10	0000 1010	0a	nl	42	0010 1010	2a	*	74	0100 1010	4a	J	106	0110 1010	6a	j
11	0000 1011	0b	vt	43	0010 1011	2b	+	75	0100 1011	4b	K	107	0110 1011	6b	k
12	0000 1100	0c	ff	44	0010 1100	2c	,	76	0100 1100	4c	L	108	0110 1100	6c	l
13	0000 1101	0d	er	45	0010 1101	2d	-	77	0100 1101	4d	M	109	0110 1101	6d	m
14	0000 1110	0e	so	46	0010 1110	2e	.	78	0100 1110	4e	N	110	0110 1110	6e	n
15	0000 1111	0f	si	47	0010 1111	2f	/	79	0100 1111	4f	O	111	0110 1111	6f	o
16	0001 0000	10	dle	48	0011 0000	30	0	80	0101 0000	50	P	112	0111 0000	70	p
17	0001 0001	11	dc1	49	0011 0001	31	1	81	0101 0001	51	Q	113	0111 0001	71	q
18	0001 0010	12	dc2	50	0011 0010	32	2	82	0101 0010	52	R	114	0111 0010	72	r
19	0001 0011	13	dc3	51	0011 0011	33	3	83	0101 0011	53	S	115	0111 0011	73	s
20	0001 0100	14	dc4	52	0011 0100	34	4	84	0101 0100	54	T	116	0111 0100	74	t
21	0001 0101	15	nak	53	0011 0101	35	5	85	0101 0101	55	U	117	0111 0101	75	u
22	0001 0110	16	syn	54	0011 0110	36	6	86	0101 0110	56	V	118	0111 0110	76	v
23	0001 0111	17	etb	55	0011 0111	37	7	87	0101 0111	57	W	119	0111 0111	77	w
24	0001 1000	18	can	56	0011 1000	38	8	88	0101 1000	58	X	120	0111 1000	78	x
25	0001 1001	19	em	57	0011 1001	39	9	89	0101 1001	59	Y	121	0111 1001	79	y
26	0001 1010	1a	sub	58	0011 1010	3a	:	90	0101 1010	5a	Z	122	0111 1010	7a	z
27	0001 1011	1b	esc	59	0011 1011	3b	;	91	0101 1011	5b	[	123	0111 1011	7b	{
28	0001 1100	1c	fs	60	0011 1100	3c	<	92	0101 1100	5c	\	124	0111 1100	7c	|
29	0001 1101	1d	gs	61	0011 1101	3d	=	93	0101 1101	5d	]	125	0111 1101	7d	}
30	0001 1110	1e	re	62	0011 1110	3e	>	94	0101 1110	5e	^	126	0111 1110	7e	~
31	0001 1111	1f	us	63	0011 1111	3f	?	95	0101 1111	5f	_	127	0111 1111	7f	del

1）汉字输入编码

（1）数字编码方式：用 4 位十六进制数或 4 位十进制数编成一组代码，每组代码表示一组汉字。这种编码不易记忆和操作。

（2）字元编码方式：将汉字分解为若干基本元素即字元，然后给每个字元确定一个代码，把代码按照字元位置（左右、上下、内外）顺序排列，就可以构成汉字的代码。五笔字型输入法就是采用这种编码方式。

（3）拼音编码方式：输入时在键盘上输入汉字拼音，但同音异字、发音不准或不知道发音的字难以处理。智能 ABC、搜狗输入法等采用这种编码方式。

（4）语音输入方式：很多语音输入的软件可以用普通话输入汉字，甚至可以有效识别方言，识别率已经达到 95%以上。

（5）图形输入方式：手写板输入汉字很方便，可以识别各种手写体汉字。

2）汉字内码

汉字内码是适用于汉字信息存储、交换、检索等操作的机内码，一般采用两个字节表示。为了与英文相区别，国内将汉字机内代码中两个字节的最高位规定为 1。

我国国家标准汉字编码称为国标码。国标码规定：一个汉字由两个字节组成，每个字节只用低 7 位。国标码是一个机内码，其主要作用是统一不同系统之间的不同编码。

在计算机系统中，汉字以机内码的形式存在，输入汉字时允许用户根据自己的习惯使用不同的输入码，进入系统后统一转换为机内码。机内码是国标码的另一种表现形式，可以区分国标码和 ASCII，更加适合在计算机内部使用。例如，“大”的机内码是 B4F3H，即在国标码的基础上加上 8080H。

其他的汉字编码方法有 Unicode 编码、GBK 编码、Big5 汉字编码等。其中，Unicode 编码是国际编码标准，采用双字节统一表示世界上的主要文字。GBK 编码是我国制定的中文编码扩展标准，共收录了 2.7 万个汉字。Big5 汉字编码是目前我国香港、台湾地区普遍使用的繁体汉字编码标准。

3）汉字字模码

汉字字模码是用点阵表示汉字字型的一种编码形式，是汉字的输出形式。

根据汉字输出的要求不同，点阵的多少也不同。简易型汉字为 16×16 点阵，提高型汉字为 24×24 点阵、32×32 点阵，甚至更高。因此，字模点阵的信息量很大，所占存储空间也很大。以 16×16 点阵为例，每个汉字需要占用 32B，而国标二级汉字需要占用 256KB。因此，字模点阵只能用来构成汉字库，而不能用于机内存储。汉字库中存储了每个汉字的点阵码。当显示输出和打印输出时才检索字库，输出字模点阵，得到字型。图 1-13 显示了“春”的点阵。

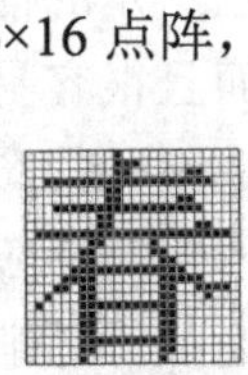

图 1-13 24×24 汉字的字模点阵与编码

注意：汉字的输入码、机内码、字模码是计算机中用于输入、内部处理、输出 3 种不同用途的编码，不要混为一谈。

3. 声音、图像、视频的表示和存储

计算机内除了能够存储和处理数值和文字字符外，还可以存储和处理图形、图像、声音、视频。

1）声音的表示和存储

音频是一种随时间连续变化的模拟数据，需要利用“采样→量化→编码”的策略，存储离散时间点上的音频信号强度，当采样频率不低于声音信号最高频率的2倍时，即可将以数字表达的声音还原为原来的声音。采样完成后，对采样信息进行编码，采样率越高，效果越好，占用的存储空间也越大，数字化的声音质量也越高。

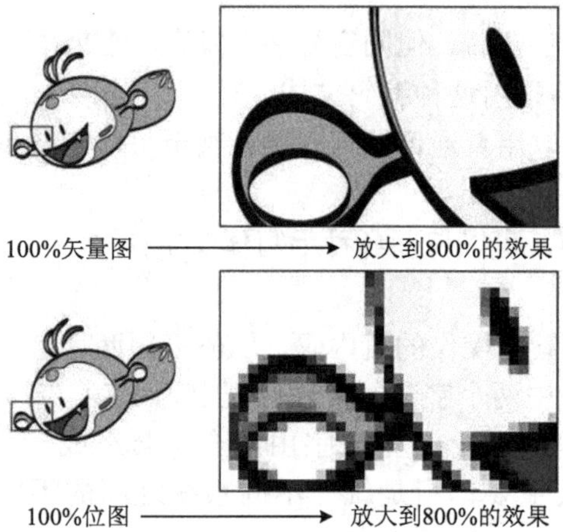

图 1-14　矢量图和位图对比

2）图形、图像的表示和存储

图像有两种：矢量图和位图（图1-14）。一般把矢量图称为图形，把位图称为图像。图形与图像在计算机上的显示结果相似，但实现方法完全不同。

3）视频的表示和存储

视频是图像（帧）在时间上的表示，是一系列帧连续播放而形成的运动图像，是随空间和时间变化的色彩信息表示。视频分模拟视频与数字视频两种。模拟视频是指每一帧图像是实时获取的自然景物的真实图像信号。人们在日常生活中看到的电视、电影都属于模拟视频的范畴。数字视频信号是基于数字技术及其他更为拓展的图像显示标准的视频信息。

4）条形码、二维码与射频识别

日常生活中常见的条形码、二维码和射频识别（radio frequency identification，RFID）也是表示信息的方法。

（1）条形码。条形码是由一组规则排列的条、空或与其相对应的字符组成的标记，用以表示一定的信息，如图 1-15（a）所示。这种用条、空组成的数据编码可以供机器识读，而且很容易译为二进制数和十进制数。这些条和空可以有各种不同的组合方法，从而构成不同的图形符号，即各种符号体系，也称码制，用于不同的场合。

条形码广泛应用于仓储、邮电、运输、商业盘点等领域，其中应用广泛、广为人知的还是商品流通销售领域。

（2）二维码。二维码是用计算机软件编码技术形成的平面几何图形，可以通过编码技术存储数字、汉字或图片，如图 1-15（b）和（c）所示。其中的黑色小方块代表的是1，白色小方块代表的是0，黑白相间的图案其实就是一串编码。值得注意的是，在二维码的边上有3个大方块，它们主要起定位作用。二维码是一种高密度、高信息含量的便携式数据文件，能够在很小的面积内表达大量信息，实现证件及卡片等大容量、高可靠性信息自动存储。

二维码应用场景十分广阔（图 1-16）。二维码技术已广泛应用于国防、公共安全、交通运输、医疗保健、工业、商业等领域。例如，在交通管理中，在驾驶证年审通知单或执照上印刷一个二维码，就可将所有年审或颁发新牌照所需要的信息放在二维码中。

工作人员只需扫描通知单或执照上的二维码，便可以获取全部审验所需的信息。

（a）条形码　（b）矩阵式二维码　（c）堆叠式二维码

图 1-15　条形码和二维码

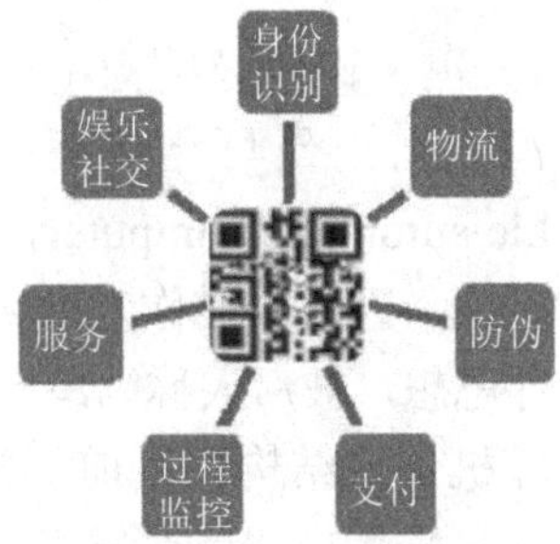

图 1-16　二维码的应用场景

（3）射频识别。射频识别（RFID）又称电子标签（图 1-17）或射频标签，也称感应式电子晶片或感应卡、非接触卡等。

图 1-17　RFID（电子标签）

RFID 是一种非接触式的自动识别技术，通过射频信号自动识别目标对象并获取相关数据，识别工作无须人工干预，可工作于各种恶劣环境。RFID 技术可识别高速运动物体并可同时识别多个标签，操作快捷方便。

短距离射频产品可在油渍、灰尘污染等恶劣的环境下正常工作，用以替代条形码，如用在工厂的流水线上跟踪物体。远距离射频产品多用于交通上，识别距离可达几十米，如自动收费或识别车辆身份等，现在部分居民小区也将其用于小区进出人脸识别。

RFID 的应用非常广泛，其典型应用有动物晶片、汽车晶片防盗器、门禁管制、停车场管制、生产线自动化、物料管理等。图 1-18 展示了 RFID 的部分应用场景。

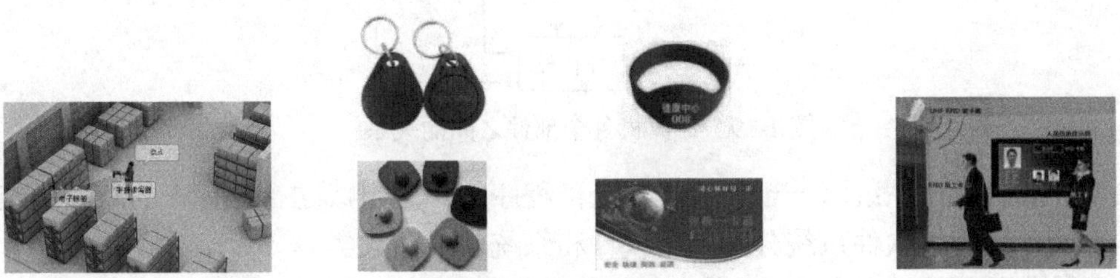

（a）库房盘点　（b）门禁卡、腕带、防盗扣、一卡通　（c）身份识别

图 1-18　RFID 应用场景示例

1.1.5　计算机基本组成和工作原理

计算机硬件是计算机系统中实际使用设备的总称，主要由各种各样的元器件构成，电子的、电气的、磁介质的、机械的或者光学器件。

计算机的软件将解决问题的方法、思想和过程以程序的形式进行描述，通常存储在介质上。人们可以看到存储程序的介质，但看不到程序本身。

计算机系统就是由计算机硬件和软件组成的。

1. 计算机系统结构

1）冯·诺依曼结构特点

冯·诺依曼与莫尔小组合作研制的离散变量自动电子计算机（electronic discrete variable automatic computer，EDVAC）采用存储程序的方案，其后开发的计算机都采用这种方式，因此也被称为冯·诺依曼计算机。冯·诺依曼的一篇论文概括了他的计算机结构设计思想，被后人称为冯·诺依曼思想，这是计算机发展史上的一个里程碑。冯·诺依曼计算机体系结构到目前仍被广泛采用，其原则有以下几点。

（1）采用二进制形式表示数据和指令。数据和指令在代码的表示形式上并无区别，都是 0 和 1 组成的代码序列，只是各自的约定不同。采用二进制，使各种信息的数字化表示容易实现。

（2）采用存储程序的方式。这是冯·诺依曼思想的核心内容，即事先编制好程序（包括指令和数据），然后将程序存入主存储器中，计算机在运行程序时就能自动、连续地从存储器中依次取出指令，并且按照指令要求加以执行。

（3）由运算器、存储器、控制器、输入设备和输出设备五大部分组成。

2）计算机系统的基本组成

（1）计算机硬件系统。绝大多数计算机是根据以存储程序为基本原理的冯·诺依曼思想设计的，具有共同的基本配置。图 1-19 给出了计算机硬件系统中五大部件的相互关系。

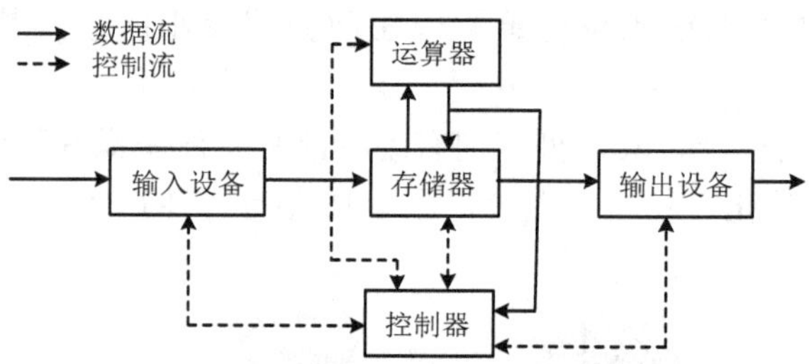

图 1-19　计算机各个部件之间的关系

（2）计算机软件系统。一台计算机中全部程序的集合组成这台计算机的软件系统。按具体功能，计算机软件系统分为应用软件和系统软件两大类。

应用软件是用户为解决某种应用问题而编制的一些程序，如科学计算程序、自动控制程序和情报检索程序等。例如，办公软件、杀毒软件都属于应用软件。此外，还有一些为了特定目的编写的软件，如人事管理系统、财务软件等，这些也属于应用软件的范畴。

系统软件是用于实现计算机系统的管理、调度、监视和服务等功能，是为了方便用户，提高计算机的使用效率，扩充系统的功能而编制的一些程序。通常将系统软件分为以下 6 类。

① 操作系统。操作系统是指管理计算机各种资源，自动调动用户作业程序，处理各种中断的软件。由操作系统管理的资源通常包括硬件、软件和数据信息。

② 语言处理程序。计算机能够识别的语言与计算机能够直接执行的语言并不一致。计算机能识别的语言有很多，如汇编语言、C 语言、Java 语言、Python 语言等，不同语言的源程序需要使用不同的语言处理程序。

③ 标准库程序。人们通常将一些常用的程序段按照标准格式编制好，组成一个标准程序库，需要时选择合适的程序段嵌入自己的程序，这样既省事又可靠。

④ 服务程序。服务程序是一种辅助计算机工作的程序。例如，用于程序的装入、连接、编辑及调试的各种程序，诊断程序、纠错程序和监督程序等。

⑤ 数据库管理系统。该系统用来管理系统中的相关数据，以实现数据的共享。数据库的作用是满足大中型企业的数据处理和信息管理的需要，包含大量数据、表格、文字档案、信息资料等。

⑥ 计算机网络管理软件。该类软件是为计算机网络配置的系统软件，负责对网络资源进行组织和管理，以实现它们彼此之间的通信。计算机网络管理软件包括网络操作系统和数据通信处理程序。

软件系统是在硬件系统的基础上，为有效地使用计算机而配置的，用以丰富和增强计算机的功能。没有软件系统，计算机系统就无法有效地运行。没有相应的软件，计算机就不能发挥应有的效能。

2. 处理器

处理器是指计算机中的 CPU，其内部有两大部件：运算器和控制器。CPU 是计算机完成取出、解释和执行指令的重要部件，是计算机系统的核心，负责控制和协调整个计算机系统的工作。图 1-20 所示为英特尔（Intel）、超威半导体（AMD）公司出品的 CPU。

CPU 主要包括控制器（即控制单元，control unit，CU）、运算器（即算术逻辑单元，arithmetic logic unit，ALU）和高速缓冲存储器（cache），以及实现它们之间联系的数据、控制及状态的总线（bus）。

从功能上看，一般 CPU 的内部结构可分为控制单元、逻辑运算单元、存储单元（包括内部总线和缓冲器）三大部分（图 1-21）。其中，控制单元完成数据处理整个过程中的调配工作，逻辑运算单元完成各个指令，以便得到程序最终想要的结果，存储单元负责存储原始数据和运算结果。

图 1-20　常见微处理器示例

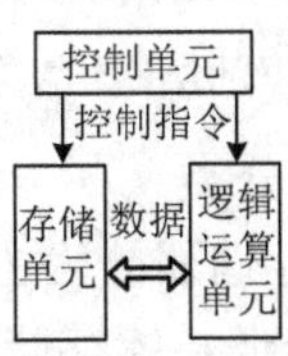

图 1-21　CPU 内部结构示意图

3. 存储系统

1）存储器的基本原理

存储器即微型机的内存条（图 1-22），主要功能是存放程序和数据。程序是计算机操作的依据，数据是计算机操作的对象。为了实现自动计算，这些信息必须预先存放在存储器中，存储单元按照某种顺序编号，称为单元地址，用二进制编码表示。给定一个单元地址，就可以获得该存储单元中的信息。内存和CPU的工作示意图如图1-23所示。

图1-22 内存条

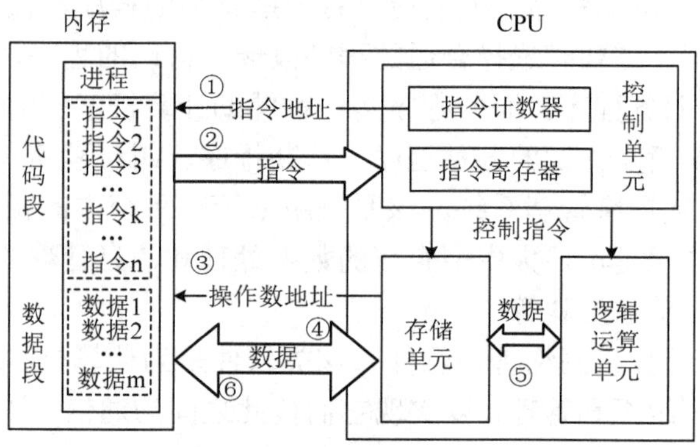

图1-23 内存和CPU的工作示意图

（1）内存中存放程序和数据，根据CPU发来的指令地址，在内存中找到指令。

（2）把内存中的指令送到CPU的控制器，进行指令译码和执行指令。

（3）根据指令，CPU向内存发出需要运算的数据地址。

（4）根据数据地址，在内存中取出数据，送到CPU的逻辑运算单元中进行运算。

（5）将运算的中间结果放在CPU的寄存器中。

（6）将运算的最终结果存放在内存中。

2）存储器的层次结构

CPU的运行速度非常快，需要经常访问存储器，但存储容量、读写速度、体积及价格不能同时满足CPU的要求。为了解决上述矛盾，人们将急需处理的信息存放在主存中，将暂时不用的信息存放在外存中。主存采用半导体元器件，速度快、容量小、价格高；外存采用磁性材料，容量大、价格便宜，但是速度慢。图1-24所示为实际存储器的层次结构图，与CPU最靠近的cache容量最小，速度最快。目前，Intel微处理器的cache容量可以达到11MB以上。

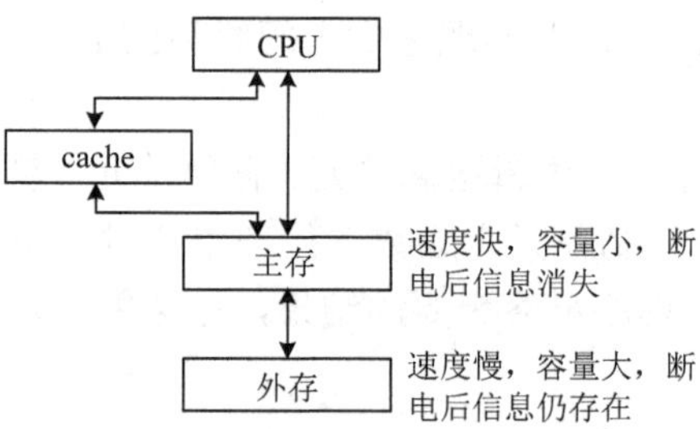

图1-24 存储器的层次结构图

3）存储器的分类

计算机中的存储器分为主存、外存、高速缓冲存储器（cache）。内存通常由半导体存储器构成，根据半导体存储器读写方式的不同，内存又分为随机存储器（random access memory，RAM）和只读存储器（read only memory，ROM）两种类型。按照存储器中每个存储位的结构不同，随机存储器又分为静态RAM和动态RAM两种类型，只读存储器则分为掩膜型只读存储器（mask read-only memory，mask ROM）、可编程只读存储器（programmable read only memory，PROM）、可擦编程只读存储器（erasable programmable read only memory，EPROM）和电擦除可编程只读存储器（electrically-erasable programmable read-only memory，EEPROM）等，如图 1-25 所示。MROM 由制造厂家按照计算机设计者的要求进行编程，制造完毕后就不能更改其内容；EPROM 和 EEPROM 不但可以进行编程，而且可以用特定设备对它们进行多次擦除和再写入。闪速存储器（flash memory）是一种电子式可清除程序化只读存储器，允许在操作中被多次擦除或写入数据。为了解决内存与 CPU 的速度不匹配问题，计算机引入了 cache。cache 一般用 SRAM 存储芯片实现。

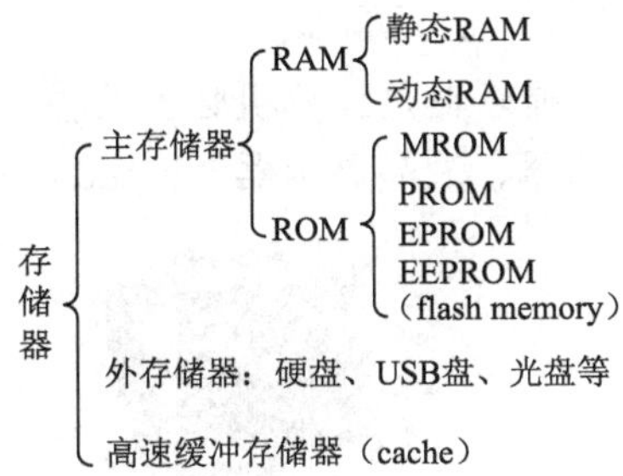

图 1-25　存储器分类

1.1.6　计算机常用外设

计算机的硬件系统由主机和外设两部分组成。主机包括 CPU 和存储器，外设包括输入设备和输出设备。

1. 常用的输入设备

输入设备是变换数据输入形式的部件。它将人们熟悉的信息形式变换成计算机能接受并识别的信息形式。常用的输入设备有键盘、纸带输入机、鼠标、光笔、扫描仪、数码相机等，以及语音输入设备麦克风、模/数转换器等。

1）键盘

键盘（keyboard）是常用的输入设备，它由一组开关矩阵组成，包括数字键、字母键、符号键、功能键及控制键等，如图 1-26（a）所示。

2）鼠标

鼠标（mouse）的发明者道格拉斯·恩格尔巴特（Douglas Engelbart）。早在 20 世纪 90 年代，鼠标就成为计算机的标准外设，基于图形显示和鼠标的新用户界面开始成为标准。鼠标是一种手持式屏幕坐标定位设备，它是为适应菜单操作的软件和图形处理环境而推出的一种输入设备。常用的鼠标如图 1-26（b）、（c）所示。

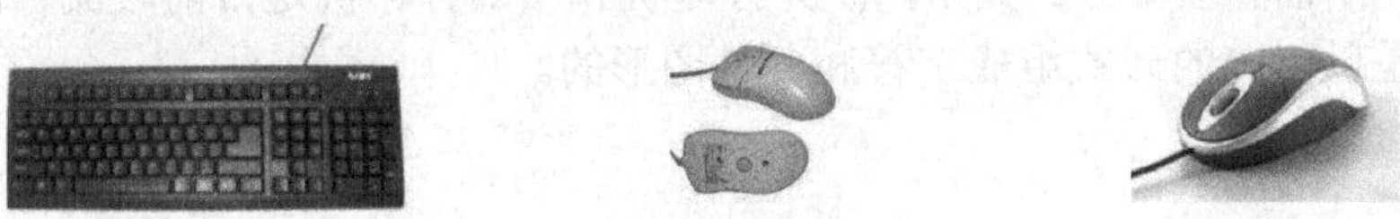

（a）键盘　　（b）机械式鼠标　　（c）光电式鼠标

图 1-26　键盘和鼠标

2. 常用的输出设备

输出设备是变换计算机输出形式的部件，可将计算机运算的结果转换为其他设备能接受的形式，如字符、文字、图形、图像和声音等。常用的输出设备有显示器、打印机等。

1）显示器

显示器是计算机必备的输出设备，常用的有阴极射线管（cathode ray tube，CRT）显示器、液晶显示器（liquid crystal display，LCD）和触屏显示器，如图 1-27 所示。

（a）CRT 显示器　（b）LCD　（c）触屏显示器

图 1-27　各类显示器

现在，为了操作方便，人们开始用触摸屏代替鼠标或键盘工作，使用者可以用手指或其他物体触摸安装在显示器前端的触摸屏控制计算机工作。触摸屏根据技术的不同又分为电阻式、表面电容式、投射电容式等；根据功能又分为单点触屏和多点触屏。

2）打印机

打印机是计算机基本的输出设备之一，将计算机的处理结果打印在纸上。打印机按照印字方式可分为击打式和非击打式两类，常见的打印机如图 1-28 所示。

（a）针式打印机　（b）激光打印机　（c）喷墨打印机

图 1-28　各种打印机

击打式打印机是利用机械动作，将字体通过色带打印在纸上的。根据印出字体方式的不同，击打式打印机又分为活字式打印机和点阵式打印机。

非击打式打印机则利用各种物理或化学的方法来印刷字符，如静电感应、电灼、热敏效应、激光扫描和喷墨等。其中，激光打印机和喷墨打印机是目前较流行的两种打印机，它们都是以点阵的形式组成字符和各种图形的。

3. 外存

外存有硬盘、光盘及 U 盘等，它们的特点是容量大。目前，硬盘容量可达 TB 级别，且价格比内存便宜。这几种外存的读写速度由快到慢分别是 U 盘、硬盘、光盘。

1）硬盘

硬盘由磁道（tracks）、扇区（sectors）、柱面（cylinders）和磁头（heads）等组成，其内部结构如图 1-29 所示。

作为计算机系统的数据存储器，容量是硬盘最主要的参数。硬盘的容量以 MB、GB 或 TB 为单位。

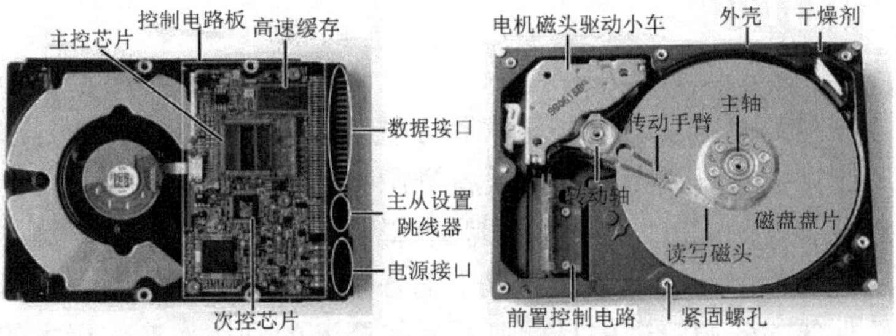

图 1-29　硬盘内部结构图

2）可移动外存

U 盘是 USB 盘的简称，是闪速存储器的一种，其工作原理同内存，但断电后存储的信息不会丢失，即它是一种特殊的 ROM。U 盘的特点是存储速度快、体积小，如图 1-30（a）所示。

闪速存储器是一种高密度、非易失性的读/写半导体存储器，它突破了传统存储器体系的局限，改善了现有存储器的特性。

虽然闪速存储器具有性能高、体积小、携带方便等优点，但是对于需要较大数据存储容量的场景，闪速存储器显然不能满足要求。

可移动硬盘是一种移动式硬盘，具有小巧、抗振性能良好、即插即用的特点，如图 1-30（b）所示。

固态硬盘也称为电子硬盘或者固态电子盘，是由控制单元和固态存储单元（动态随机存储器或 Flash 芯片）组成的硬盘，如图 1-30（c）所示。

（a）U 盘　（b）可移动硬盘　（c）固态硬盘

图 1-30　移动存储器

1.2　计算资源管理和利用

1.2.1　操作系统概述

1. 操作系统概念

操作系统（operating system，OS）通俗来讲就是一款软件。不过与一般软件不同，操作系统是管理和控制计算机硬件与软件资源的计算机程序，是直接运行在“裸机”上的最基本的系统软件。任何其他软件都必须在操作系统的支持下才能运行。

2. 操作系统的功能

操作系统旨在提高系统资源的利用率和方便用户使用。因此，它的首要任务是调度、分配系统资源。计算机系统的资源分为设备资源和信息资源两大类。设备资源指的是组成计算机的硬件设备，如CPU、主存、磁盘存储器、打印机、磁带存储器、显示器、输入设备等。信息资源指的是存放在计算机中的各种数据，如文件、程序库、知识库、系统软件和应用软件等。资源管理的目标可对系统资源的利用率产生极大的影响，并能够解除用户对资源使用的负担。操作系统应提供以下资源管理功能。

1）处理器管理

计算机系统中重要的资源是CPU，任何计算都必须在CPU上运行。处理器管理（或称处理器调度）是操作系统资源管理功能的一个重要内容。在一个允许多程序同时执行的系统里，操作系统会根据一定的策略将处理器交替地分配给系统内等待运行的程序。一个等待运行的程序只有在获得了处理器分配后才能运行。若程序在运行中遇到某个事件，如启动外设而暂时不能继续运行，或一个外部事件的发生等，操作系统就要处理相应的事件，然后将处理器重新分配。

由于对CPU的分配与运行都以进程为单位，因此对CPU的管理主要是对进程的管理。进程就是运行着的程序，是程序的一次执行过程。不管是常驻程序还是应用程序，都以进程为标准执行单位。早期的操作系统，每个CPU最多只能执行一个进程。现代操作系统即使只拥有一个CPU，也可以利用多进程功能同时执行多个进程。由于大部分计算机只包含一个CPU，因此在单内核的情况下，多进程只是简单迅速地切换各进程，让每个进程都能够执行；而在多内核或多处理器的情况下，所有进程可以通过许多协同技术在各处理器或内核上转换。越多的进程同时执行，每个进程能够分配到的时间比率就越小。很多操作系统在遇到此问题时会出现诸如音效断续或鼠标跳格的情况，操作系统只能不停地执行自己的管理程序并耗尽系统资源，其他使用者或硬件的程序皆无法执行。进程管理通常实现了分时的概念，大部分操作系统可以通过指定不同的特权等级，为每个进程改变所占的分时比例。特权越高的进程，执行优先级越高，单位时间内所占的比例也越高。交互式操作系统也提供某种程度的回馈机制，让直接与使用者交互的进程拥有较高的特权值。

2）存储器管理

计算机系统中另一个重要的资源是主存，任何程序的执行都必须从主存中获取数据信息。现代操作系统非常重视主存调度与处理器调度的结合，只有需要运行的程序才会调入主存。操作系统的存储管理负责把内存单元分配给需要主存的程序，以便让它获得CPU资源，从而得以执行，在程序执行结束后，将它占用的主存单元释放，以便再使用。操作系统的存储器管理提供查找可用的记忆空间、配置与释放记忆空间及交换存储器和低速存储设备内含物等功能。

3）设备管理

计算机系统中使用的设备分为存储型设备和非存储型设备两大类。存储型设备用于存储信息，如磁盘、磁带等。非存储型设备如键盘、鼠标、纸带输入机等用于将外部信息输入计算机；打印机、显示器、投影仪等用于将计算机加工好的信息输出给外部世界；调制解调器、网卡等用于在计算机之间进行信息传输。设备管理是指除了 CPU 和内存以外的上述所有设备的管理。由于物理设备的品种繁多、用法各异，各种外设都能与 CPU 并行工作，且有的设备可被多个程序所共享，以及 CPU 和外设、各外设之间的速度极不匹配等原因，使得设备管理成为操作系统中庞杂、琐碎的部分。

设备管理主要解决以下问题。

（1）设备无关性。用户向系统申请和使用的设备与实际操作的设备无关，即在用户程序中或在资源申请命令中使用设备的逻辑名。这一特征不仅为用户使用设备提供了方便，而且提高了设备的利用率。

（2）设备分配。各个用户程序在其运行的开始、中间或结束时有可能需要输入或输出，因此需要请求使用外设。一般情况下，外设的种类与数量是有限的，每一类设备的数量往往少于用户的个数，如一个办公室只配备一台打印机。因此，这些设备如何正确分配非常重要。设备分配通常采用 3 种基本技术：独享、共享及虚拟技术。以常用外设打印机为例，若用户需要使用打印机输出一批数据，通过设备管理功能，只需要给出逻辑名称指定一台打印机，然后发送打印命令。系统并不分配一台物理打印机，首先提供的是一个磁盘文件，然后用户进程输出、向该磁盘文件输出、用户进程结束，系统把该磁盘文件传输给打印机进程，依次排队，最后打印输出。从用户角度来看，每个用户都感到系统为自己提供了一台物理打印机，而实际上可能是在网络上共享一台打印机。

（3）设备的传输控制。实现物理的 I/O 操作，即组织使用设备的有关信息，启动设备、中断处理、结束处理等。

4）文件管理

在计算机系统中，大量数据信息需要操作系统处理，这就要求解决信息的组织与存取的问题。因此信息管理也是操作系统的一个重要功能，主要是向用户提供一个文件系统。文件管理的任务是有效地支持文件的存储、检索、共享和保护等操作，以达到方便用户、提高资源利用率的目的。

文件系统是存取和管理信息的机构，它利用大容量的存储设备——磁盘作为文件的存储器，以目录的形式将信息存储在存储器上。有了文件系统后，用户可按照文件名存取数据而无须知道这些数据存放在哪里。这种做法不仅便于用户使用，而且有利于用户共享公共数据。此外，由于文件建立时允许创建者规定使用权限，因此可以保证数据的安全性。

操作系统拥有许多内置文件系统。Windows 支持的文件系统有 FAT32、NTFS 等；Linux 支持的文件系统有 ext2、ext3、ext4 等；UNIX 类操作系统多数支持 UFS（UNIX 文件系统）。

5）作业管理

用户要求计算机处理的某项工作称为一个作业，一个作业包括程序、数据及解题的控制步骤。操作系统负责控制用户作业的调入、执行和结束的部分称为作业管理。作业管理又称接口管理，包括任务管理、界面管理、人机交互、图形用户界面、语音控制、虚拟现实等。作业管理的任务是为用户提供一个使用系统的良好环境，使用户能够有效地组织自己的工作流程。用户一方面使用作业管理提供的作业控制语言书写控制作业执行的操作说明书，另一方面使用作业管理提供的命令语言与计算机交互，请求服务。

3. 操作系统分类

1）按照应用领域分类

（1）桌面操作系统。桌面操作系统顾名思义，是指具有图形用户界面（graphical user interface，GUI）的操作系统。在桌面操作系统诞生之前，最有名的操作系统就是 DOS，但是 DOS 的操作界面不友好，仅仅是代码而已。因此微软（Mircosoft）公司推出了第一个图形用户界面操作系统 Windows 1.0，尽管它只有 256 色，但是在当时已经足够吸引人了。随着 IT 技术的不断发展，目前市场上已形成 mac OS、Windows、Linux 操作系统三足鼎立的局面。

（2）服务器操作系统。服务器操作系统一般指的是安装在大型计算机上的操作系统。相对于桌面操作系统，服务器操作系统要承担额外的管理、配置、稳定、安全保证等功能。

目前，具有代表性的服务器操作系统有 Windows Server、Netware、UNIX、Linux 等。

（3）嵌入式操作系统。嵌入式操作系统是一种用途广泛的系统软件，通常包括与硬件相关的底层驱动软件、系统内核、设备驱动接口、通信协议、图形界面、标准化浏览器等。

目前，具有代表性的嵌入式操作系统有嵌入式实时操作系统 UC/OS-ll、嵌入式 Linux、Windows Embedded、VxWorks，以及应用在智能手机和平板电脑上的 Android、iOS 等。

2）按照所支持用户数分类

根据在同一时间使用计算机用户的多少，操作系统分为单用户操作系统和多用户操作系统两类。

（1）单用户操作系统。单用户操作系统是指一台计算机在同一时间只能由一个用户使用，一个用户独自享用系统的全部硬件和软件资源。

目前，具有代表性的单用户操作系统有 MS-DOS、OS/2、Windows 等。

（2）多用户操作系统。同一时间允许多个用户同时使用计算机操作系统，称为多用户操作系统。

目前，具有代表性的多用户操作系统有 UNIX、Linux、MVS。

3）按照源码开放程度分类

（1）开源操作系统。开源操作系统（open source operating system)，指的是公开源代码的操作系统，它们可以遵循开源协议（GNU）进行使用、编译和再发布。在遵守 GNU 协议的前提下，任何人都可以免费使用，随意控制软件的运行方式。

目前，具有代表性的开源操作系统有 Linux、FreeBSD。

（2）闭源操作系统。闭源操作系统和开源操作系统正好相反，指的是不开放源代码的操作系统。

目前，具有代表性的闭源操作系统有 mac OS X、Windows。

1.2.2　Windows 10 基本操作

1. Windows 10 的启动

计算机只要安装了 Windows 10 且主要硬件工作正常，每次开机时计算机就会自动启动。默认情况下，Windows 10 的启动不需要用户干预，正常启动过程如下。

（1）打开显示器和外设的电源。

（2）按下主机电源开关，计算机开始自检，并在屏幕上显示自检信息。

（3）自检正常后，开始启动 Windows 10 操作系统。

（4）如果用户设置了开机密码，则需要在登录界面输入正确的用户名和密码并按 Enter 键，系统才能正常启动。

2. Windows 10 的退出

当用户要结束计算机操作时，一定要正确退出 Windows 10 操作系统，否则会造成文件丢失或程序破坏。如果用户在没有退出 Windows 操作系统的情况下关机，系统将认为是非法关机，当下次开机时，系统会自动执行自检程序。

在退出 Windows 10 之前，必须关闭所有打开的应用程序，然后打开“开始”菜单，依次选择“电源”→“关机”命令，成功关闭计算机后，再关闭显示器和外设电源。

3. Windows 10 桌面

桌面就是用户启动计算机，登录到系统后看到的整个屏幕，是用户与计算机进行交互的平台，用户对计算机的所有操作都是在桌面上完成的。桌面上可以存放用户经常用到的应用程序和文件夹图标，用户可以根据需要在桌面上添加各种快捷图标。双击图标就能够快速启动（或打开）相应的程序（或文件夹）。

Windows 10 桌面主要由桌面背景、桌面图标、任务栏三部分组成，如图 1-31 所示。

图 1-31　Windows 10 的桌面

右击桌面上“此电脑”图标，在弹出的快捷菜单中选择“属性”命令，在打开的“设置”窗口中可以看到该计算机的硬件信息和操作系统版本，如图 1-32 所示。

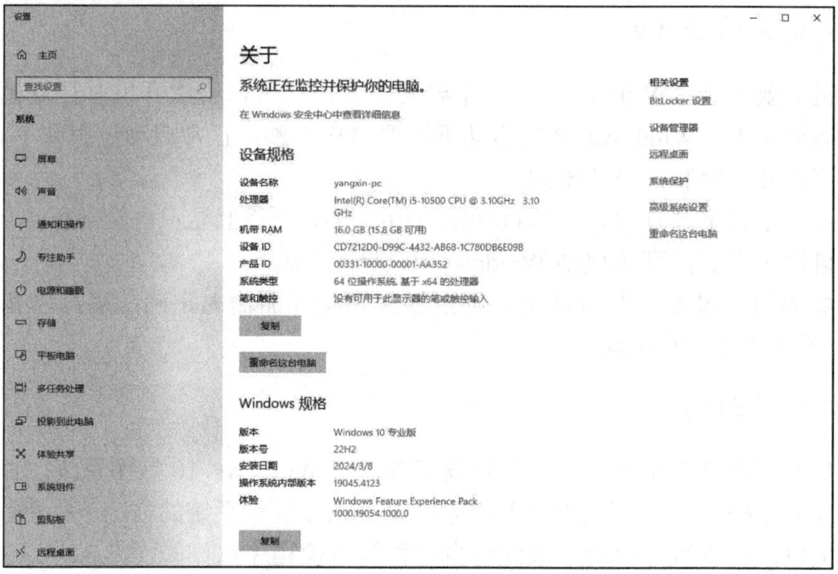

图 1-32　此电脑属性设置窗口

任务栏区域主要显示正在运行的应用程序任务，可通过单击图标或者按 Alt+Tab 组合键的方式切换应用程序任务。

右击任务栏空白处，在弹出的快捷菜单中选择相关命令，可以对任务栏进行管理。第一组功能是对任务栏一些功能的显示和隐藏，包括工具栏、搜索、资讯和兴趣等；第二组功能是设置任务窗口的视图，如层叠窗口、堆叠显示窗口、并排显示窗口。第三组功能是选中或者取消选中“锁定任务栏”复选框。任务栏另外一个重点图标就是“开始”图标，单击该图标可打开“开始”菜单，在打开的列表中主要包含 5 个命令：Administrator、文档、图片、设置和电源。

1.2.3　文件与文件夹管理

1. 文件

存放在存储器中的信息集合称为文件。在计算机系统中，程序和数据都以文件的形式存储在计算机外存（如硬盘、U 盘等）中。例如，一个文本文档、一个 C 源程序、一张图片、一段视频等都是文件。每个文件都有自己的名称和图标，Windows 通过文件名识别和访问文件，即按名存取。

文件名通常由主文件名和扩展名两部分组成，两部分之间用“.”隔开，如 a.bmp、value.txt、text1.htm 等。一般情况下，主文件名可以使用汉字、字母、数字、下划线等，但不能包含？、:、/\、”、<、>、|、*等字符（这些字符为保留字符，在操作系统中有特殊用途）。其中，文件名不区分大小写，如 a.bmp 与 A.BMP 被认为是同一个文件。扩展名表示文件的类型，具有特定的含义，因此不要随意修改文件扩展名。常用的文件扩展

名及文件类型如表 1-3 所示。

表 1-3　常用的文件扩展名及文件类型

扩展名	文件类型	扩展名	文件类型
.exe	可执行文件	.txt	文本文件
.sys	系统文件	.rar	压缩文件
.bat	批处理文件	.mp3	声音文件
.dll	动态链接库文件	.docx	Word 文档
.bmp	位图文件	.xlsx	Excel 文件
.avi	多媒体文件	.pptx	演示文稿

在查找和表示文件时，如果用户不知道具体文件名或者不想输入完整的文件名称，可使用通配符来代替。通配符有两种：*和？。其中，*代表任意一串字符，？代表任意一个字符。例如，*.docx 表示所有主文件名任意而扩展名为.docx 的 Word 文档；m?n.exe 表示主文件名由 3 个字符组成，第一个字符为 m、第二个字符任意、第三个字符为 n，并且扩展名为.exe 的文件。

另外，在一般情况下 Windows 操作系统不显示已知文件的扩展名。若要使扩展名可见，可在资源管理器中选择“查看”选项卡，然后选中“文件扩展名”复选框。

2. 文件夹

文件夹是存放文件和子文件夹的容器。使用文件夹便于组织文件，使磁盘中的文件有条理，方便查找。Windows 10 采用树形结构组织文件夹，系统通过文件夹名对文件夹进行各种操作。在 Windows 中，同一个文件夹中的文件或子文件夹不能同名。此外，文件夹名与文件名一样，不区分大小写。

3. 文件管理

文件管理是指对存储在计算机外存中的文件数据进行统一管理，包括确定文件信息的存放位置及存放形式，实现命名空间到外存地址空间的映射，并为每个文件建立目录项，把众多的目录项有效地组织起来，以便于存取文件；实现文件的各种控制操作，如建立、打开、关闭文件等；存取操作，如读、写、修改、复制、转存等；实现文件的共享保护等。

文件系统采用“目录/子目录”架构（即文件目录）记录系统中所有文件的名称及其存放地址的对应关系，以及关于文件的说明信息和控制信息。Windows 操作系统使用“\”建立目录关系，图 1-33 所示为 Windows 的文件目录结构。

4. 资源管理器

资源管理器是 Windows 操作系统提供的资源管理工具，用户可以通过它查看计算机中的所有资源，特别是它提供的树形文件系统结构，使用户能够更清楚、更直观地对计算机中的文件和文件夹进行管理。

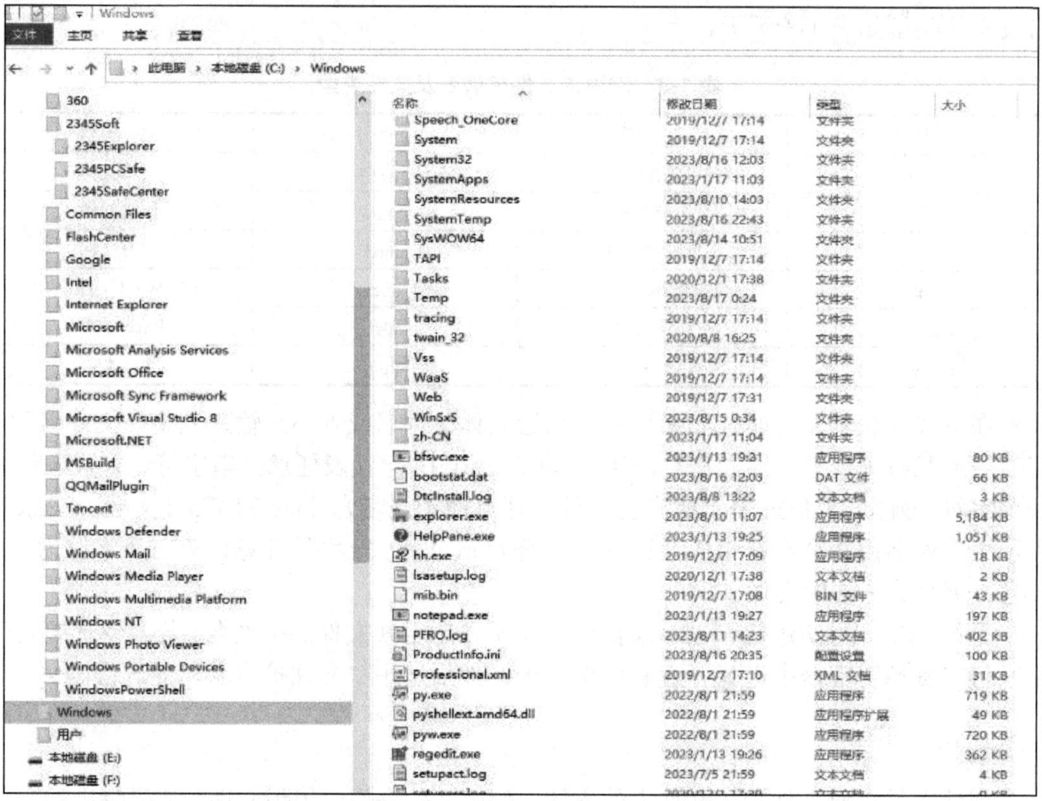

图 1-33　Windows 的文件目录结构

1）资源管理器的启动方法

资源管理器的启动方法如下。

（1）右击“开始”按钮，在弹出的快捷菜单中选择“文件资源管理器”命令。

（2）选择“开始”→“Windows 系统”→“文件资源管理器”命令。

（3）单击任务栏中的文件资源管理器图标 。

（4）在任何位置直接双击文件夹或文件夹快捷方式。

2）资源管理器的组成

资源管理器分为两个窗格，左侧是列表区，右侧是目录栏，用于显示当前文件夹下的子文件夹或文件目录列表，如图 1-34 所示。

左侧窗格显示整个计算机的资源，包括“快速访问”“桌面”“此电脑”“库”“网络”。右击左侧窗格空白处，在弹出的快捷菜单中选择“显示所有文件夹”命令，还可以看到“控制面板”和“回收站”图标，帮助用户实施更高效的操作。

右侧窗格显示当前文件夹所包含的文件和下一级文件夹。在右侧窗格的空白区域右击，在弹出的快捷菜单中选择相应的命令即可改变右侧窗格中对象的显示方式和排序方式，也可以在“查看”菜单中选择相应的命令改变右侧窗格中对象的显示方式和排序方式。

将鼠标指针移动到左右窗格的分隔条上，当鼠标指针变成双向箭头时拖动分隔条可改变左右窗格的大小。

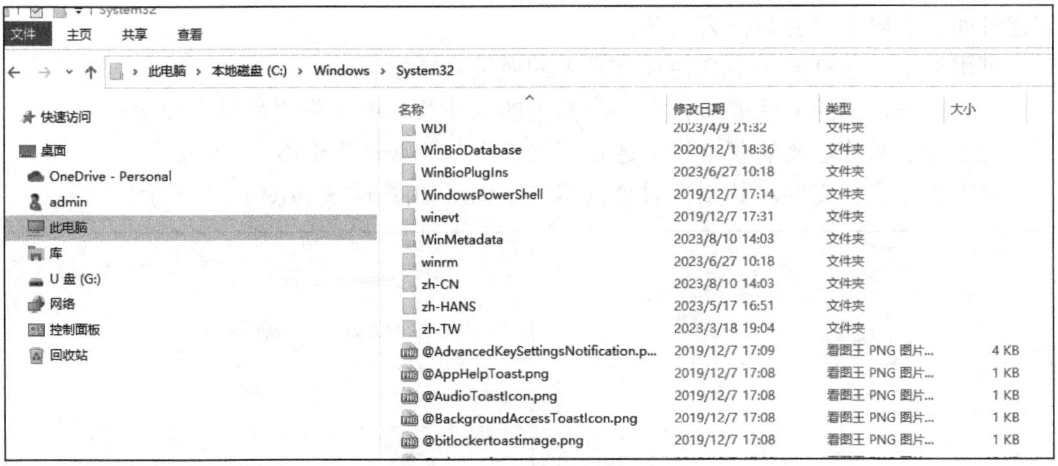

图 1-34　Windows 资源管理器

3）地址栏

资源管理器地址栏中列出了当前打开的文件夹名称。用户也可以在地址栏中输入本地硬盘的地址或网络地址，直接打开相应的内容。

Windows 10 地址栏中增加了按钮功能，该功能将当前位置整个路径上的所有文件夹都显示为可以单击的按钮。整个路径上的文件夹都可以单独选中，即进入此文件夹并显示文件夹中的内容，单击其后的箭头按钮会打开一个列表，列表列出了此文件夹中的所有下一级文件夹。因此，通过使用地址栏按钮，可以进入该路径上的任何一个文件夹。

如果要复制当前的地址，在地址栏右侧空白处单击即可让地址栏以传统方式显示。

5. 文件和文件夹操作

1）选择文件和文件夹

在对文件和文件夹进行某种操作之前，首先需要选中它们。

（1）如果只需要选择单个文件或文件夹，单击这个文件或文件夹的图标即可，被选中的图标会变为高亮显示。

（2）如果要选择一系列连续的文件和文件夹，有两种方法：一是使用鼠标拖出一个矩形框，位于这个矩形框内的文件和文件夹都会被选中；二是先选中一个文件或文件夹，然后按住 Shift 键并选中另一个文件或文件夹，这两个对象及位于这两个对象之间的所有对象即被选中。

（3）如果要选择多个不连续的文件或文件夹，可以在按住 Ctrl 键的同时依次单击各个文件或文件夹对象。此时，若想撤销某个已选择的对象，只需再次单击该对象。

（4）如果要选择一个文件夹中的所有文件和文件夹，可以选择“编辑”→“全选”命令，或选择“组织”→“全选”命令，也可以使用 Ctrl+A 组合键。

如果要撤销全部选择操作，只需在文件夹窗口空白处单击即可。

2）查看和设置文件及文件夹的属性

文件和文件夹的属性是指其类型、在磁盘中的位置、所占空间的大小、修改时间与创建时间、在磁盘中的存在方式等。

可用如下方法打开选中文件或文件夹的属性对话框。

（1）右击选中的文件或文件夹，在弹出的快捷菜单中选择“属性”命令。

（2）在资源管理器的菜单栏上选择“文件”→“属性”命令。

对于文件夹和文件，其属性对话框略有不同，如图 1-35 和图 1-36 所示。

图 1-35　文件夹属性对话框

图 1-36　文件属性对话框

文件夹属性对话框中有“常规”“共享”“安全”“以前的版本”“自定义”5 个选项卡；文件属性对话框中有“常规”“安全”“详细信息”“以前的版本”4 个选项卡。文件类型不同，属性也不同，但都会有“常规”选项卡，在该选项卡下可以设置文件或文件夹的属性。

在文件夹属性对话框中，“常规”选项卡从上到下由 4 部分组成，第一部分列出了文件夹的图标和名称；第二部分列出了文件夹的类型、位置、大小、占用空间及包含的文件和文件夹的个数等信息；第三部分列出了文件夹的创建时间；第四部分用于设置属性，有“只读（仅应用于文件夹中的文件）”和“隐藏”两个选项。

具有只读属性的文件或文件夹只能显示不能修改。为了防止文件或文件夹被别人修改、意外删除，可将其属性设置为“只读（仅应用于文件夹中的文件）”。

具有隐藏属性的文件或文件夹会被隐藏起来，不再显示，因而安全性高。某些重要的文件或配置文件、系统文件都为隐藏文件。若在资源管理器中选择“查看”选项卡，“隐藏的项目”复选框未被选中，则具有隐藏属性的文件及文件夹不被显示，如图 1-37 所示。也可单击右侧的“选项”按钮，在打开的对话框中设置文件或文件夹显示与否。

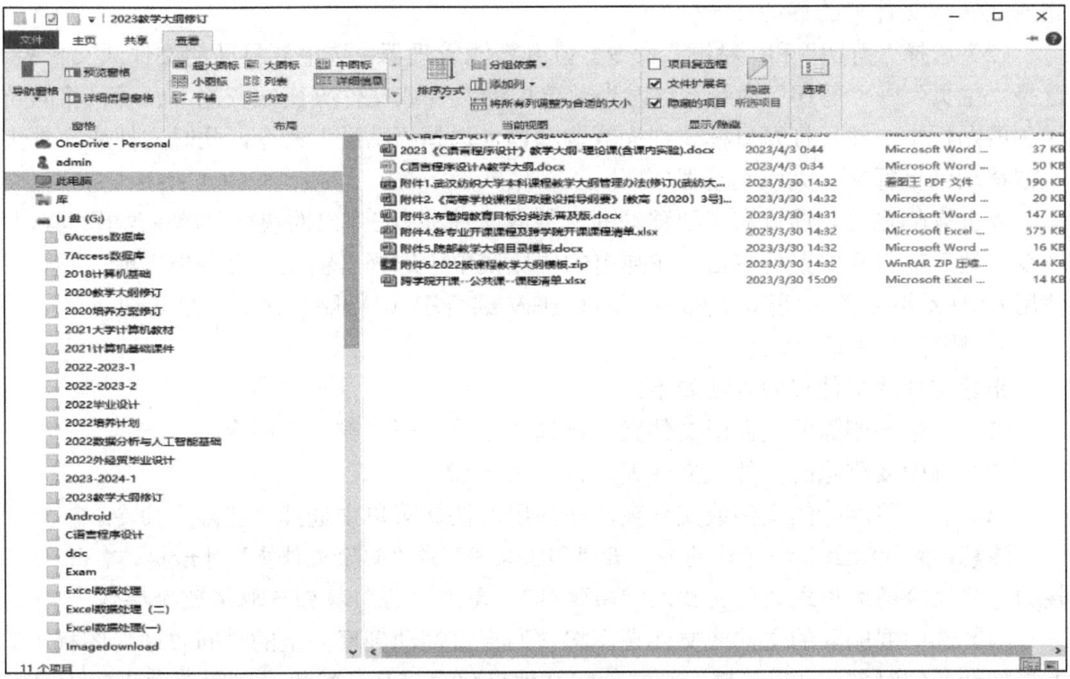

图 1-37　设置隐藏文件是否显示

3）复制文件和文件夹

（1）鼠标拖动法。在同一磁盘中复制文件或文件夹时，应先选中文件或文件夹，再按住 Ctrl 键将其拖动到目标位置即可。在不同的磁盘间复制文件或文件夹时，直接拖动文件或文件夹到目标位置即可。

此外，按住鼠标右键把要复制的文件或文件夹拖动到目标文件或文件夹的图标上或窗口中，然后释放鼠标右键，在弹出的快捷菜单中选择“复制到当前位置”命令，也可完成文件或文件夹的复制。

（2）选择“复制”和“粘贴”命令。打开资源管理器，选中要复制的文件或文件夹，选择“主页”→“复制”命令，这时当前选中的文件或文件夹的副本被传送到剪贴板中，然后打开目标文件夹或驱动器，选择“粘贴”命令，剪贴板中的副本即被复制到目标文件夹或驱动器中。

以上操作也可以通过右击要复制的文件或文件夹，在弹出的快捷菜单中选择“复制”命令，然后右击目标位置，在弹出的快捷菜单中选择“粘贴”命令来实现；还可以使用 Ctrl+C 组合键（“复制”命令）和 Ctrl+V 组合键（“粘贴”命令）来实现。

4）移动文件和文件夹

（1）鼠标拖动法。在同一磁盘中移动文件或文件夹时，先选中要移动的文件或文件夹，然后将其拖动到目标位置即可；在不同的磁盘间移动文件或文件夹时，先按住 Shift 键，再将选中的文件或文件夹拖动到目标位置即可。

此外，按住鼠标右键把要移动的文件或文件夹拖动到目标文件或文件夹的图标上或窗口中，然后释放鼠标右键，在弹出的快捷菜单中选择“移动到当前位置”命令，也可完成文件或文件夹的移动。

（2）选择“剪切”和“粘贴”命令。打开资源管理器，选中要移动的文件或文件夹，选择“主页”→“剪切”命令，这时当前选中的文件或文件夹变成灰色，表示已将其传送到剪贴板中，然后打开目标文件夹或驱动器，选择“粘贴”命令，此时文件或文件夹就被移动到目标文件夹或驱动器中。

以上操作也可以通过右击要移动的文件或文件夹，在弹出的快捷菜单中选择“剪切”命令，然后在目标位置处右击，在弹出的快捷菜单中选择“粘贴”命令来实现；还可以使用 Ctrl+X 组合键（“剪切”命令）和 Ctrl+V 组合键（“粘贴”命令）来实现。

5）删除文件和文件夹

删除文件或文件夹的方法如下：

（1）选中要删除的文件或文件夹，选择“主页”→“删除”命令。

（2）选中要删除的文件或文件夹，按 Delete 键。

（3）右击要删除的文件或文件夹，在弹出的快捷菜单中选择“删除”命令。

注意：执行以上 3 种操作均会打开“删除文件”或“删除文件夹”对话框，单击“是”按钮可将删除的文件或文件夹放入“回收站”，单击“否”按钮可取消删除操作。

（4）选中要删除的文件或文件夹，将它们直接拖动到桌面上的“回收站”图标上。如果拖动的同时按住 Shift 键，则文件或文件夹将直接从计算机中删除，而不放入“回收站”。

（5）右击要删除的文件或文件夹，将其拖动到桌面上的“回收站”图标上，显示“移动到回收站”，释放鼠标右键，在弹出的快捷菜单中选择“移动到当前位置”命令。

被放入“回收站”的文件或文件夹在清空“回收站”之前一直被保存在“回收站”中。因此，可以在“回收站”中恢复被删除的文件或文件夹，方法是：在“回收站”窗口中选中要恢复的文件或文件夹，然后选择“文件”→“还原”命令或单击“还原此项目”按钮；或右击要恢复的文件或文件夹，在弹出的快捷菜单中选择“还原”命令。

6）重命名文件和文件夹

重命名文件或文件夹有以下几种方法：

（1）选中要重命名的文件或文件夹，选择“主页”→“重命名”命令。

（2）单击要重命名的文件或文件夹，然后再次单击（这两次单击不能用双击代替）。

（3）右击要重命名的文件或文件夹，在弹出的快捷菜单中选择“重命名”命令。

（4）选中要重命名的文件或文件夹，按 F2 键。

执行以上 4 种操作后，文件或文件夹的名称变为可编辑状态，输入新的文件名或文件夹名并按 Enter 键，旧的文件名或文件夹名就会被新的文件名或文件夹名所替代。

7）新建文件和文件夹

（1）新建文件夹。选定新建文件夹的位置（这个位置可以是一个磁盘驱动器，也可以是一个已有的文件夹），选择“主页”→“新建文件夹”命令，或者在“新建项目”的级联菜单中选择“文件夹”命令（图 1-38），或右击空白处，在弹出的快捷菜单中选择“新建”→“文件夹”命令。这时会在当前窗口中出现一个新的文件夹图标，系统默认新建文件夹的名称为“新建文件夹”，且文件夹名处于可编辑状态，用户可以对文件夹重新命名。

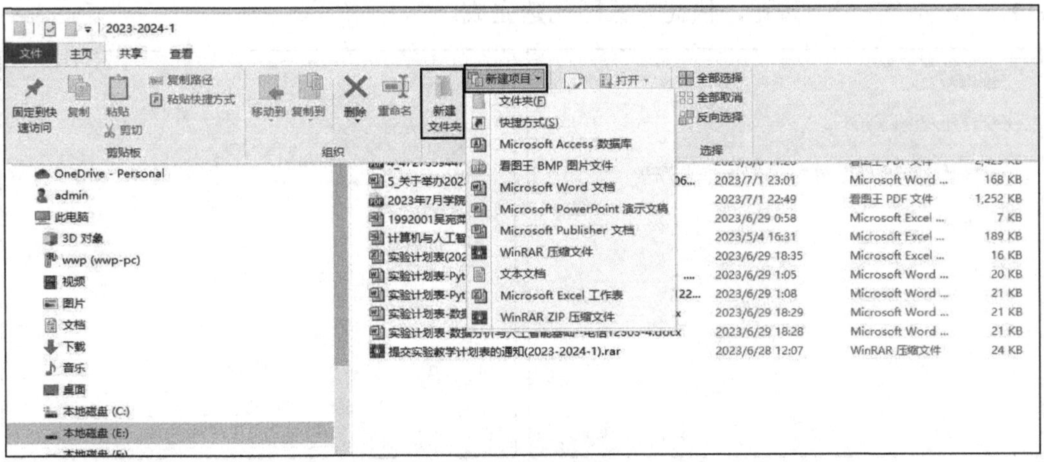

图 1-38　新建文件夹

（2）新建文件。在桌面上或其他文件夹中可创建各种类型的新文件。创建文件的方法与创建文件夹的方法类似。用户只需在图 1-39 所示的快捷菜单中选择某一种类型的文件，系统即会新建一个所选类型的空文件。

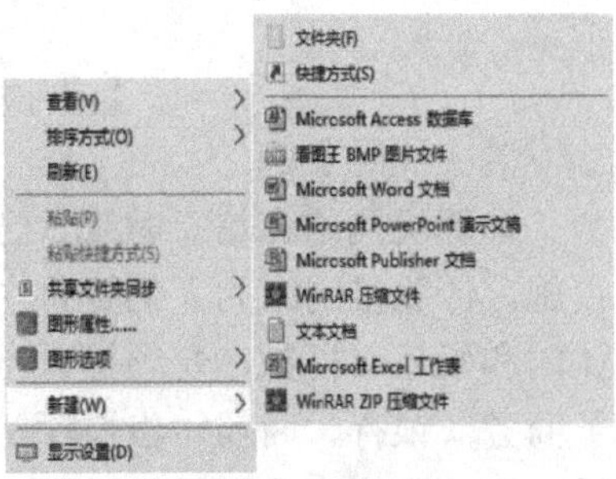

图 1-39　新建文件

8）创建文件或文件夹的快捷方式

快捷方式是 Windows 提供的一种快速启动程序、打开文件或文件夹的方法。快捷方式的扩展名为.lnk。快捷方式图标左下角一般有一个箭头。

快捷方式可以建立与 Windows 10 界面当中任何对象（程序、文件或文件夹等）的链接。它与链接对象既有区别又有联系。打个简单的比方，如果把链接对象比作一台电视机，快捷方式就是一个遥控器。通过遥控器，人们可以轻松快捷地控制电视的开关、频道的选择等。没有了遥控器，人们可以走到电视机面前进行操作，并不会影响电视机的使用，只是没有那么方便而已。但若没有了电视机，遥控器显然就无所作为了。快捷方式也是一样，当快捷方式配合实际对象使用时，非常便利。删除了快捷方式，还可以通过存储路径找到目标对象；而当目标对象被删除后，快捷方式就会毫无用处。将一台计算机桌面上的快捷方式复制到另一台计算机上，一般无法正常使用。

创建快捷方式可以使用以下两种方法。

（1）右击要创建快捷方式的对象，在弹出的快捷菜单中选择“发送到”→“桌面快捷方式”命令。

（2）使用向导创建快捷方式。在目标位置空白区域右击，在弹出的快捷菜单中选择“新建”→“快捷方式”命令，弹出“创建快捷方式”对话框（图 1-40），在“请键入对象的位置”文本框中输入创建快捷方式的对象所在的文件夹和文件名，或单击“浏览”按钮查找创建快捷方式的对象所在的文件夹和文件名，单击“下一步”按钮，弹出快捷方式命名对话框（图 1-41），在“键入该快捷方式的名称”文本框中为创建的快捷方式命名，单击“完成”按钮，快捷方式即创建完成。

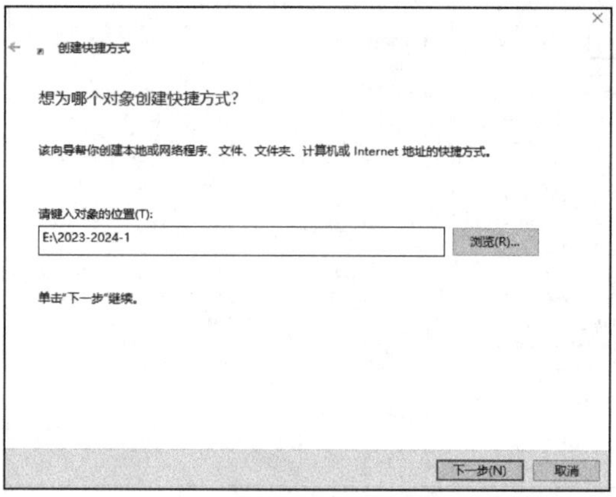

图 1-40 “创建快捷方式”对话框

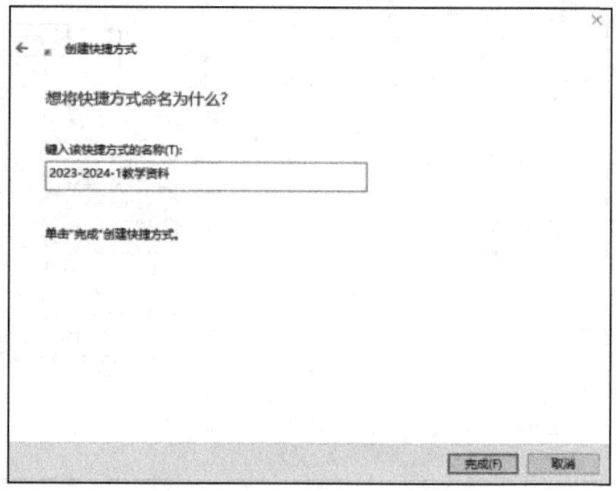

图 1-41 快捷方式命名对话框

1.3 计算机网络及信息安全

计算机网络在信息时代，已由一种通信基础设施发展成为一种重要的信息服务基础设施。计算机网络为人们提供了浏览信息和发布信息、通信和交流（网站、电子书等）、休闲和娱乐（视频、音频等）、资源共享（利用云计算实现计算、存储等资源共享）、电子商务（银行、商场、售票厅等）、远程协作（远程教育、远程医疗等）、网上办公（在线咨询、申报、注册等）的平台。

计算机网络已经像水、电、煤气这些基础设施一样，成为人们生活中不可或缺的一部分。

1.3.1 计算机网络基础

1. 计算机网络的概念与功能

1）计算机网络的概念

计算机网络是将分布在不同地理位置上的、具有独立工作能力的计算机、终端及其附属设备用通信设备和通信线路彼此互连，配以功能完善的网络软件，以实现相互通信和资源共享为目标的计算机系统。

近年来，计算机技术和通信技术迅猛发展，相互渗透而又密切结合。计算机在通信中的应用也促使数据通信和数字通信等新的通信技术和领域快速发展，并促进了通信由模拟向数字化并最终向综合服务的方向发展。通信技术则为计算机之间信息的快速传递、资源共享和协调合作提供了强有力的手段。计算机网络在当今社会和经济发展中起着非常重要的作用，通过计算机网络，可以了解世界的变化，掌握先进的科技知识，获得个人需要的资讯。网络已经渗透到人们生活的各个角落，影响着人们的日常生活，几乎能够提供人们所需的所有。因此，从某种程度上讲，计算机网络的发展水平不仅反映了一个国家的计算机科学和通信技术的水平，而且已经成为衡量其综合国力及现代化程度的重要标志之一。

2）计算机网络的功能

以资源共享为目标的计算机网络的功能主要体现在 4 个方面：数据通信、资源共享、负载均衡和分布式处理，以及提高系统的可靠性和可用性。

（1）数据通信。通信或数据传输是计算机网络的主要功能之一，用以在计算机系统之间传送各种信息。利用该功能，地理位置分散的生产单位和业务部门可通过计算机网络连接在一起进行集中控制和管理，也可以通过计算机网络传送电子邮件、发布新闻消息和进行电子数据交换等。随着计算机网络覆盖地域的扩大，信息交流已越来越不受地理位置、时间和空间的限制，不仅大幅提高信息处理能力，节省数据处理的成本，更使人们的生活质量和工作效率得到极大的提高。

（2）资源共享。资源共享是计算机网络重要的功能。通过资源共享，可使网络中分散在异地的各种资源互通有无、分工协作，从而大幅提高系统资源的利用率。资源共享包括硬件资源共享和软件资源共享。

例如，在全网范围内提供对处理器、存储器、输入输出设备等资源的共享，特别是对一些较高端的和昂贵设备的共享；在局域网上允许用户共享文件服务器上的程序和数据；在互联网上允许用户远程访问各种类型的数据库，实现网络文件传送、远程管理服务和远程文件访问等。

（3）负载均衡和分布式处理。在计算机网络中可进行数据的集中处理或分布式处理。分布式处理是指当网络中某台计算机任务过重时，可将任务分派给网络上其他空闲的多台计算机，使多台计算机相互协作，均衡负载，共同完成任务，从而提高每一台计算机的可用性；反之，当网络上某台计算机出现故障而导致系统瘫痪无法运行时，其他计算机也可以通过网络替代这台计算机，从而提高系统的可靠性。当今计算方式的一种新趋势——协同式计算，就是利用网络环境的多台计算机来共同处理一项复杂任务的。

（4）提高系统的可靠性和可用性。计算机网络提高了系统的可靠性和可用性。当网络中的某台计算机或某个网络设备发生故障时，可以选择其他系统代为处理，以保证用户的正常操作，不会因局部故障而导致系统瘫痪。例如，某台计算机发生故障而使数据库中的数据遭受破坏，可以从另一台计算机的备份数据库中快速恢复遭受破坏的数据。

2. 计算机网络的分类

1）按照网络覆盖范围分类

广域网（wide area network，WAN）：用来实现不同地区的局域网或城域网的互连，可提供不同地区、城市和国家之间的计算机通信的远程计算机网。

城域网（metropolitan area network，MAN）：覆盖一个城市的地理范围，用来将同一区域内的多个局域网互连起来的中等范围的计算机网。

局域网（local area network，LAN）：覆盖范围一般为一个实验室、一个学校、一个小区等。局域网又分为有线网络和无线网络。家庭网络一般使用局域网。

个人域网（personal area network，PAN）：能在便携式消费电器与通信设备之间进行短距离通信的网络，其覆盖范围一般在 10m 半径以内。PAN 核心思想是，用无线电或红外线代替传统的有线电缆，实现个人信息终端的智能化互连，组建个人化的信息网络。

2）按照使用者分类

公用网：所有按照互联网服务提供商（internet service provider，ISP）如电信、联通、移动公司规定缴纳费用使用的网络。

专用网：这种网络不向本单位以外的人提供服务，如军队、铁路、电力等系统的内部网络。

3）按照传输介质分类

有线网络：双绞线、光纤网络等。

无线网络：微波、卫星、Wi-Fi 网络等。

4）按照交换技术分类

按照交换技术的不同，网络又分为电路交换网络、分组交换网络、报文交换网络等。

5）按照拓扑结构分类

按照拓扑结构，网络又分为总线型网络、星形网络、环形网络、网状网络等，如图 1-42 所示。

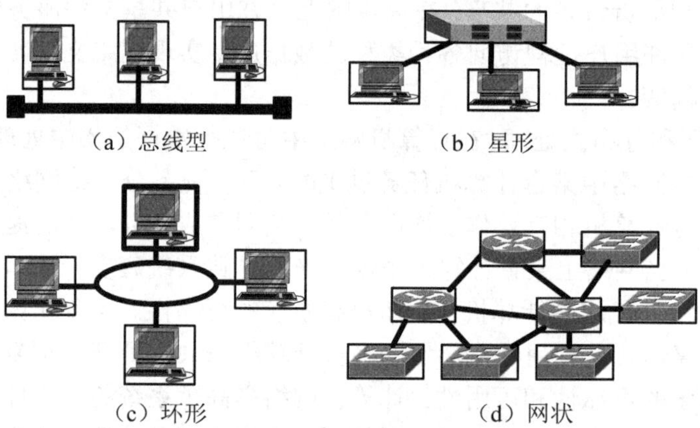

（a）总线型　（b）星形

（c）环形　（d）网状

图 1-42　网络的 4 种常用拓扑结构

3. 网络体系结构

在网络系统中，为了使数据通信的双方准确无误地进行通信，需要根据通信过程中产生的各种问题，制定一系列的通信双方必须遵守的规定，这就是通信协议。从通信协议的表现形式来看，它规定了交互双方用于通信的一系列语言法则和语言意义，这些相关的协议能够规范各个功能部件在通信过程中正确操作，网络协议就是机器之间交谈的语言。

网络体系结构就是以完成不同计算机之间的通信合作为目标，把需要连接的每个计算机相互连接的功能划分为不同的、明确的层次。它规定了同层次进程通信的协议及相邻层之间的接口及服务。实际上网络体系结构就是用分层研究方法定义的计算机网络各层的功能、各层协议及接口的集合。常见的网络体系结构有开放系统互连（open systems interconnection，OSI）参考模型、TCP/IP 参考模型等。

1）OSI 参考模型

为将在一个网络结构下开发的系统与在另一个网络结构下开发的系统连接起来，以实现更高一级的应用，使异种机之间的通信成为可能，便于网络结构标准化，国际标准化组织（ISO）于 1977 年开始研发，并于 1984 年形成了 OSI 参考模型的正式文件。

OSI 从逻辑上，把一个网络系统分为功能上相对独立的 7 个有序的子系统，由低到高分别是物理层、数据链路层、网络层、传输层、会话层、表示层和应用层。

2）TCP/IP 参考模型

20 世纪 70 年代初期，美国国防部高级研究计划署（Advanced Research Projects Agency，ARPA）为了实现异种网络之间的互联互通，开始大力资助网络技术的研究开发工作，并于 1983 年在 ARPANET 上最终形成较为完善的传输控制协议/互联网协议（transmission control protocol/internet protocol，TCP/IP）体系结构和协议规范。

TCP/IP 协议由它的 2 个主要协议即 TCP 和 IP 而得名。TCP/IP 是 Internet 上所有网络和主机之间进行交流时所使用的共同“语言”，是 Internet 上使用的一组完整的标准网络连接协议。通常所说的 TCP/IP 协议实际上包含了大量的协议和应用，且由多个独立定义的协议组合在一起，因此更确切地说，应该称其为 TCP/IP 协议集。

TCP/IP 协议共有 4 个层次，分别为网络接口层、网络层、传输层和应用层。TCP/IP 体系结构与 OSI 体系结构的对照关系如表 1-4 所示。

表 1-4　两种网络体系结构的对照关系

<table>
<tr><th>TCP/IP 参考模型</th><th>OSI 参考模型</th></tr>
<tr><td rowspan="3">应用层</td><td>应用层</td></tr>
<tr><td>表示层</td></tr>
<tr><td>会话层</td></tr>
<tr><td>传输层</td><td>传输层</td></tr>
<tr><td>网络层</td><td>网络层</td></tr>
<tr><td rowspan="2">网络接口层</td><td>数据链路层</td></tr>
<tr><td>物理层</td></tr>
</table>

由于各方面的原因，OSI 参考模型并没有在计算机网络中得到实际应用，它往往作为一个理论模型进行网络分析。TCP/IP 参考模型在 OSI 参考模型推出之前就已经在 APPANET 及后来的 Internet 得到广泛的应用和认可，成为事实上的国际标准或者工业标准。

（1）应用层的任务是通过应用进程之间的交互完成特定网络应用。应用层协议定义的是应用进程之间通信和交互的规则。这里的进程是指主机中正在运行的程序。对于不同的网络应用需要有不同的应用层协议。互联网中的应用层协议有很多，如域名系统（domain name system，DNS）、支持万维网应用的超文本传输协议（hyper text transfer protocol，HTTP）、支持电子邮件的简单邮件传送协议（simple mail transfer protocol，SMTP），等等。通常，人们把应用层交互的数据单元称为报文（message）。

（2）传输层的任务是负责向两台主机中进程之间的通信提供通用的数据传输服务。传输层主要使用以下两种协议。

- 传输控制协议（TCP）：提供面向连接的、可靠的数据传输服务，其数据传输的单位是报文段（segment）。
- 用户数据报协议（user datagram protocol，UDP）：提供无连接的、尽力而为服务（best-effort）的数据传输服务（不保证数据传输的可靠性），其数据传输的单位是用户数据报。

（3）网络层负责为分组交换网上的不同主机提供通信服务。

（4）网络接口层对应 OSI 参考模型体系结构的数据链路层和物理层。

在两个相邻节点之间传送数据时，数据链路层将网络层传下来的 IP 数据报组装为帧（frame），并在两个相邻节点之间的链路上传送。

物理层要考虑用多大的电压代表“1”或“0”，以及接收方如何识别发送方所发送的数据。物理层还要确定连接电缆的插头应当有多少根引脚，以及各引脚应如何连接。

1.3.2 网络互联与 Internet

1. Internet 概述

Internet 是众多网络间的互联网，即计算机网络互相连接组成的一个大的网络。现在，这个网络已经覆盖了全球。互联网连接了世界上不同国家与地区无数采用不同硬件、不同操作系统与不同软件的计算机，数据在传输过程中很容易丢失或出错，为了保证这些计算机之间能够畅通无阻地交换信息，Internet 采用了统一的通信协议——TCP/IP。Internet 主要由通信线路、路由器、主机与信息资源等组成。

2. IP 地址

1）IP 地址的结构

为了使众多的计算机在通信时能够相互识别，所有接入 Internet 的计算机都必须有一个唯一的编号作为其在 Internet 中的标识，这个编号称为 IP 地址。每个数据报中都包含发送方的 IP 地址和接收方的 IP 地址。IP 地址是一个 32 位二进制数，即 4 个字节，为方便起见，通常将其表示为 w. x . y. z 的形式。也就是说，每 8 位二进制数被转化为一个十进制数，其中，w、x、y、z 分别为一个 0～255 的十进制整数，对应二进制数表示法中的一个字节。这样的表示称为点分十进制表示。

例如，某台计算机的 IP 地址为 11001010 011100010 01000000 00000010，转换为点分十进制数的表示形式为 202.114.64.2。

整个 Internet 由很多独立的网络互连而成，每个独立的网络就是一个子网，包含若干台计算机。根据这个模式，Internet 的设计人员用两级层次模式构造 IP 地址，类似电话号码。电话号码的前面一部分是区号，后面一部分是某部电话的客户号。例如，027-87181260，其中，027 是武汉的区号，87181260 是一个单独的客户号码。IP 地址的 32 位二进制数也被分为两部分，即网络地址和主机地址，网络地址就像电话号码的区号，标明主机所在的子网，主机地址则是在子网内部区分具体的主机。IP 地址的层次与结构图如图 1-43 所示。

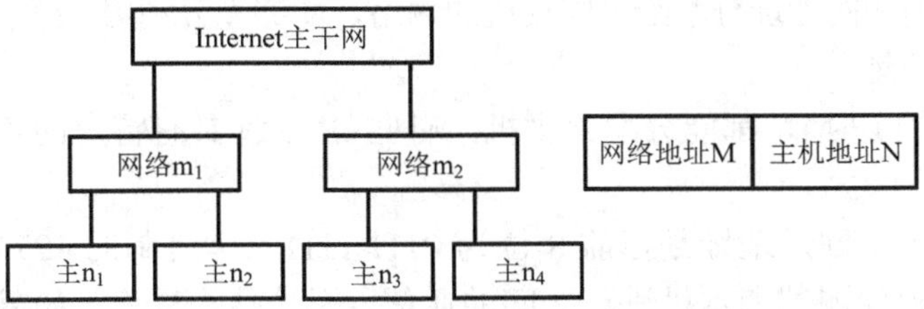

图 1-43　IP 地址的层次与结构图

对于 IP 地址的取得方式，简言之就是大的组织先向 Internet 的网络信息中心（network information center，NIC）申请若干 IP 地址，然后分配给下级组织，下级组织再向更下一级的组织分配 IP 地址。最后由各子网的网络管理员将取得的 IP 地址指定给子网中的各台计算机。

2）A、B、C 3 类网络

为了便于对 IP 地址进行管理，同时考虑网络间的差异很大，有的网络拥有很多主机，而有的网络上的主机则很少，因此 Internet 的 IP 地址分为 5 类，即 A 类到 E 类。其中，D 类地址是多播地址，主要留给 Internet 体系结构委员会（internet architecture board，IAB）使用；E 类地址保留待以后使用。目前，大量使用的 IP 地址仅有 A、B、C 共 3 类，如图 1-44 所示。

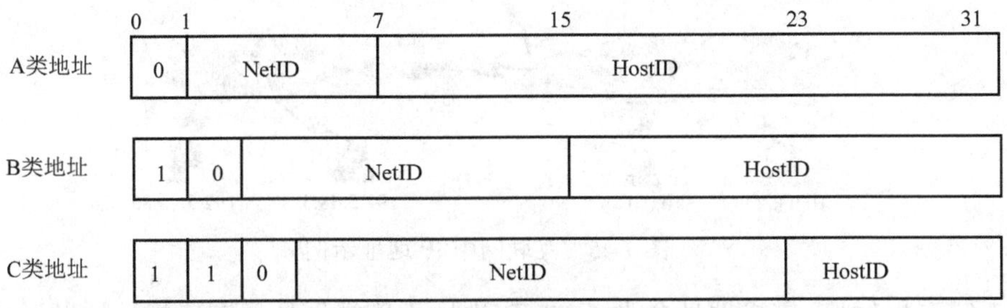

图 1-44　IP 地址的分类

（1）A 类地址。A 类 IP 地址的最高位为 0，其前 8 位为网络地址，在申请地址时由管理机构设定，后 24 位为主机地址，由网络管理员分配给本机构子网的各主机。一个 A 类地址最多可容纳 2^{24}（约 1 600 万）台主机，全世界最多可有 2^7=128 个 A 类地址。当然这两个"最多"是从数学逻辑上讲的，事实上不可能达到，因为一个网络中有些地址另有特殊用途，不能分配给具体的主机和网络。

用 A 类地址组建的网络称为 A 类网络。

（2）B 类地址。B 类 IP 地址的前 16 位为网络地址，后 16 位为主机地址，且前两位为 10。B 类地址的第一个十进制整数的值为 128～191。一个 B 类网络最多可容纳 2^{16} 即 65 536 台主机，全世界最多可有 2^{14}（约 1.6 万）个 B 类地址。

（3）C 类地址。C 类 IP 地址的前 24 位为网络地址，后 8 位为主机地址，且前 3 位为 110。C 类地址的第一个整数值为 192～223。一个 C 类网络最多可容纳 2^8−2 即 254 台主机。全世界最多可有 2^{21}（约 210 万）个 C 类地址。

将不同类型的子网地址分配给不同规模的网络，能够充分利用 32 位长度的地址空间。

3）特殊 IP 地址

并不是所有的 IP 地址都能分配给主机，有些 IP 地址具有特定的含义，因而不能分配给主机。

（1）回送地址。回送地址是指前 8 位为 0111 1111（十进制的 127）的 IP 地址，这个地址用于网络软件测试和本机进程之间的通信。无论什么程序，如果它向回送地址发送数据，TCP/IP 协议会立即将数据返回，不做任何网络传输。这个规定使得“A 类地址”127.0.0.0 不能分配给网络，减少了 2^{24} 台可用的主机。

（2）子网地址。主机地址全为 0 的 IP 地址称为子网地址，代表当前所在的子网。

例如，当提到网络 150.24.0.0 时，指的是整个子网，150.24.0.0 这个 IP 地址不会分配给网络中的任何一台主机。图 1-45 所示是互联网中 IP 地址的示例。每一个网络中所有节点 IP 地址的网络号（即网络前缀）都是相同的，不同网络的网络号不同。一个网络中的计算机要访问另一个网络中的计算机，必须通过路由器进行通信。

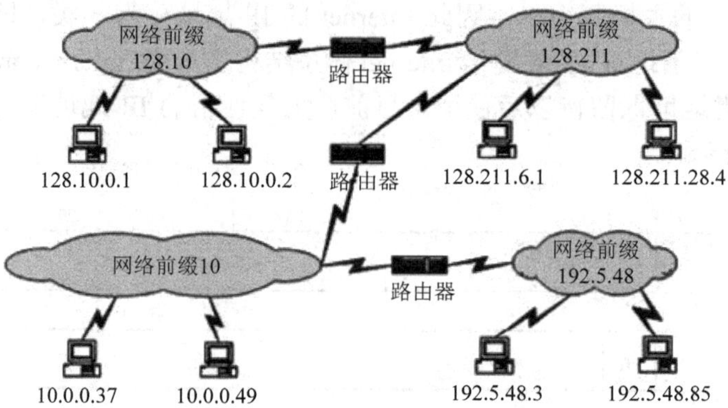

图 1-45　互联网中 IP 地址示例

（3）广播地址。主机地址全为 1 的 IP 地址为广播地址，向广播地址发送信息就是向子网中的每个成员发送信息。例如，在 A 类网络 16.0.0.0 中向地址 16.255.255.255 发送一条信息时，网络中的每台计算机都将接收到该信息。

另外，如果需要在本网内广播，但又不知道子网地址，可以用地址 255.255.255.255 代替本网广播地址。

4）子网掩码

每个独立的子网都有一个子网掩码。分组中含有目的计算机的 IP 地址，那么如何判断目的计算机与源计算机是处于同一子网中，还是应将分组送往路由器由它向外发送呢？这时就要用到子网掩码。子网掩码的表示形式与 IP 地址相似。如果一个子网的网络地址占 n 位（当然它的主机地址就是 32−n 位），则该子网的子网掩码的前 n 位为 1，后 32−n 位为 0。IP 协议正是根据主机的 IP 地址、目的 IP 地址及子网掩码进行逻辑与运算来判断源 IP 地址与目的 IP 地址是否处于同一子网中的。

IP 协议首先将主机的 IP 地址与子网掩码做与运算，再用运算结果同目的计算机的 IP 地址做异或运算，如果子网掩码的前 n 位为 1，而运算结果的前 n 位全为 0，IP 软件就会认为两者处于一子网中，否则认为两者不在同一子网中。

所有 A 类网络的子网掩码一定是 255.0.0.0，所有 B 类网络的子网掩码一定是 255.255.0.0，所有 C 类网络的子网掩码一定是 255.255.255.0。

3. DNS 域名

IP 地址是访问 Internet 上某一台主机所必需的标识，是用点分隔的 4 个十进制数，如 61.135.169.125 代表百度的 WWW 服务器，这种枯燥的数字很难记忆，因此需要使用容易记忆的名称代表主机域名（domain name），如 www.baidu.com 代表搜索引擎百度上的 WWW 服务器名。Internet 使用域名系统进行主机名与 IP 地址之间的转换。

域名采用层次型的命名机制，由一串用点分隔的名称组成，名称从左往右构造，表示的范围从小到大；其格式为主机名.n 级子域名.….二级子域名.顶级域名，其中 2≤n≤5。

例如，moe.edu.cn 为中华人民共和国教育部的域名。

顶级域名（最高层域）分为两大类：通用域和国家/地区域。

（1）通用域：描述的是网络机构（也称非地理域），一般用 3 个字母表示，如表 1-5 所示。

（2）国家/地区域：描述的是网络的地理位置（国家或地区），采用 ISO 3166 文档中指定的两个字符作为国家名称，注意美国不用国家域，如表 1-6 所示。

表 1-5 通用域

顶级域名	含义	顶级域名	含义
com	商业组织	net	网络机构
edu	教育机构	org	非营利组织
gov	政府部门	int	特定的国际组织
mil	军事部门		

表 1-6 国家/地区域

顶级域名	含义	顶级域名	含义
cn	中国	ca	加拿大
jp	日本	fr	法国
gb	英国	au	澳大利亚
de	德国	ru	俄罗斯
tw	中国台湾	hk	中国香港

把域名翻译为 IP 地址的软件称为域名系统，它负责对整个 Internet 域名进行管理。所有的 Internet 域名都要在域名系统中进行申请和登记，只有得到批准的域名才可以使用。

安装有 DNS 的主机称为域名服务器（domain name server），它是一种能够实现域名解析的分层结构数据库。当在网络访问中使用域名地址时，该域名地址会被送往本地系统事先指定的某个域名服务器，其内部有一本域名地址和IP地址对应关系“字典”，如果在其中找到相应IP地址，则将该目的主机的IP地址返回给用户主机连接，如果在指定的域名服务器中未找到相应 IP 地址，则将域名地址提交给上一级域名服务器处理。以此类推，最终找到目的主机 IP 地址返回给本地计算机。如果最终未能找到，则通知用户找不到对应的IP地址。

1.3.3 Internet 应用

Internet 的基本应用主要有以下几种：万维网、文件传输、电子邮件、即时通信、大数据等。

1. 万维网

万维网（world wide web，WWW）是Internet发展最快，同时也是使用最多的一项服务。它拥有图形用户界面，使用超文本结构链接，是Internet上一个非常重要的信息资源网。WWW 是一种基于超文本的信息查询工具。超文本文件由超文本标记语言（hypertext markup language，HTML）编写而成。WWW文本不仅含有文本和图像，还含有作为超链接的词、词组、句子、图像和图标等。单击超链接，Web就根据超链接所指向的统一资源定位器（uniform resource locator，URL）地址跳转到不同站点、不同文件。超链接同样可以指向声音、影像等多媒体。超文本与多媒体一起构成了超媒体（hypermedia），因而WWW是一个分布式的超媒体系统。

WWW由3部分组成：浏览器（browser）、WWW服务器（web server）和超文本传送协议（HTTP）。浏览器向 WWW 服务器发出请求，WWW 服务器向浏览器返回其所需的 WWW 文档，浏览器解释该文档并按照一定的格式将其显示在屏幕上。浏览器与WWW 服务器使用 HTTP 互相通信。为了指定用户所要求的 WWW 文档，浏览器发出的请求采用URL的形式进行描述。

1）统一资源定位器

HTML的超链接使用URL来定位信息资源所在位置。URL描述了浏览器检索资源所用的协议、资源所在计算机的主机名，以及资源的路径与文件名。WWW中的每一个网页，以及每个网页中的每一个元素——图形、文字、图片等，也都有自己唯一的地址。

标准的URL如下所示：

http：//www.wtu.edu.cn/index.html

访问类型　访问的主机　访问的文件

这个例子表示：用户要连接到名为www.wtu.edu.cn的主机上，采用HTTP方式读取名为 index.html的超文本文件。

URL 通过访问类型表示访问方式或使用的协议，如 ftp://ftp.wtu.edu.cn/software/readme.txt，表示通过文件传输协议（file transfer protocol，FTP）连接获得一个名为readme.txt的文本文件。

URL 是在一个计算机网络中用来标识、定位某个主页地址的文本。简言之，URL 提供主页的定位信息，浏览器在定位区内显示 URL。用户一般不需要了解某一主页的 URL，因为有关的定位信息已经被包括在加亮条的超链接信息之中，当用户选择某一加亮条的超链接时，浏览器就已经知道了它的 URL。同时，浏览器支持用户直接输入 URL 对 WWW 进行访问。

2）浏览器

浏览器是一种 WWW 客户端软件工具。用户访问 WWW 服务器，必须在本地计算机上运行浏览器。浏览器软件有很多种，目前常用的浏览器有 IE 浏览器、Edge 浏览器、Google 浏览器、Firefox 浏览器、QQ 浏览器、360 浏览器等。

下面以 Edge 浏览器为例介绍浏览器的使用和设置。

（1）双击桌面上的 Edge 浏览器图标，或者单击任务栏中的 Edge 浏览器图标，均可打开 Edge 浏览器。

（2）在地址栏中输入武汉纺织大学网址 www.wtu.edu.cn，按 Enter 键进入武汉纺织大学网站主页，如图 1-46 所示。

图 1-46 打开网页

（3）单击右上角的五角星按钮，在打开的列表中选择“添加到收藏夹”命令，可以把常用网页添加到收藏夹中，以后在浏览器窗口中单击“查看收藏夹”按钮，然后在收藏夹中选择“武汉纺织大学”，就能快速打开该网页。

用户还可以通过 Edge 浏览器右侧工具栏的“设置”选项，对浏览器的各种参数进行设置，以保证浏览器能安全、高效地访问网络信息资源。

2. 文件传输

FTP 用于管理计算机之间的文件传输。FTP 服务是基于 TCP 的连接，端口号为 21。

若想获取 FTP 服务器的资源，需要拥有该主机的 IP 地址（主机域名）、账号和密码。许多 FTP 服务器允许用户用 anonymous 用户名登录，口令任意，一般为电子邮件地址。

FTP 可以实现如下文件传输功能。

（1）下载（download）：从远程主机向本地主机复制文件。

（2）上传（upload）：从本地主机向远程主机复制文件。

目前使用的浏览器软件支持用 FTP 方式访问 FTP 服务器，如 ftp://ftp.wtu.edu.cn。如果需要验证，那么就输入用户名和密码，通过验证以后，就可以复制 FTP 服务器上的文件到本地硬盘，或把本地存储器里的文件复制到 FTP 服务器，就像操作本地硬盘一样简单。也可以在资源管理器地址栏输入 FTP 服务器地址访问 FTP 服务器。或者用 FTP 下载工具来上传或下载文件。FTP 下载工具支持断点续传功能，能更加快速和灵活地上传和下载文件。常用的 FTP 下载工具有 CuteFTP、LeapFTP、FlashFTP、AceFTP 和 BulletFTP 等。

3. 电子邮件

电子邮件（electronic mail，E-mail）是一种通过 Internet 与其他用户进行联系的快速、简便、价廉的现代化通信手段。电子邮件最早出现在 ARPANET 中，是传统邮件的电子化。它建立在 TCP/IP 协议基础之上，将数据在 Internet 上从一台计算机传送到另一台计算机。电子邮件可以将文字、图像、语音等多种类型的信息集成在一封邮件中传送，因此目前已经成为多媒体信息传送的重要手段。

一个电子邮件系统主要由 3 部分组成：用户代理（user agent）、邮件服务器和电子邮件使用的协议，如图 1-47 所示。

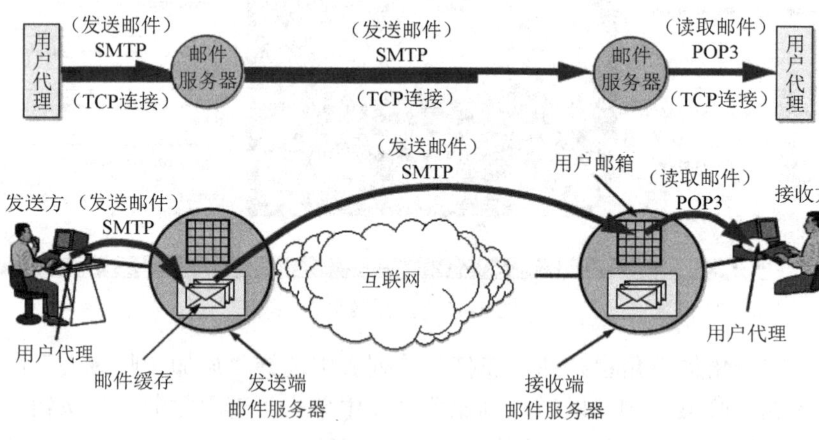

图 1-47　邮件传输模型

用户代理是用户和电子邮件系统的接口，也称邮件客户端软件，支持用户通过一个友好的接口来发送和接收邮件，如 UNIX 平台上的 mail、Netscape Navigator，Windows 平台上的 Outlook Express、Foxmail 等。用户代理应具有编辑、发送、接收、阅读、打印、删除邮件的功能。

邮件服务器是电子邮件系统的核心构件，其功能是发送和接收邮件，以及向发信人报告邮件传送的情况。邮件服务器需要使用两个不同的协议：简单邮件传送协议用于发送邮件，邮局协议版本 3（post office protocol version 3，POP3）用于接收邮件。SMTP 可以保证不同类型的计算机之间电子邮件的传送。它采用客户机/服务器结构，通过建立 SMTP 客户机与远程主机上的 SMTP 服务器之间的连接传送电子邮件。

电子邮件的操作有两种方式：一种是使用邮件客户端软件操作，另一种是通过浏览器登录到邮件服务器进行操作，称为 Web mail。在 Internet 上发送电子邮件，用户必须有一个电子邮箱，还需要写上收信人的 E-mail 地址，即电子邮件地址。

一个完整的 E-mail 地址形式是"收件人邮箱名@邮箱所在主机的域名"。其中，@代表英文单词 at，表示"在"的意思。例如，abc@163.com 代表一个位于 163.com 主机上的名称为 abc 的用户。

图 1-48 所示为用 Outlook Express 给邮件地址 han@sohu.com 发送电子邮件。

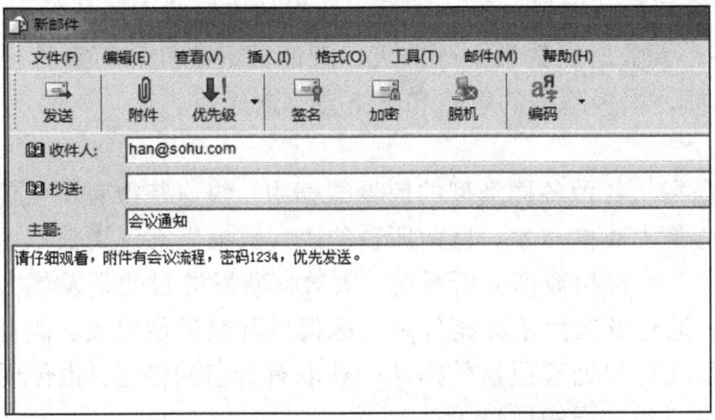

图 1-48 用邮件客户端软件发送电子邮件示例

目前，许多 ISP 都向用户提供免费电子邮件服务，只要用户登录并注册就可获得一个邮箱账号。如果使用邮件客户端软件收发邮件，首先应进行一定的设置，如邮件地址、SMTP 服务器域名、POP3 服务器域名等，才能进行收发邮件的操作。目前，大部分用户使用的是基于 Web 的电子邮件，只要用户申请到邮件地址，就可以通过浏览器登录到 Web Mail 系统进行邮件的编辑、收发。

4. 即时通信

即时通信服务也称为聊天服务，使用该服务可以在 Internet 上进行即时的文字信息、语音信息、视频信息、电子白板等的交流，还可以传输各种文件。在个人用户和企业用户网络服务中，即时通信起到越来越重要的作用。

常用的客户端软件主要有 QQ、微信、钉钉、Skype 等。

5. 大数据

1）大数据的定义及特征

大数据的浪潮汹涌而至，对国家治理、企业决策和个人生活都在产生深远的影响，并将成为继云计算、物联网之后信息技术产业领域又一重大创新变革。未来的十年将是一个“大数据”引领的智慧科技的时代，随着社交网络的逐渐成熟，移动带宽迅速提升，云计算、物联网应用更加丰富，更多的传感设备、移动终端接入网络，由此产生的数据及增长速度将比历史上的任何时期都要多、都要快。

大数据一般是指在 10TB（1TB=1024GB）规模以上的数据量。大数据同过去的海量数据有所区别，其基本特征可以用 5 个 V 来总结：volume、variety、value、velocity 和 veracity，即体量大、多样性、价值密度低、速度快和真实性。

- 数据体量巨大。从海量数据的 TB 级别，跃升到 PB 级别。
- 数据类型繁多。例如，前文提到的网络日志、视频、图片、地理位置信息，等等。
- 价值密度低。以视频为例，连续不间断监控过程中，可能有用的数据仅有 1～2s。
- 处理速度快。1 秒定律。最后这一点与传统的数据挖掘技术有着本质的不同。物联网、云计算、移动互联网、车联网、手机、平板电脑、PC 及遍布地球各个角落的各种各样的传感器，无一不是大数据的来源或者承载的方式。
- 真实性高。大数据的数量十分庞大，因而其准确性和可靠性也相对更高。在大量资料面前，很多隐藏的思路和脉络会逐渐显现。

2）大数据技术

大数据技术是指从各种各样类型的巨量数据中，快速获得有价值信息的技术。解决大数据问题的核心是大数据技术。目前所说的“大数据”不仅指数据本身的规模，也包括采集数据的工具、平台和数据分析系统。大数据研发的目的是发展大数据技术并将其应用到相关领域，通过解决巨量数据处理问题促进其突破性发展。因此，大数据时代带来的挑战不仅体现在如何处理巨量数据从中获取有价值的信息，也体现在如何加强大数据技术研发，抢占时代发展的前沿。

在大数据时代，通过互联网、社交网络、物联网，人们能够及时全面地获得大量的信息。同时，信息自身存在形式的变化与演进，也使得作为信息载体的数据以远超人们想象的速度迅速膨胀。

大数据的多样性决定了数据采集来源的复杂性，从智能传感器到社交网络数据，从声音图片到在线交易数据，可能性是无穷无尽的。选择正确的数据来源并进行交叉分析可以为企业创造最显著的利益。随着数据源的爆发式增长，数据的多样性成为大数据应用亟待解决的问题。例如，如何实时地通过各种数据库管理系统来安全地访问数据；如何通过优化存储策略评估当前的数据存储技术并改进、加强数据存储能力，以最大限度地利用现有的存储投资。从某种意义上说，数据将成为企业的核心资产。

大数据不仅是一场技术变革，更是一场商业模式变革。在大数据概念提出之前，尽管互联网为传统企业提供了一个新的销售渠道，但总体来看，二者平行发展，鲜有交集。人们可以看到，无论是 Google 通过分析用户个人信息，根据用户偏好提供精准广告，还是 Facebook 将用户的线下社会关系迁移到线上，构造一个半真实的实名帝国，这些商业和消费模式仍不能脱离互联网，传统企业仍无法嫁接到互联网中。同时，传统企业通过传统的用户分析工具很难获得大范围用户的真实需求。

企业从大规模制造过渡到大规模定制，必须掌握用户的需求特点。在互联网时代，这些需求特征往往是在用户不经意的行为中透露出来的。只有通过对信息进行关联、参照、聚类、分类等方法分析，才能得到答案。

3）大数据时代的思维变革

大数据在互联网与传统企业间建立一个交集。它推动互联网企业融入传统企业的供应链，并在传统企业植入互联网基因。传统企业与互联网企业的结合，网民和消费者的融合，必将引发消费模式、制造模式、管理模式的巨大变革。

大数据将带来巨大的技术和商业机遇，大数据分析挖掘和利用将为企业带来巨大的商业价值，而随着应用数据规模的急剧增加，传统计算也面临严重挑战，大规模数据处理和行业应用需求日益增加和迫切，促生越来越多的大规模数据处理应用需求，传统系统难以提供足够的存储和计算资源进行处理，云计算技术是最理想的解决方案。调查显示：目前，IT 专业人员对云计算中诸多关键技术最为关心的是大规模数据并行处理技术。大数据并行处理没有通用和现成的解决方案，对于应用行业来说，云计算平台软件、虚拟化软件都不需要自己开发，但行业的大规模数据处理应用没有现成和通用的软件，需要针对特定的应用需求专门开发，涉及诸多并行化算法、索引查询优化技术研究及系统的设计实现，这些都为大数据处理技术的发展提供了巨大的驱动力。

1.3.4 网络安全与法规

1. 网络威胁

当前，计算机网络已经深入社会生活的方方面面，电子政务、电子商务、电子海关、电子银行、电子证券、网上商场、网上拍卖、网上娱乐等一系列新的工作和生活方式逐渐普及，与此同时，网络面临的各种安全威胁也越来越受到重视。

ISO 将信息安全定义如下：为数据处理系统建立和采用的技术、管理的安全保护，目的是保护计算机硬件、软件数据不因偶然和恶意的原因而遭到破坏、更改和泄露。

网络安全本质上讲就是网络上的信息安全，是指网络上的硬件、软件及其系统中的数据受到保护，不因偶然或者恶意的原因遭到破坏、更改及泄露，系统连续、可靠、正常地运行，网络服务不中断。

在信息安全领域，网络安全占有极其重要的地位。随着 Internet 规模的不断扩大，各种基础网络应用、信息系统、Web 应用程序等的漏洞层出不穷，普通网络使用者如果信息安全意识不强、信息安全技术手段相对落后，这就为网络上的不法分子提供了入侵和窃取信息的机会。

2. 网络病毒和网络攻击

计算机病毒是编制者在计算机程序中插入的破坏计算机功能或者数据的代码，能影响计算机使用，能自我复制的一组计算机指令或者程序代码。计算机病毒具有传播性、隐蔽性、感染性、潜伏性、可激发性、表现性或破坏性等特点。

网络病毒主要是指通过计算机网络来传播的计算机病毒程序。网络病毒一般利用操作系统中存在的漏洞，通过电子邮件附件、恶意网页浏览等方式传播，主要分为蠕虫病毒和木马病毒两大类。

网络攻击是指针对计算机信息系统、基础设施、计算机网络或个人计算机设备的任何类型的进攻动作。在计算机和计算机网络中，破坏、揭露、修改、使软件或服务失去功能、在没有得到授权的情况下偷取或访问任何一台计算机的数据，都会被视为对计算机和计算机网络的攻击。

3. 网络安全防护

网络安全防护是一种网络安全技术，指致力于解决如何有效进行介入控制，以及如何保证数据传输的安全性的技术手段，主要包括物理安全分析技术、网络结构安全分析技术、系统安全分析技术、管理安全分析技术，以及其他安全服务和安全机制策略。

下面介绍一些常见的安全防护技术。

1）防火墙技术

在当前计算机网络中防火墙技术的运用十分频繁，加密技术被大范围地运用到计算机系统之中，其实质就是借助代理服务器与状态监控模式。一般情况下，信息流往往都是由状态检测、代理服务过滤等加以控制，结合各方面实际情况来实施加密操作。防火墙要想发挥出良好的实践作用，还需要具备分离外部风险、内部可靠区域等功能，这样才可以真正实现对信息的集中管理。在将防火墙技术加以实践运用的过程中，能够切实地规避非法用户的访问，详细记录服务器连接电源与信息等重要日志。防火墙技术的实际作用主要是切断外界非法入侵以及各种病毒的传递途径。

2）信息加密技术

信息加密是当下网络资源利用的一项基础保障，在对信息进行加密时，各项信息内容借助安全交易来加以认证。为了从根本上对各种文件信息的机密性加以保障，可以采用非对称加密方法，这一方法的运用能够有效地提高信息文件的加密效果。用户也可以采取实名制的方法来增强信息访问的安全性。信息加密技术的主要作用就是避免信息的泄露，保证信息的安全性。

3）入侵检测技术

入侵检测技术的主要作用就是避免信息被入侵，主要涉及信息的收集、分析和结果处理这 3 个环节，首先，在对信息进行收集时，需要保证计算机能够及时地对网络信息和安全日志内容加以统一，对那些与计算机数据内容存在关联的内容，在收集的过程中还需要借助检测方法来实施后续的实践操作。其次，借助信息分析来对用户所需要的信息内容进行统一的整理，对于涉及隐形风险的信息，网络安全系统可以对其进行处理，结合获取的信息内容来制订解决方案，切实地规避网络病毒的入侵。检测技术从其性质上来说可以分为检测模型与异常检测模型，将二者加以良好的整合运用可以有效地增强入侵检测技术的功能，促进信息数据使用效率的提高。

4）验证技术

验证技术在实践中也被称为计算机网络 ID 检验技术，其实质就是借助 ID 认证从根本上对用户信息的安全性加以根本保障，借助计算机网络系统运用一个或多个参数来创设系统连接机制，从而避免非法用户的入侵。

5）防计算机病毒技术

网络病毒是诱发网络信息安全问题的主要根源，一旦网络病毒入侵计算机系统，必然会给用户造成诸多的不良影响。在当前计算机网络大数据信息化水平不断提升的形势下，网络病毒的种类也在不断地增加，这给预防工作的开展带来了诸多的困难。防计算机病毒长期以来都是计算机网络安全技术所针对的主要对象，结合各方面实际情况来创建多方位的计算机病毒防护保护系统，能够为网络安全运行创造良好的基础。

4. 我国信息安全与法律法规

1）网络法律法规

网络飞速发展也衍生出了诸多网络安全问题，特别是网络虚假（不良）信息泛滥、网站信誉不透明等成为网民的痛点。有些不法分子还通过网络诈骗，窃取他人银行账号、密码，进而窃取钱财。这些网络安全问题都亟待解决。

目前，信息安全与法律问题处于探讨与试行阶段，在学者与专家的研究中，对信息安全法律问题的研究已经取得了一些进展，如立法框架、立法主要内容、应当建立的基本制度等已经有所研究，但离全面建设网络信息安全法律的程度还有相当的距离。我国有关部门已经对互联网的行政管理制定了一些管理规定，这些规定虽然属于行政法的范畴，是以部门规章的形式出现的，但这是对互联网进行立法的积极尝试。例如，国务院颁布的《互联网信息服务管理办法》就属于管理型的法规。

我国是个法治国家，随着网络文化的形成和发展，网络信息安全的法律法规也相继诞生，这些法律法规是网络信息社会生活的行为规范和道德准则，值得所有人认真学习。关于网络信息安全，我国已经制定了一系列的法律法规，如《互联网文化管理暂行规定》《信息网络传播权保护条例》《互联网著作权行政保护办法》《中华人民共和国电子签名法》《中华人民共和国突发事件应对法》等。

每个公民上网时都应该自觉遵守这些法律法规，如果违反，定会受到法律的制裁。

2）社会责任

互联网是一个虚拟的社会，但它本身却具有许多现实社会的特征。与现实社会一样，人们必须遵守相应的道德规范并承担相应的社会责任。

目前，比较严重的网络失范行为包括：网络犯罪，如非法潜入网络进行恶意破坏，传播病毒，蓄意窃取或篡改用户的个人资料，盗窃电子银行账户、密码等；发布色情资料，灌输暴力思想；造谣传谣，蛊惑人心；宣传封建迷信；进行网络赌博；破坏国家安全，进行网络文化侵略等。网络中的道德失范行为已经深深危及其自身的存在和健康发展，只有坚决遏止和消除这种消极现象，才能扬长避短，维护网络安全，增进文化交流与发展，使网络更易为人们接受，更好、更快地走入人们的日常生活，提高人们的生活质量和促进经济发展。

用户的社会责任就是要遵守网络道德规范，而道德的基础就是人类精神上的自律。这一点在互联网的虚拟环境中尤为重要，自己对自己负责，自己对社会负责，自我约束，自我控制，这就要求用户在道德行为上具有更高的自觉性和自律性，承担起应有的社会责任。

3）网络道德

网络道德就是对网络使用者的道德规范，是用于调整、规范网络使用者的思想、言论和行为的道德准则。网络道德一旦形成，就会像传统道德一样，依靠人的内心信念和自治自律来约束自己在使用过程中的行为，使自己的行为符合网络的伦理道德，合乎国际通用法则，合乎社会发展利益。下文是美国计算机协会为其成员制定的伦理道德和职业行为规范：为社会和人类作出贡献；避免伤害他人；要诚实可靠；要公正并不采取歧视行为；尊重包括版权和专利在内的财产权；尊重知识产权；尊重他人的隐私；保守机密。

美国计算机伦理协会还为计算机伦理学制定了 10 条戒律，具体内容包括：不应用计算机伤害他人；不应干扰他人的计算机工作；不应窥探他人的文件；不应用计算机进行偷窥；不应用计算机做伪证；不应使用或复制没有付钱的软件；不应未经许可而使用他人的计算机资源；不应盗用他人的智力成果；应该考虑自己所编程序的社会后果；应该以深思熟虑和慎重的方式来使用计算机。

第二篇 Excel 数据分析与计算

第 2 章　Excel 基础

2.1　工作簿与工作表

2.1.1　工作界面

Microsoft Office Excel 是微软办公软件 Microsoft Office 的组件之一，可以进行各种数据的处理、统计分析和辅助决策操作，广泛应用于管理、统计、财经、金融等众多领域。目前常用的 Excel 版本有中文 Excel 2007、Excel 2010、Excel 2013、Excel 2016 和 Excel 2019 等。Excel 具有强大的计算、分析、传递和共享功能，界面直观、操作简单，在财务、税务、统计、经济分析、人力资源、市场与销售等领域都有着广泛的应用。Excel 2016 工作界面如图 2-1 所示。

图 2-1　Excel 2016 工作界面

选项卡包括“文件”“开始”“插入”“页面布局”“公式”“数据”“审阅”“视图”“开发工具” 9 个常用选项卡和一个搜索栏，各选项卡功能区中提供了各种不同的命令。功能区由若干组组成，每个组由若干功能相似的按钮和下拉列表组成。

除了常规选项卡之外，Excel 2016 还提供了许多附加选项卡（如上下文选项卡），它们只在进行特定操作时才会显示，在学习和使用 Excel 过程中要注意选项卡中的变化。

1. 组

Excel 2016 程序将很多功能类似的、性质相近的命令按钮集成在一起，命名为“组”。

用户可以非常方便地在组中选择命令按钮，编辑电子表格，如“页面布局”→“页面设置”组，如图 2-2 所示。

图 2-2 “页面布局”→“页面设置”组

2. 启动器按钮

为了方便用户使用 Excel 表格运算分析数据，在有些“组”中的右下角还设计了一个启动器按钮，单击该按钮后，会打开所在组对应的命令对话框，用户可以在其中设置电子表格的格式或运算分析数据等。

2.1.2 工作簿的操作

在 Excel 中，新建的文档称为工作簿。工作簿是 Excel 2016 中的文件架构，可以看作一个文件夹，这个文件夹中有许多张工作纸，每张工作纸就是一个工作表。工作簿存储时默认名称为“工作簿 1.xlsx”。

1. 创建空白工作簿

启动 Excel 2016 后，在 Excel 2016 窗口中单击“空白工作簿”图标即可创建一个空白工作簿。

2. 利用模板创建工作簿

利用模板创建工作簿与创建空白工作簿的方法类似，启动 Excel 2016 后，在 Excel 2016 窗口中选择空白工作簿下的一个模板，即可创建一个工作簿。

3. 管理工作簿

工作簿窗口管理包括重排窗口、拆分窗口、冻结窗格等。

1）重排窗口

重排窗口可以将打开的各工作簿窗口按指定方式排列，以便于同时观察、更改多个工作簿窗口的内容。

2）拆分窗口

工作表被拆分后，相当于形成 4 个窗格，每个窗格都有一组水平或垂直滚动条，这样就能在不同的窗格内浏览一个工作表的各个区域，从而提高工作效率，尤其对于庞大的工作表，非常有用。

拆分窗口的方法：单击“视图”→“窗口”→“拆分”按钮，即可将窗口一分为四。

3）冻结窗格

当查看一个大的工作表时，希望将工作表的行列标题锁住，只滚动表中的数据，使数据与标题能够对应，这时可以用 Excel 的冻结窗格功能来实现。

冻结窗格可以是冻结首行、首列或冻结拆分窗格。

冻结窗格的方法：单击“视图”→“窗口”→“冻结窗格”按钮，在打开的下拉列表中选择相应的命令。

取消冻结窗格的方法：“视图”→“窗口”→“冻结窗格”按钮，在打开的下拉列表中选择“取消冻结窗格”命令。

4. 保存工作簿

当编辑完工作簿后，还需要保存工作簿：选择“文件”→“另存为”命令，在打开的“另存为”窗口中单击“浏览”按钮，打开“另存为”对话框，选择工作簿的保存路径，输入文件名，单击“保存”按钮，即将工作簿保存到相应路径。Excel 2016 文件的扩展名为.xlsx。

2.1.3 工作表的编辑

在默认情况下，新建的工作簿只有一个工作表 Sheet1，用户可以根据自己的情况添加工作表，还可以对工作表进行删除、重命名、隐藏等操作。

1. 工作表的添加与删除

1）工作表的添加

添加工作表有以下 3 种方法。

（1）直接单击工作表标签后面的“新工作表”按钮，即在该工作表右侧添加一个工作表。

（2）选中并右击工作表标签，在弹出的快捷菜单中选择“插入”命令，在打开的对话框中选择工作表，单击“确定”按钮，就在该工作表左侧添加一个工作表。

（3）单击“开始”→“单元格”→“插入”按钮，在打开的下拉列表中选择“插入工作表”命令。

2）工作表的删除

右击要删除的工作表，在弹出的快捷菜单中选择“删除”命令，后面的工作表会自动向前移动，取代所删除的工作表的位置。选中需要删除的工作表，按 Delete 键也可删除该工作表。

2. 工作表的重命名

用户可以对工作表进行重命名：右击要重命名的工作表，在弹出的快捷菜单中选择“重命名”命令，输入新名称后，在工作区单击即可。也可在选中的工作表标签上双击，待光标闪烁后，输入新的工作表名称即可。

3. 工作表的隐藏与取消隐藏

1）隐藏工作表

工作表较多的情况下或者有需要保密的工作表时，可以将它们隐藏：选中并右击需要隐藏的工作表，在弹出的快捷菜单中选择“隐藏”命令，后面的工作表就会自动前移，遮盖隐藏的工作表。

2）取消隐藏工作表

在隐藏的工作表的位置右击工作表，在弹出的快捷菜单中选择“取消隐藏”命令，打开“取消隐藏”对话框，选择要取消隐藏的工作表，单击“确定”按钮，即可取消相应工作表的隐藏。

4. 工作表的移动与复制

（1）移动工作表：在同一个工作簿中，工作表从左到右的顺序可以通过移动工作表的方式改变。选中需要移动的工作表，拖动到目标位置即可，如图 2-3 所示。或者选中需要移动的工作表，右击，在弹出的快捷菜单中选择“移动或复制”命令，打开“移动或复制工作表”对话框，选择要移至的工作簿、位置后，单击“确定”按钮，此操作可以完成不同工作簿中工作表的移动，如图 2-4 所示。

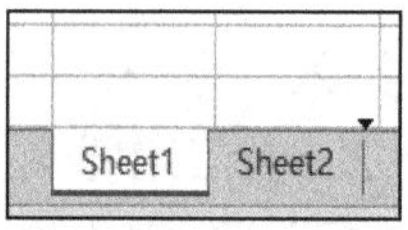

图 2-3　移动工作表

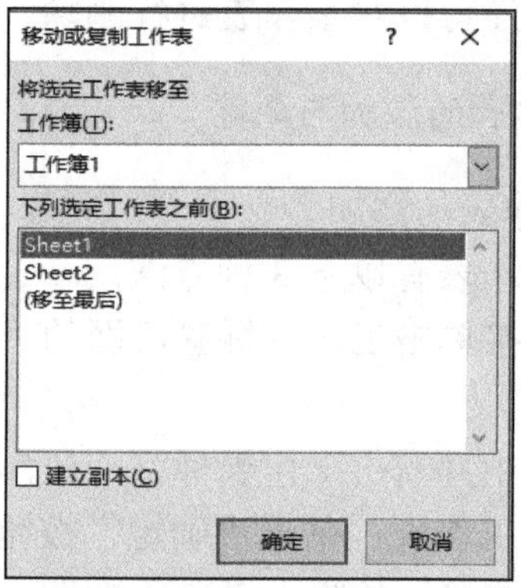

图 2-4　“移动或复制工作表”对话框

（2）复制工作表：在同一工作簿中复制工作表，选中需要移动的工作表，按住 Ctrl 键的同时将其拖动到目标位置即可；或者选中需要移动的工作表，右击，在弹出的快捷菜单中选择“移动或复制”命令，在打开的“移动或复制工作表”对话框中选择要移至的工作簿、位置，选中“建立副本”复选框，单击“确定”按钮，此操作可以完成不同工作簿中工作表的复制。

5. 工作表的保护

在 Excel 2016 中可以管理各种各样的数据，这些数据中可能存在共享的内容，也可能涉及一些重要的不能外传的资料。为了避免工作表和单元格的数据被随意改动，需要将它们保护起来。

1）保护整个工作表和取消保护

选择需要保护的工作表，单击“审阅”→“更改”→“保护工作表”按钮，在打开的“保护工作表”对话框中设置参数，输入密码，单击“确定”按钮，如图 2-5 所示。设置了工作表保护后，“保护工作表”命令就变成了“撤消工作表保护”命令。若要取消对整个工作表的保护，选择“审阅”→“更改”→“撤消工作表保护”命令，在打开的对话框中输入密码，单击“确定”按钮即可。

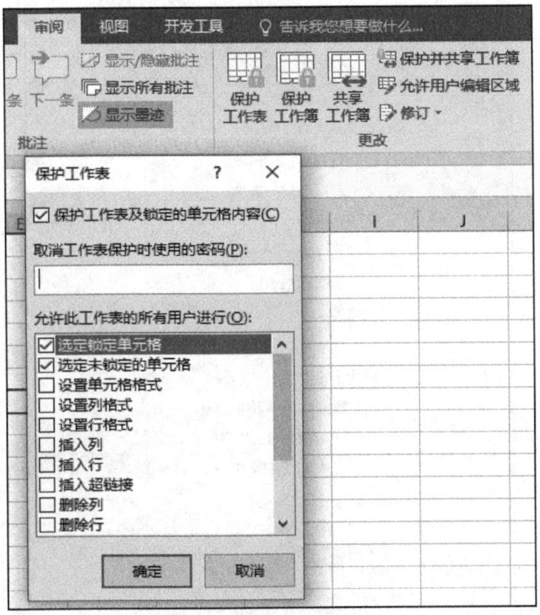

图 2-5　保护工作表

整个工作表被保护后，所有的单元格都被保护了，如果是如图 2-5 所示选择了前两项允许用户选定锁定/未锁定的单元格的操作，那么其他的功能，单元格操作都不会被允许，也不能输入及删除单元格的内容，否则将会弹出图 2-6 所示的保护提示。

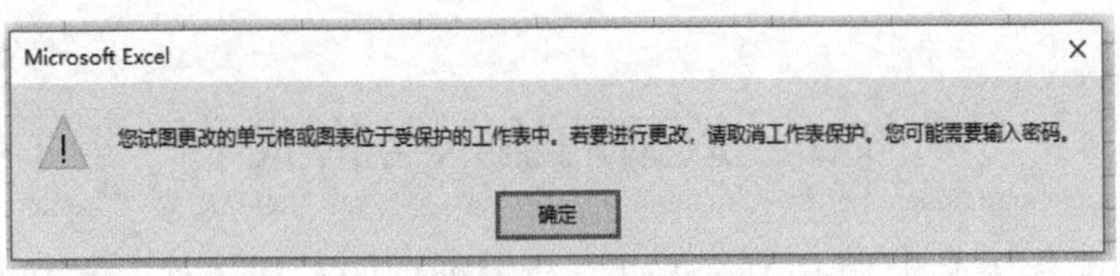

图 2-6　保护提示

2）保护工作表的部分区域

在编辑工作表的过程中，如果只需要保护工作表的部分区域，如某些单元格中的公式，而不是整个工作表，也可以使用“保护工作表”命令实现。设置保护区域后，被保护的区域不能被修改，没有被保护的区域可以正常编辑。

具体操作步骤如下。

（1）打开需要保护的工作表，单击工作表左上角的“全选”按钮，选中整张工作表。

（2）单击“开始”→“单元格”→“格式”按钮，在打开的下拉列表中选择“锁定单元格”命令，如图 2-7 所示，取消整个工作表的锁定状态（在保护工作表时，默认整个工作表的所有单元格处于锁定状态）。

（3）选择需要保护的单元格区域，单击“开始”→“单元格”→“格式”按钮，在打开的下拉列表中选择“锁定单元格”命令，锁定选中区域（将步骤（2）再操作一遍）。

（4）单击“审阅”→“更改”→“保护工作表”按钮，在打开的“保护工作表”对话框中设置参数，输入密码，单击“确定”按钮。

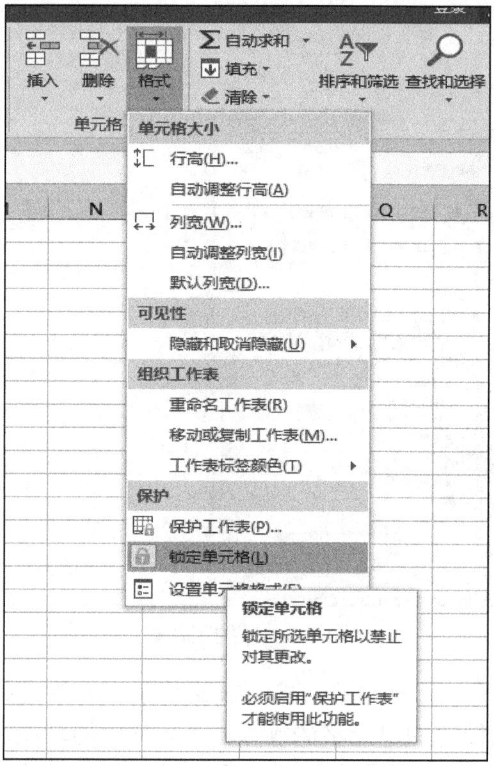

图 2-7　锁定单元格

2.2　数据的输入与格式

工作表数据的输入与编辑是 Excel 进行数据处理的首要工作，可以单击或双击要输入数据的单元格，然后直接输入数据；也可以单击要输入数据的单元格后，在编辑栏中输入数据。

2.2.1　数据类型与输入

Excel 2016 常用的数据类型有数值型、文本型、日期时间型、逻辑型等。在输入数据之前，用户不必预先设置数据类型，Excel 会自动识别所输入数据的数据类型，并进行适当的处理。

1. 数值型数据

数值型数据由 0～9，以及+、-、(、)、E、e、¥、%、小数点（.）和千分位（,）等特殊符号组成，如 3.15、15.8E+8、80%、¥126.19 等。所有单元格都采用默认的通用数字格式。数值型数据在常规格式下靠右对齐。当数值整数部分的长度超出单元格宽度时，超出部分自动转换为科学记数格式（常规格式的数字长度为 11 位），如 123456789101 被表示为 1.23457E+11。

Excel 2016 中数值型数据有效数字的位数为 15 位，当输入数据的有效数字不超过 15 位时，尽管它的指数表示中有些数位无法显示，但是内部仍按原值保存。但是当有效数字的位数超过 15 位时，将只取前 15 位，多余的数位将自动丢弃。例如，输入“0.0000123456789123456789”时，Excel 保存的数据位为“0.000123456789123456”，而在单元格中显示的数据为“1.23457E-05”。

常见数值型数据的输入，一般都采用直接输入的方法，对于一些特殊的情况，采用如下方法。

（1）正负数的输入：正数可直接输入，Excel 会将前面的“+”号忽略；输入负数可以在输入数值前先输入一个减号“-”作为识别或置于“()”内。例如，输入“(9)”，单元格中显示“-9”。

（2）分数的输入：由于分数的输入方式与日期常数的表达有相似之处，因此输入分数时，要在分数前先输入一个 0 和一个空格。例如，输入“0 1/2”，单元格中显示“1/2”，编辑框显示“0.50”。如果直接输入分数，会作为日期处理。如输入“1/2”，会作为“1 月 2 日”处理。

（3）输入的数字中可以带千分位、货币等符号，单元格中显示这些符号并不影响实际数值的存储。

2. 文本型数据

文本型数据包含字母、汉字、数字字符及其他字符等，默认状态下，输入的文本数据在单元格中左对齐。

（1）带字符文本型数据可以直接输入。

（2）纯数字字符组成的文本输入：先输入一个前导符“'”（半角字符的单引号），再依次输入各个数字字符，否则输入的数字字符按数值类型数据处理。例如，电话号码的输入，如图 2-8 所示。纯数字字符的左上角有一个绿色的小三角。

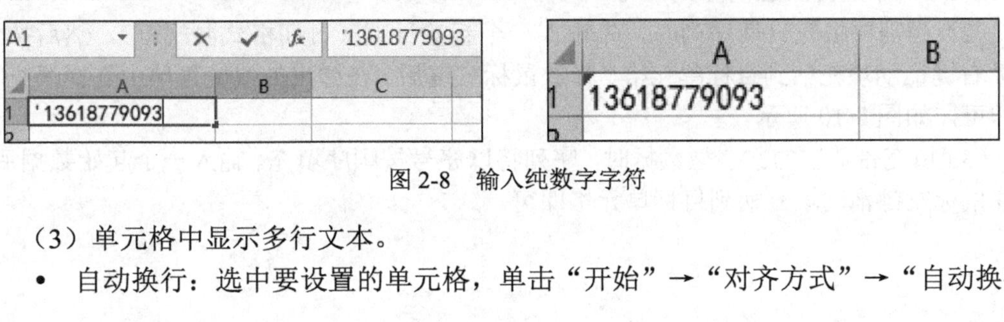

图 2-8　输入纯数字字符

（3）单元格中显示多行文本。

- 自动换行：选中要设置的单元格，单击“开始”→“对齐方式”→“自动换行”

按钮。

- 强制换行：将光标移动到需要换行的位置，然后按 Alt+Enter 组合键。

3. 日期时间型数据

（1）日期和时间的显示格式有很多种，但在输入日期时，采用的形式是“年-月-日”或者“年/月/日”。例如，要输入“2023 年 6 月 7 日”，在当前单元格中输入“2023-6-7”或者“2023/6/7”即可，输入后，日期数据在单元格中右对齐。若省略年份，如输入“6-7”或“6/7”，则显示“6 月 7 日”，年份为系统的当前年份。

（2）输入时间时，采用的形式是“时：分：秒”。例如，要输入“7 点 32 分 42 秒”，在当前单元格中输入“07:32:42”（其中的“0”可以省略）即可。输入时间后，数据在单元格中自动右对齐。输入的时间一般按上午处理，如果在时间的后面加一个空格和“PM”，那么输入的时间按下午处理。如输入“07:32:42 PM”，则单元格显示“19:32:42”。

4. 逻辑型数据

逻辑型数据只有 TRUE 和 FALSE 两种，TRUE 代表真，FALSE 代表假。当将数值型数据作为逻辑型数据处理时，以 0 值为 FALSE，以非 0 值为 TRUE。当将逻辑型数据作为数值型数据处理时，以 FALSE 为 0，TRUE 为 1。

2.2.2 序列的输入

对于连续重复的数据，或具有一定规律的数据，如表示一周 7 天的数据“星期一”“星期二”“星期三”……“星期日”，表示一组连续递增的数据 1、2、4、8 等，为了提高工作效率，Excel 2016 提供了“填充”功能。

序列输入方法主要有以下两种。

1. 利用填充柄输入数据序列

当选中一个单元格或者一个区域时，单元格或者区域的右下方会出现一个小黑方块，称为填充柄，当鼠标指针指向它时，鼠标指针将变成黑色的细十字形，按住鼠标左键拖动，即可填充序列或行。

（1）当需要填充等差、等比数列时，先连续输入前两个数据，然后选择输入数据的两个单元格，按住鼠标右键拖动填充柄到目标单元格，释放鼠标右键后，在弹出的快捷键菜单（图 2-9）中选择相应的序列即可。

（2）当需要填充日期序列时，先输入一个起始日期（日期格式要规范），然后按住鼠标右键拖动填充柄到目标单元格，释放鼠标右键后，在弹出的快捷菜单中选择填充方式即可，如图 2-10 所示。

（3）填充带数字的文字型数据时，序列将以序号按顺序填充。输入一个起始数据后，按住鼠标左键拖动填充柄到目标单元格即可。

图 2-9　填充柄填充序列

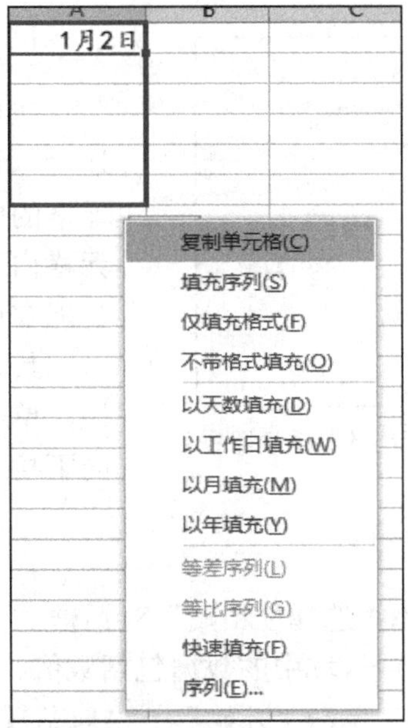

图 2-10　日期序列的填充

2. 利用菜单命令输入数据序列

在序列产生的第一个单元格内输入起始值，选中该单元格，单击“开始”→“编辑”→“填充”按钮，在打开的下拉列表中选择“序列”命令（图 2-11），打开“序列”对话框，如图 2-12 所示，在对话框中完成各项设置后，即得到所需的序列。

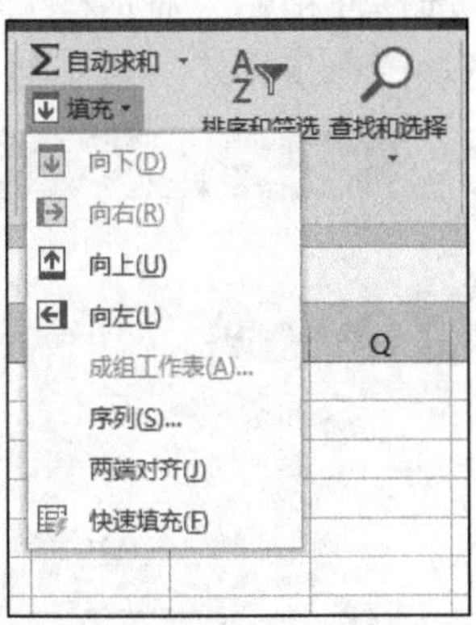

图 2-11　填充下拉列表

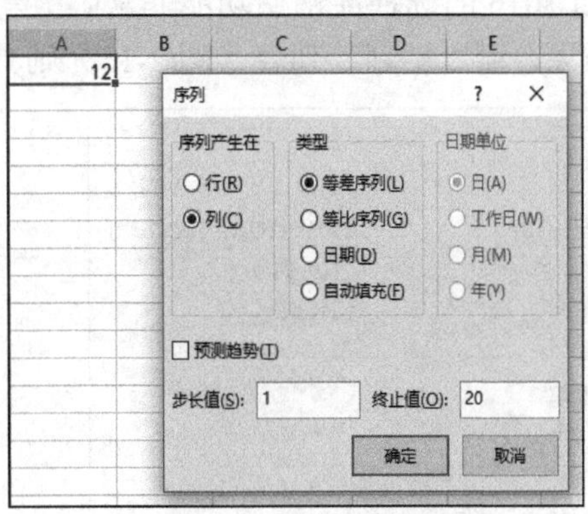

图 2-12　“序列”对话框

2.2.3　数据的编辑

单元格中的数据可以编辑，如字符的插入、更改与删除等。在 Excel 2016 中还可以使用“数据的清除”和“选择性粘贴”功能清除和复制特定的内容。

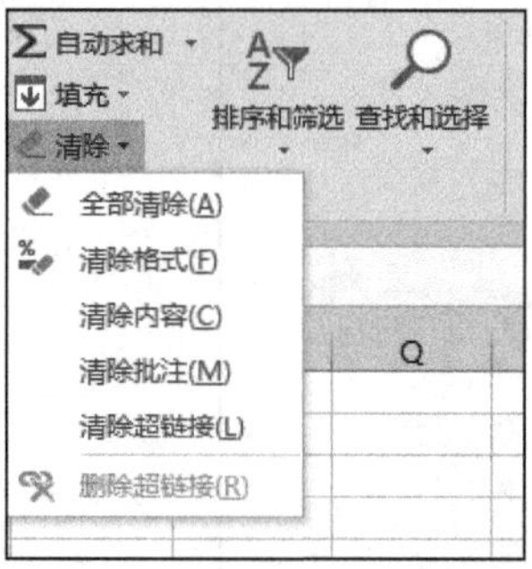

图 2-13 单元格的数据清除操作

1. 清除数据

在单元格中输入数据时，不但可以输入数据内容，还可以设置格式和插入批注，因此可以根据需求清除单元格的内容、格式或批注。直接按 Delete 键只能清除单元格内容，如果要清除格式或批注，可以使用“清除”功能实现。

具体操作步骤如下：选中需要操作的单元格或区域，单击“开始”→“编辑”→“清除”按钮，在打开的下拉列表中选择所需的操作，如图 2-13 所示。

2. 选择性粘贴

1）使用“选择性粘贴”对话框

单元格或区域中的数据包括数值、公式、批注、格式等内容，可以有选择地复制其中的某一项。单击“开始”→“剪贴板”→“粘贴”按钮，在打开的列表中选择“选择性粘贴”命令，打开“选择性粘贴”对话框，如图 2-14 所示。

该对话框中主要选项的作用如下。

（1）粘贴：选择其中的某个选项，复制到目标区域。

（2）运算：源区域与目标区域合并运算时选择本组选项。

（3）转置：行和列转置选择本项。

2）使用粘贴列表

Excel 2016 的选择性粘贴功能非常强大，但是使用“选择性粘贴”对话框无法预知粘贴的结果，而“粘贴”列表（图 2-15）则具有粘贴预览功能，使用户一目了然。当鼠

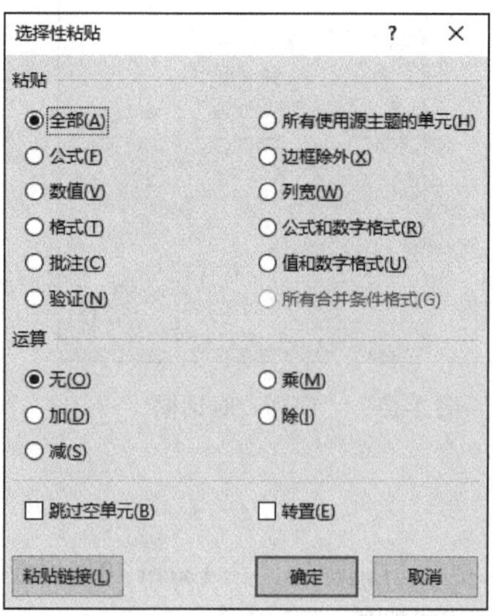

图 2-14 “选择性粘贴”对话框

图 2-15 “粘贴”列表

标指针指向某个粘贴选项时，在 Excel 中会出现最终粘贴样式的预览，用户根据需要选择相应的粘贴选项即可。

2.2.4 数据的验证

Excel 2016 提供了“数据验证”工具，使用户可以设置数据的有效性验证，避免用户输入无效的数据；或者允许输入无效数据，但在用户结束输入后进行检查；在输入了错误的数据后，会进行提示，提醒用户进行修改，从而保证了数据域的完整性。

单击“数据”→“数据工具”→“数据验证”按钮，打开“数据验证”对话框，如图 2-16 所示，在该对话框中可以设置有效数据类型和消息类型。

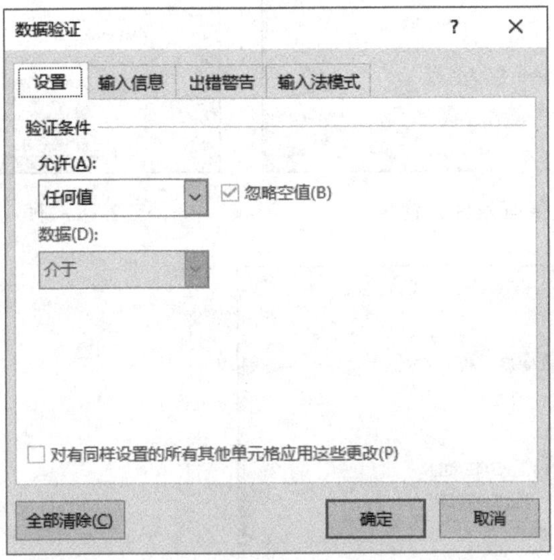

图 2-16 “数据验证”对话框

1. 有效性数据类型

“验证条件”中的“允许”项具体说明如下。

（1）数值：指定单元格中的条目必须是整数或小数。用户可以设置最小值或最大值，将某个数值或范围排除在外，或者使用公式计算数值是否有效。例如，A2:A8 中的成绩值只能是 0～100。选中该区域，单击“数据”→“数据工具”→“数据验证”按钮，打开“数据验证”对话框，进行相应的设置，如图 2-17 所示。设置完成后，如果在这些单元格中输入 120，就会弹出如图 2-18 所示的警告对话框。

（2）序列：为单元格创建一个选项列表（如男，女），只允许在单元格中输入这些值，如图 2-19 所示，在来源中输入“男,女”。设置完成后，单击这些单元格时，将显示一个下拉箭头，从而使用户可以轻松地在列表中进行选择，效果如图 2-20 所示。

（3）日期和时间：设置最小值或最大值，将某些日期或时间排除在外，或者使用公式计算日期或时间是否有效。

（4）文本长度：限制单元格中可以输入的字符个数，或者要求至少输入的字符个数。

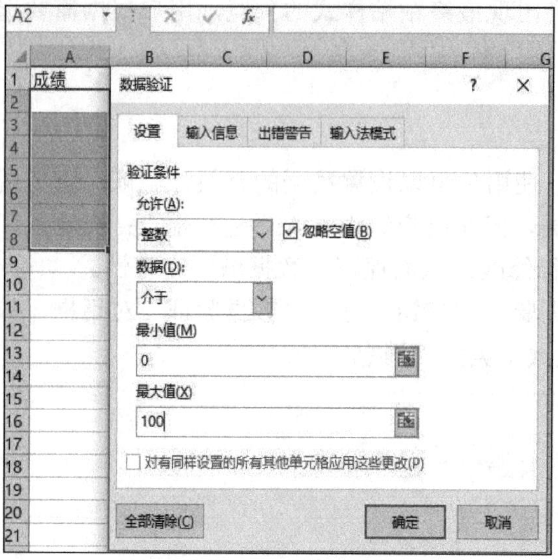

图 2-17　数值有效性设置

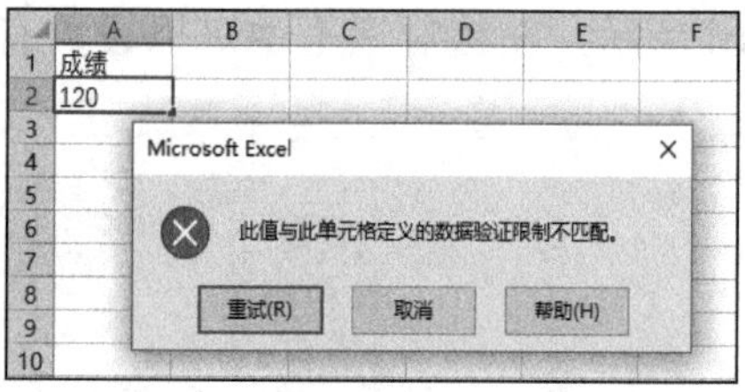

图 2-18　有效性警告对话框

图 2-19　序列有效性设置

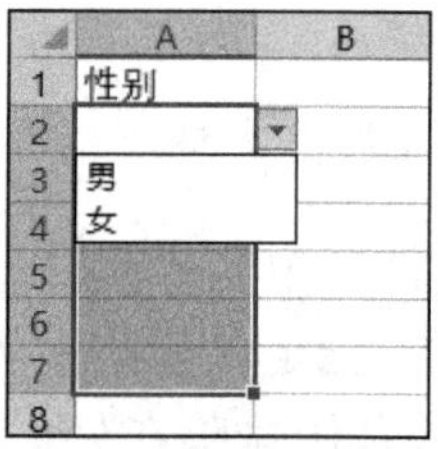

图 2-20　序列有效性设置效果

（5）自定义：使用公式限制允许输入的内容，只有符合公式（结果为 TRUE）的内容才允许输入。

2. 消息类型

对于所验证的每个单元格，都可以显示两类不同的消息：一类是用户输入数据之前显示的消息；另一类是用户尝试输入不符合要求的数据时显示的消息。如果用户已打开 Office 助手，则 Office 助手将显示这些消息。

（1）输入消息：一旦单击已经通过验证的单元格，便会显示此类消息。用户可以通过输入消息来提供有关要在单元格中输入的数据类型的指令。例如，将上面的成绩设置为 0～100，则可在“输入信息”选项卡中输入如图 2-21 所示的参数，单击“确定”按钮。再次单击设置输入消息后的单元格时，弹出如图 2-22 所示的信息。

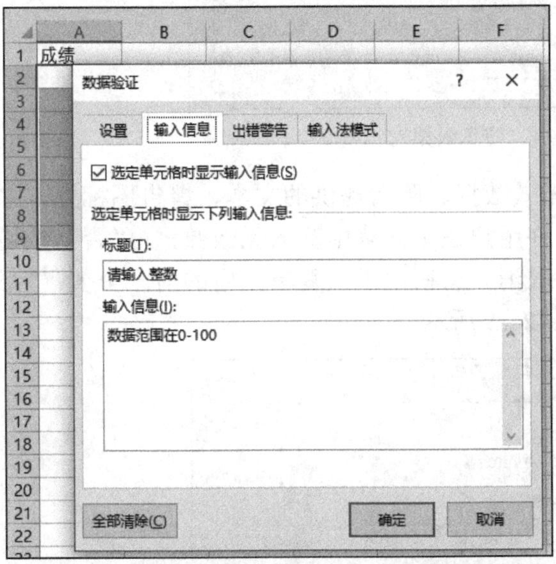

图 2-21 “数据验证”输入信息对话框设置

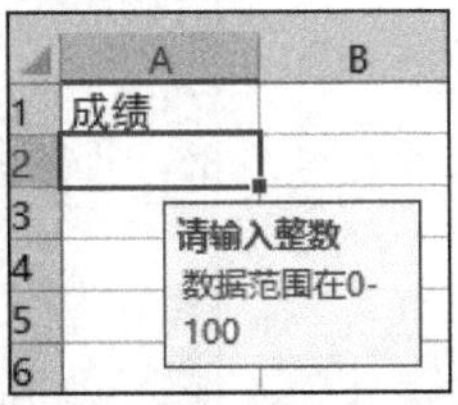

图 2-22　输入信息效果图

（2）出错警告：仅当用户输入无效数据并按 Enter 键时，才会显示此类消息。用户可以从以下 3 类错误样式中进行选择，如图 2-23 所示。

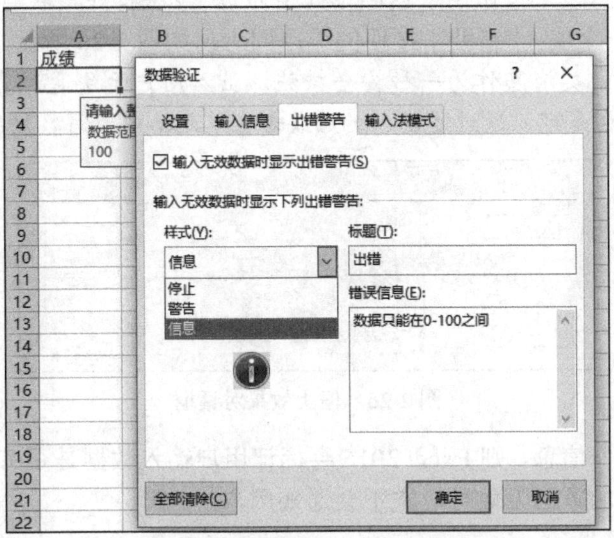

图 2-23　错误消息类型

- 信息：此类消息不阻止输入无效数据。除所提供的文本外，它还包含一个图标、一个“确定”按钮（用于在单元格中输入无效数据）、一个“取消”按钮（用于恢复单元格中的前一个值）和“帮助”按钮，如图 2-24 所示。

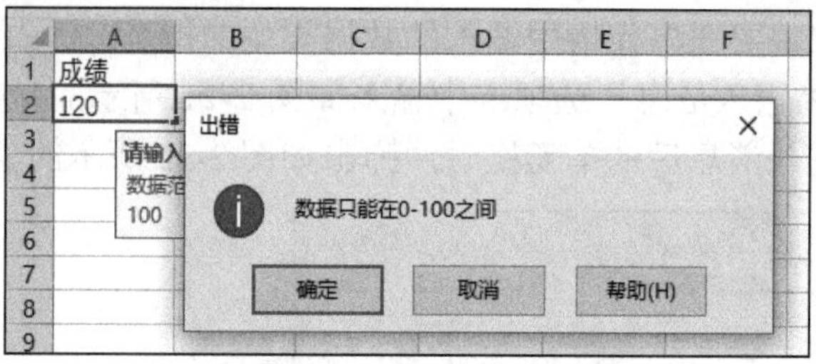

图 2-24　信息效果对话框

- 警告：此类消息不阻止输入无效数据。除所提供的文本、警告图标外，它还提供了 4 个按钮："是"按钮允许用户在单元格中输入无效数据；"否"按钮用于返回单元格做进一步编辑；"取消"按钮用于恢复单元格的前一个值；"帮助"按钮用于提供帮助信息，如图 2-25 所示。

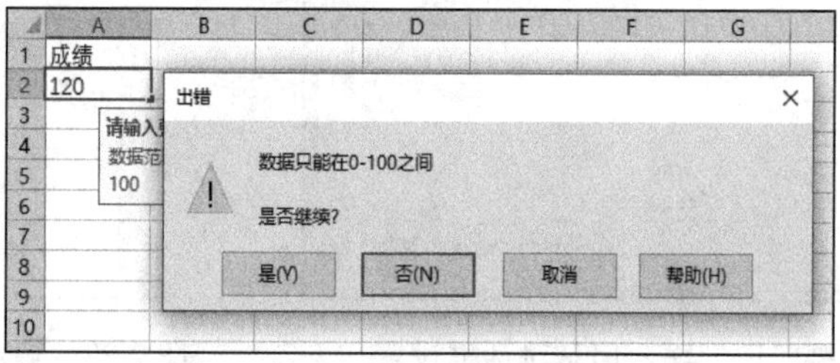

图 2-25　警告效果对话框

- 停止：此类消息不允许输入无效数据。它包含用户提供的文本、停止图标和 3 个按钮："重试"按钮用于返回单元格做进一步编辑；"取消"按钮用于恢复单元格的前一个值；"帮助"按钮的作用同上，如图 2-26 所示。

注意：不能将此类消息作为一种安全措施，虽然用户无法通过直接输入和按 Enter 键输入无效数据，但是可以通过复制和粘贴或者在单元格中填写数据的方式来通过验证。

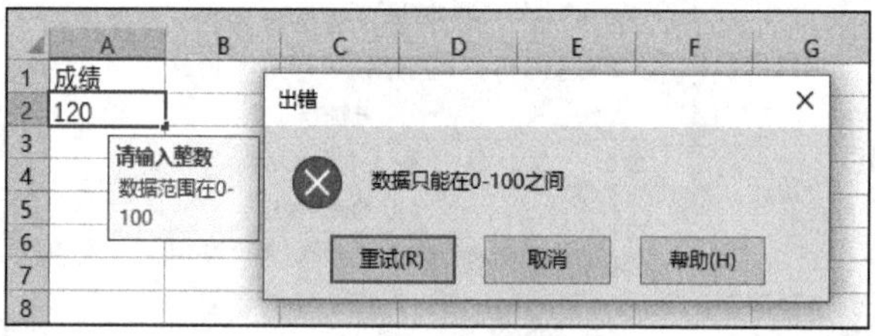

图 2-26　停止效果对话框

如果未指定任何信息，则 Excel 2016 会标记用户输入数据是否有效，以便用户进行检查，但用户输入的数据无效时，它不会通知用户。

2.3　格式化工作表

一个好的工作表不但要有丰富、详尽的内容，还要有一个简洁、美观的样式。工作表是数据的存放处，通过对工作表格式的设置，可以使工作表的结构变得简单、样式变得美观，还可以通过添加边框、底纹等，使工作表重点内容更加突出，从而提高工作表的可读性。

2.3.1　单元格、行、列、单元格区域

1. 单元格

工作表内的方格称为单元格，是用户编辑处理数据的工作场所，也是存储数据、公式等各种用户信息的区域。活动单元格是指正在使用的单元格，在其外有一个绿色的边框，如图 2-27 所示，这时输入的数据会被保存在该单元格中。

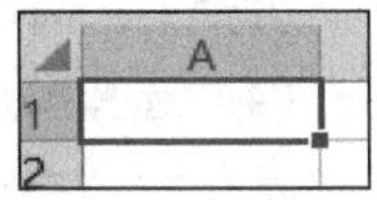

图 2-27　活动单元格

2. 行和列

工作表上端是各列的列标，依次是 A,B,C,…,XFD，共 16384 列。工作表的左侧是各行的行号，依次是 1,2,3,…,1048576，共 1048576 行。

单元格的地址：工作表的每行与每列的交叉处对应一个单元格。每个单元格有一个名称，也称单元格地址，单元格名称由它所在列的列标和所在行的行号组成。图 2-27 中活动单元格的名称是 A1，也就是地址是 A1，最后一个单元格的名称（地址）是 XFD1048576。

3. 单元格区域

在工作表中由多个相邻单元格构成的矩形区域称为区域。区域用区域地址来表示，区域地址用该区域对角的两个单元格地址加“:”分隔表示，图 2-28 所示的区域用 A1:C6 表示。

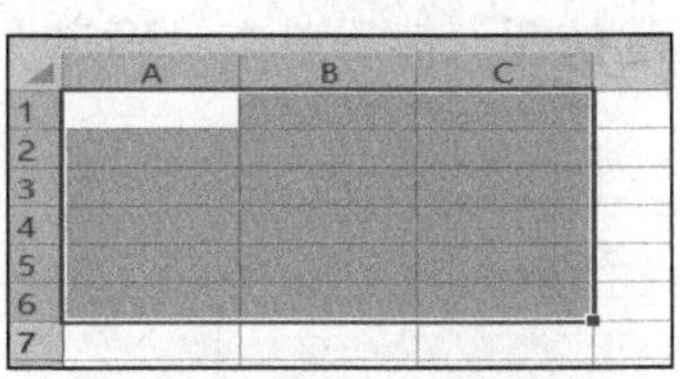

图 2-28　单元格区域

4. 不同工作表的区域

由于工作簿中可包含多个工作表，为了区分不同工作表的单元格或区域，还需要在单元格地址或区域地址前加上工作表名称，并且工作表名称与单元格地址或区域地址之间要用“!”分隔开，这种地址形式称为三维地址，如 Sheet1!A1:C6。

5. 单元格的选择

对单元格进行各项操作，必须先选择该单元格。选择单元格的方法有很多，在实际数据处理中，可根据需要选择其中的一种进行操作。

1）单元格选择的一般方法

（1）选择单个单元格：单击要选择的单元格即可。

（2）选择连续单元格区域。

方法一：单击要选择区域的第一个单元格，拖动鼠标到要选择区域的最后一个单元格处，释放鼠标。

方法二：单击要选择的区域的第一个单元格，按住 Shift 键，单击要选择区域的最后一个单元格。

（3）选择整行（列）。

方法一：选择单行（列）。在工作表上直接单击该行（列）的行（列）号。

方法二：选择连续行（列）区域。在工作表上单击该区域的第一行（列）的行（列）号，按住 Shift 键，单击该区域最末行（列）的行（列）号。

方法三：选择不连续的行（列）区域。按住 Ctrl 键，然后单击想要选中的行（列）号。

（4）选择整个工作表。

方法一：单击工作表左上角行号与列号相交处的“全选”按钮。

方法二：按 Ctrl+A 组合键。

（5）选择不连续单元格区域：先单击第一个要选择的单元格，然后按住 Ctrl 键的同时，逐个单击要选择的其他单元格。

（6）选择局部连续、整体不连续的单元格区域：先选择第一部分要选择的连续单元格，然后按住 Ctrl 键的同时再选择其他连续的多个单元格。

2）利用名称框快速选择单元格区域

在名称框中直接输入地址可进行单元格或区域的快速选择，如输入“A30”，则选中 A30 单元格，输入“A1:D1732”，则选中从 A1 到 D1732 的单元格区域。

3）利用定位条件选择单元格区域

利用定位条件，可以快速选择特定区域。具体操作步骤如下：单击“开始”→“编辑”→“查找和选择”按钮，在打开的列表中选择“定位条件”命令（图 2-29），打开“定位条件”对话框，选择相应的条件即可，如图 2-30 所示。若需要选择所有包含公式的单元格进行公式保护，则可在该对话框中单击“公式”单选按钮，然后单击“确定”按钮。

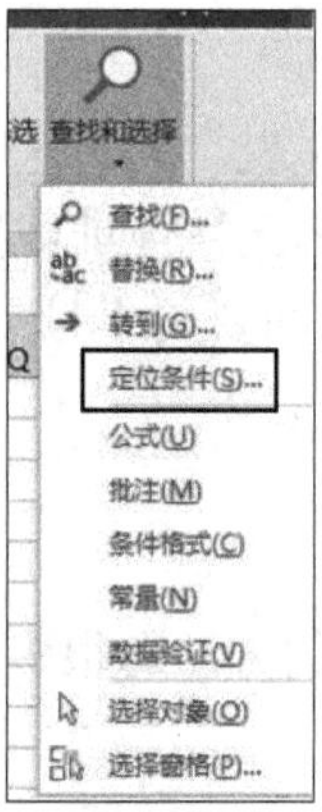

图 2-29 “定位条件”列表

图 2-30 “定位条件”对话框

2.3.2 格式化单元格

Excel 2016 中大部分常用的格式设置命令集中在“开始”选项卡的相应功能区，如

图 2-31 所示。选中需要设置的单元格或单元格区域后，就可以使用“开始”选项卡中的命令进行各种常用的格式设置了，如字体格式、段落格式、边框、底纹、行高、列宽等的设置。除此方法外，还可使用“单元格格式”对话框来完成相关格式的设置。

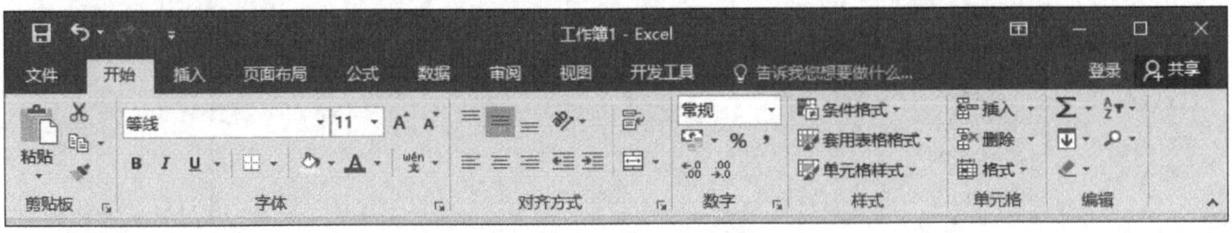

图 2-31　“开始”选项卡

1. 设置行高和列宽

当单元格中的数据内容超出预设的单元格的长度或宽度时，可以调整行高和列宽以便显示完整的内容。

1）菜单法

单击“开始”→“单元格”→“格式”下拉按钮，在打开的列表中选择“列宽”命令，打开“列宽”对话框，然后直接输入列宽的磅值即可调整列宽，如图 2-32 所示。调整行高同理操作，如图 2-33 所示。

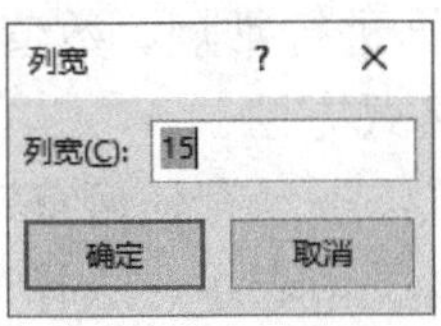

图 2-32　列宽调整设置

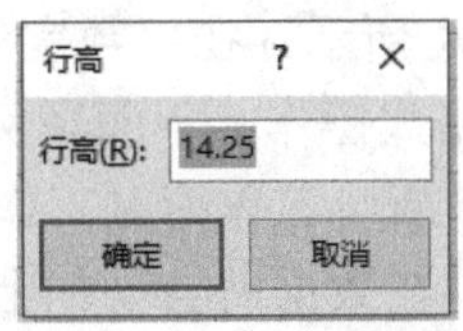

图 2-33　行高调整设置

若选择“自动调整列宽”和“自动调整行高”命令，将自动根据内容的多少进行适当的宽度或高度调整，以显示全部单元格内容。

2）鼠标拖动法

将鼠标移动到要改变列宽的边界上，当鼠标指针变为双箭头时，拖动鼠标即可改变列宽。

另外，将鼠标指针变为双箭头后，双击列宽的边界，Excel 会自动调整列宽，以存放该列数据。

行高调整与列宽调整类似。

2. 设置单元格格式

选中需要设置单元格格式的单元格或区域，单击“开始”→“单元格”→“格式”按钮，在打开的列表中选择“设置单元格格式”命令，或在需要设置单元格格式的单元格或区域上右击，在弹出的快捷菜单中选择“设置单元格格式”命令，均可打开“设置单元格格式”对话框，其中包含“数字”“对齐”“字体”“边框”“填充”“保护”6 个选项卡，每个选项卡中包含相应的命令，如图 2-34 所示。

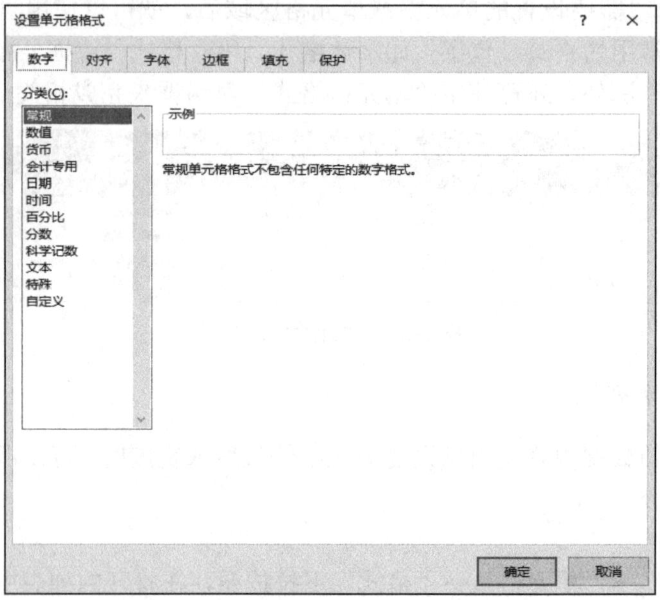

图 2-34 “设置单元格格式”对话框

1）“数字”选项卡

如图 2-34 所示，在“数字”选项卡中，可以对数据进行常规、数值、货币、会计专用等 12 类格式操作，下面举例说明常用的 4 类数字格式方法。

- 常规：新建工作簿时工作表中单元格的默认格式，不具有任何特定格式的数据。
- 货币：在数据前自动加上货币符号，若格式为人民币表示，选择“¥”符号，小数点保留 2 位，如输入数据 18，则显示“¥18.00”。
- 日期：如选择“2001 年 3 月 14 日”类型，输入“09-2-18”将自动转换为“2009 年 2 月 18 日”。
- 科学记数：将数字转换为科学记数法显示，如选择小数位为 2 位，则输入数字“123456”将显示“1.23E+05”。

2）“对齐”选项卡

默认情况下，Excel 2016 会根据数据类型确定数据是靠左对齐还是靠右对齐。为了使工作表中的数据产生更加丰富的效果，可以通过“对齐”选项卡中的设置来改变对齐方式，如图 2-35 所示。在该选项卡中可以设置文本对齐方式、文本控制和文字方向等。

“文本控制”组包括“自动换行”“缩小字体填充”“合并单元格”3 个复选框。如果选中“自动换行”复选框，那么在单元格中输入文本时，若文本超出单元格长度，会自动换行到下一行。若选中“缩小字体填充”复选框，则文本超出单元格长度时，单元格大小不变，将字体缩小填充到单元格。若选中“合并单元格”复选框，则可以将横向或纵向相邻的数个单元格合并为一个单元格，合并后单元格显示如同一个单元格，标题一般采用这种方法操作。

3）“字体”选项卡

“字体”选项卡如图 2-36 所示。在“字体”选项卡中可以设置字体、字形、下划线、字号、颜色和特殊效果等。

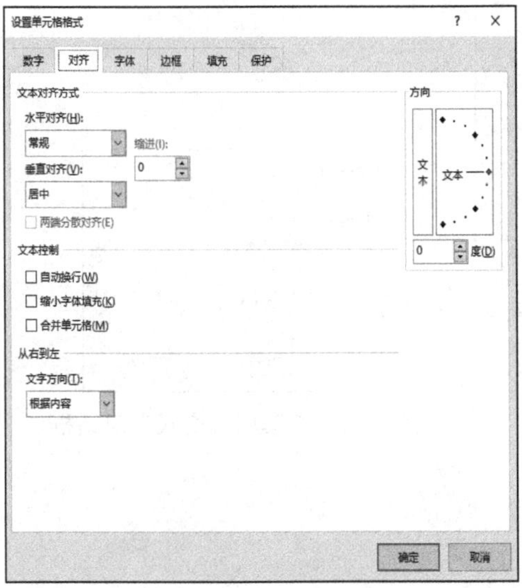

图 2-35　“设置单元格格式-对齐”选项卡

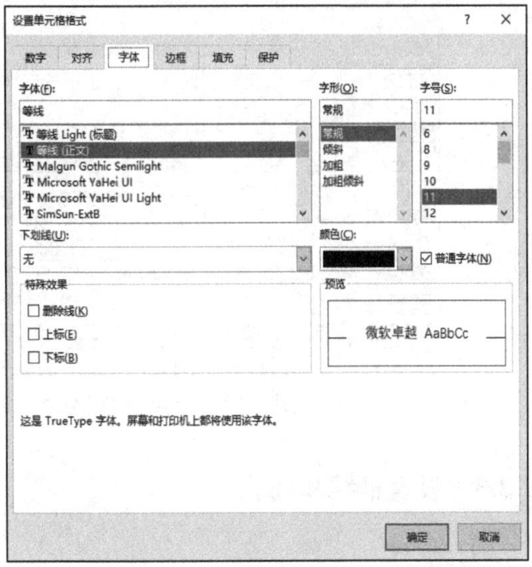

图 2-36　“设置单元格格式-字体”选项卡

3. 单元格样式

Excel 2016 内置了很多单元格样式，用户可根据需要从内置的单元格样式列表中选择一种样式，也可以新建符合自己要求的单元格样式。选中要设置的区域，单击“开始”→“样式”右侧下拉按钮，在打开的下拉列表中选择所需样式即可。也可选择“新建单元格样式”命令，在打开的“样式”对话框中完成相关设置，如图 2-37 所示。

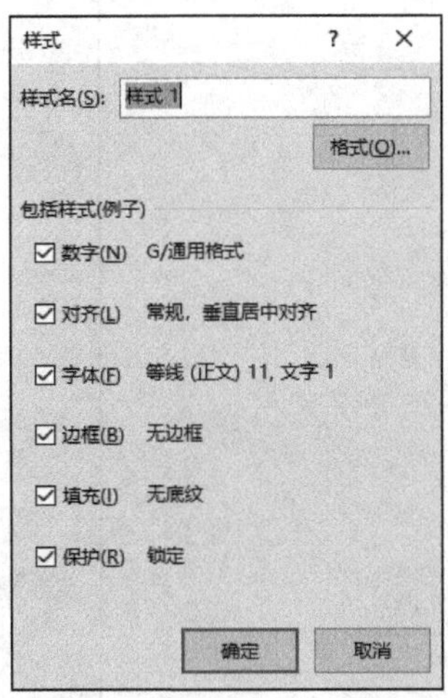

图 2-37　新建单元格样式

4. 套用表格格式

Excel 2016 提供了很多表格格式，当表格数据编辑完毕后，可以直接为数据表套用表格格式，使数据表结构更加直观合理。选中要设置的区域，单击“开始”→“样式”→“套用表格格式”按钮，在打开的下拉列表中选择所需的格式，如图 2-38 所示。选择表格格式后，打开“套用表格式”对话框，如图 2-39 所示。单击“确定”按钮，即套用选定的表格格式。

套用表格格式后会进入自动筛选状态，单击“数据”→“排序和筛选”→“筛选”按钮，可退出自动筛选状态。

在“套用表格式”对话框中，如果选中“表包含标题”复选框，那么套用表格格式后会自动将第一行设置为表标题；如果没有选中该复选框，那么套用格式后会自动在所选区域上方增加一行，用于编排表格标题。

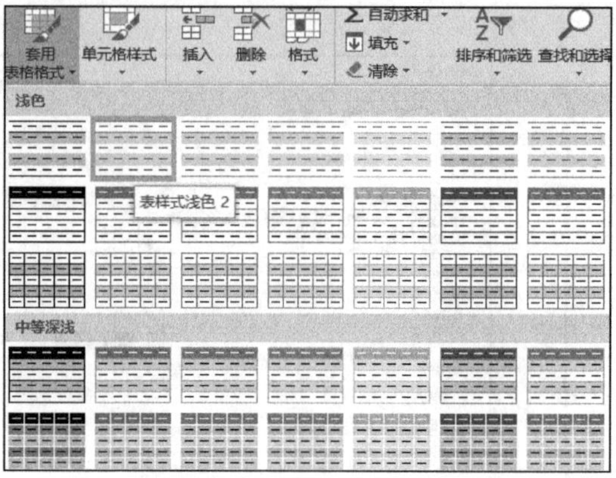

图 2-38　套用表格格式

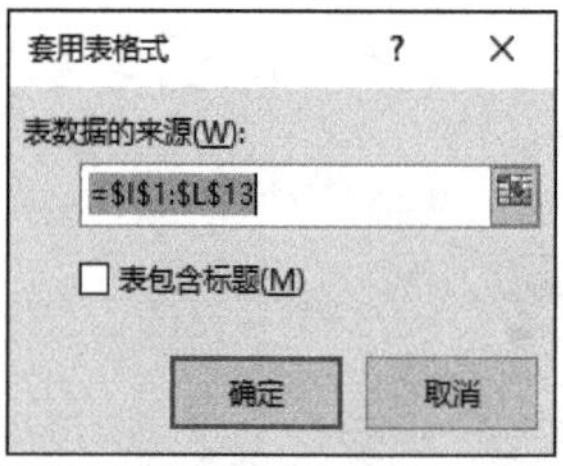

图 2-39　“套用表格式”对话框

2.3.3　设置框线和底纹

1. 框线

工作表中的网格线是为输入、编辑时方便而预设的，在打印时不显示。如果要强调工作表的某部分，则要为单元格或区域设置框线。可在“设置单元格格式”对话框“边框”选项卡中设置框线，如图 2-40 所示。

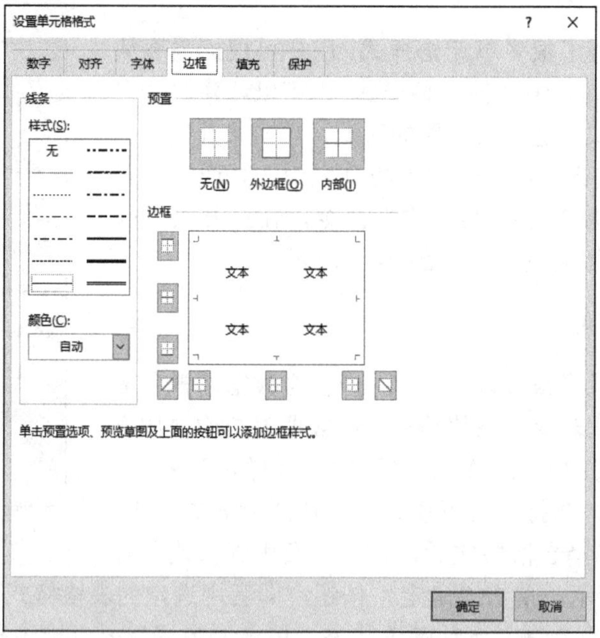

图 2-40　“设置单元格格式-边框”选项卡

具体操作步骤如下。

（1）选择要添加框线的区域，右击，在弹出的快捷菜单中选择“设置单元格格式”命令，打开“设置单元格格式”对话框。

（2）选择“边框”选项卡，然后设置边框的线条、颜色、样式即可。

2. 底纹

在“设置单元格格式-填充”选项卡中，可以给单元格或区域添加颜色和底纹，使工作表更为美观，如图 2-41 所示。例如，选中 A1:D8 区域，打开“设置单元格格式”对话框，选择“边框”选项卡，在“线条”栏“样式”列表中设置外边框为粗实线，内部为细实线；选择“填充”选项卡，在“背景色”栏设置背景色为“蓝色”，单击“确定”按钮，效果如图 2-42 所示。

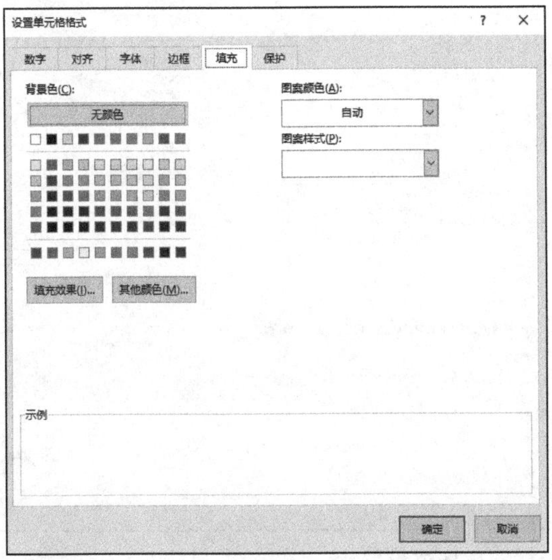

图 2-41　“设置单元格格式-填充”选项卡

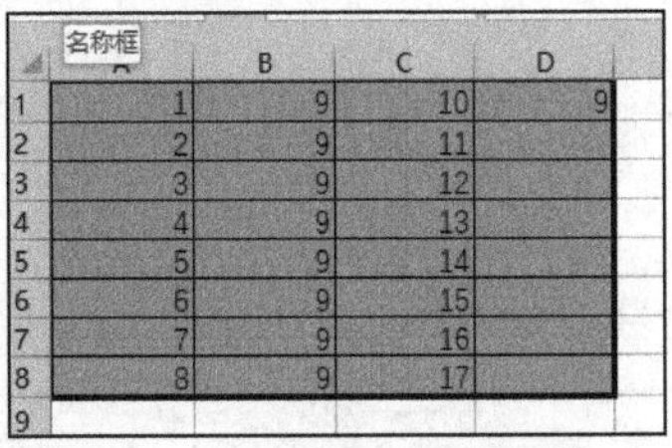

	A	B	C	D
1	1	9	10	9
2	2	9	11	
3	3	9	12	
4	4	9	13	
5	5	9	14	
6	6	9	15	
7	7	9	16	
8	8	9	17	
9				

图 2-42　边框和底纹设置效果

2.3.4　条件格式

条件格式用于将数据表中满足条件的数据以特定的格式显示出来，从而方便用户直观地查看与区分数据，使表格更加清晰、易读，有很强的实用性。

单击“开始”→“样式”→“条件格式”按钮，在打开的下拉列表中可以选择相应的规则为单元格设置条件格式，如图 2-43 所示。

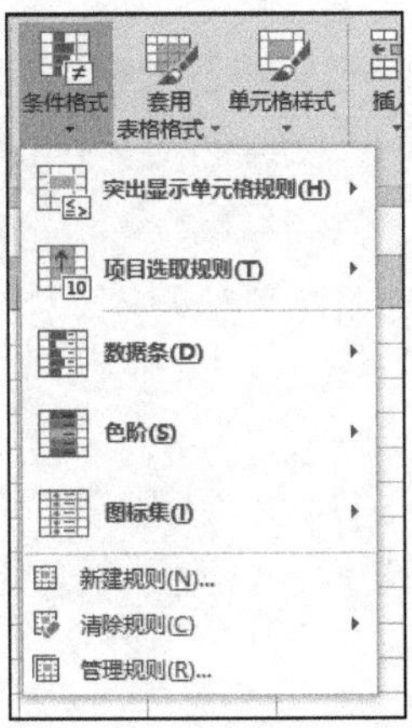

图 2-43　“条件格式”下拉列表

1. 突出显示单元格规则

根据比较规则，可以通过设置字体颜色、边框、底纹等格式突出显示符合条件的单元格。例如，设置成绩不及格的成绩值为红色倾斜效果。

操作步骤如下。

（1）选择要设置条件格式的区域，如成绩值所在的区域

A2:A8。

（2）单击“开始”→“样式”→“条件格式”按钮，在打开的列表中选择“突出显示单元格规则”→“小于”命令，打开“小于”对话框。

（3）在数值框中输入60，在其后的“设置为”列表框中选择“自定义格式”选项，打开“设置单元格格式”对话框，设置字体为“红色”、字形为“倾斜”，单击“确定”按钮，如图2-44所示。

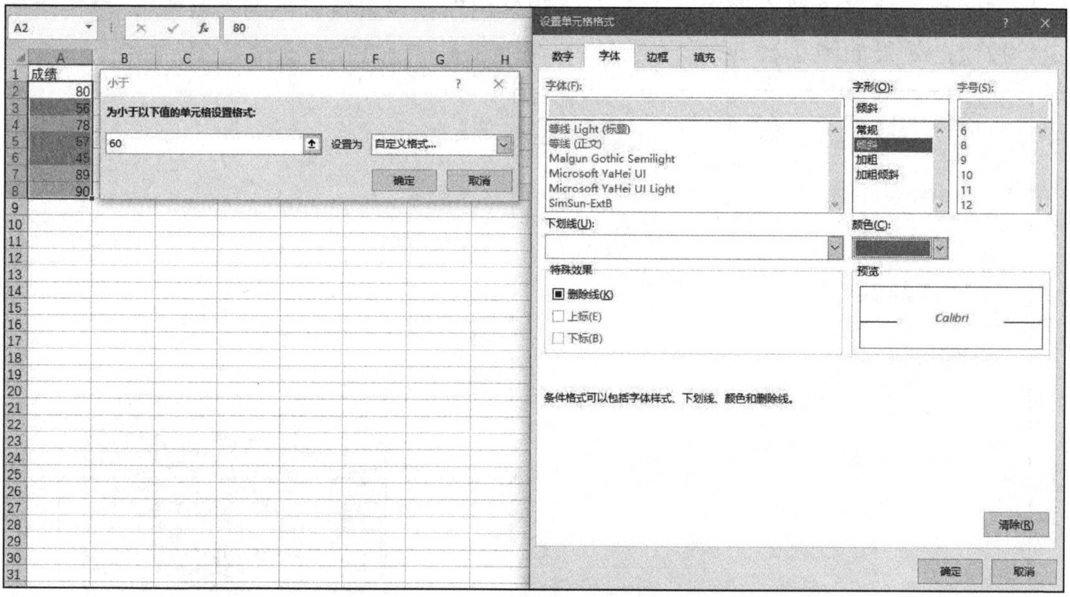

图2-44 不及格条件格式设置

2. 项目选取规则

“项目选取规则”级联菜单如图2-45所示。

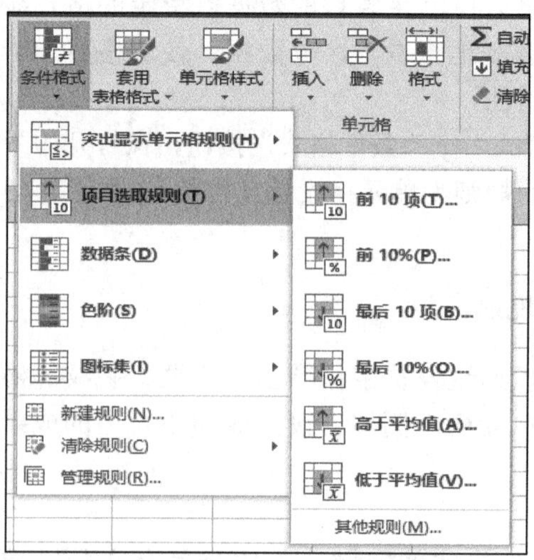

图2-45 “项目选取规则”级联菜单

3. 数据条

数据条可帮助用户查看某个单元格相对于其他单元格的值，数据条的长度代表单元格中的值。数据条越长，表示值越高；数据条越短，表示值越低。在观察大量数据中的较高值和较低值时，数据条尤其重要。选择要设置条件格式的区域，设置数据条条件格式后的效果如图 2-46 所示。

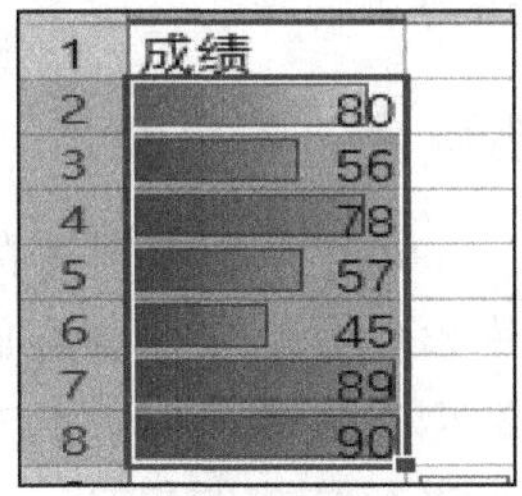

图 2-46　数据条条件格式效果

4. 色阶

色阶作为一种直观的指示，可以帮助用户了解数据的分布和数据变化，双色刻度使用两种颜色的渐变来帮助用户比较区域。颜色的深浅表示值的高低。三色刻度使用三种颜色的渐变来帮助用户比较区域。颜色的深浅表示值的高、中、低。选择要设置条件格式的单元格区域，设置色阶条件格式后的效果如 2-47 所示。

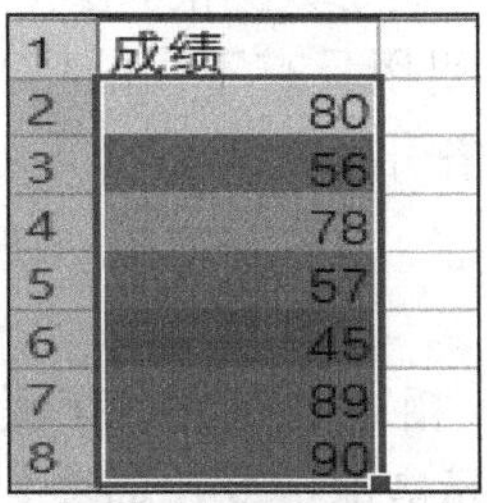

图 2-47　色阶条件格式效果

5. 图标集

使用图标集可以对数据进行注释，并可以按阈值将数据分为 3～5 个类别。每个图标代表一个值的范围。选择要设置条件格式的单元格区域，设置图标集条件格式后的效果如图 2-48 所示。

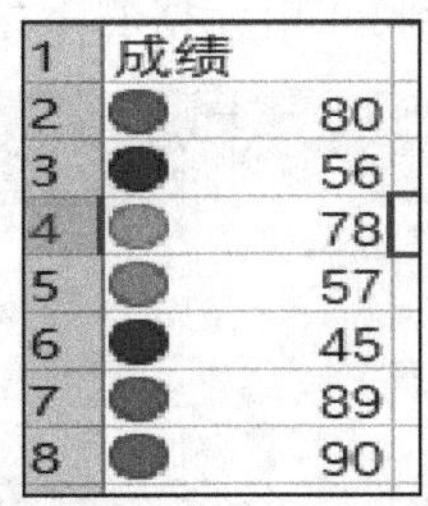

图 2-48　图标集条件格式效果

条件格式会快速突显电子表格中的重要信息。但有时内置格式规则的作用不够充分，用户可以新建规则，如将公式添加到条件格式规则中，提升其能力，使其能够帮助用户完成内置规则无法实现的工作。

条件格式不再需要的时候可以删除。操作步骤如下：选中已经设置了条件格式的区域，然后单击“开始”→“样式”→“条件格式”按钮，在打开的列表中选择“清除规则”→“清除所选单元格规则”命令。

2.4　公式与函数

Excel 的强大计算功能，是通过在单元格中使用公式实现的。公式以“=”开始，用于对单元格中的数据进行运算处理。公式由各种运算符、函数、数字、单元格引用等构成。用户除了可以用公式完成加、减、乘、除等简单运算外，还可以结合系统所能提供的多种类型的函数，在不需要编制复杂的计算程序的情况下完成财务计算、数理统计分析及科学计算等复杂运算工作。在公式中，只要输入正确的计算公式，就会立即在单元格中显示计算结果。如果工作表中的数据有变动，Excel 会自动将变动后的结果算出。

2.4.1 单元格引用

Excel 中的数据保存在单元格中，当公式中含有单元格地址或区域地址时，其含义是用该单元格中所保存的数据去参与运算，称为单元格引用。当公式所引用的单元格中的数据发生改变时，公式结果也会随之改变。当工作表其他单元格用到同样的公式时，可以进行公式的复制，使用常量的公式复制后一般得不到所需要的结果。因此，在公式中应尽可能使用单元格引用，不使用或少使用常量。

单元格引用用来代表工作表的单元格或区域，并指明公式中所使用数据的位置。单元格引用又分为相对引用、绝对引用、混合引用、三维引用。各类引用具有不同的特性，进行数据处理时，可根据需要，在公式和函数中采用不同的单元格引用方式。

1. 相对引用

相对引用的单元格地址形式是用列号和行号表示的，如 A1。相对引用公式在复制时，复制的是一个相对引用公式的地址信息。此引用可以随着单元格地址变化而变化。也可以使用填充柄实现公式的复制。使用填充柄复制公式时，有一个规律，往下填充，列号不变，行号递增；往右填充，行号不变，列号递增。例如，图 2-49 所示统计“总成绩”，先用公式计算第一位同学的总成绩，相对引用公式=D4*40%+E4*60%，然后将光标定位到 F4 单元格右下角，拖动填充柄就可以计算出其他学生的成绩。

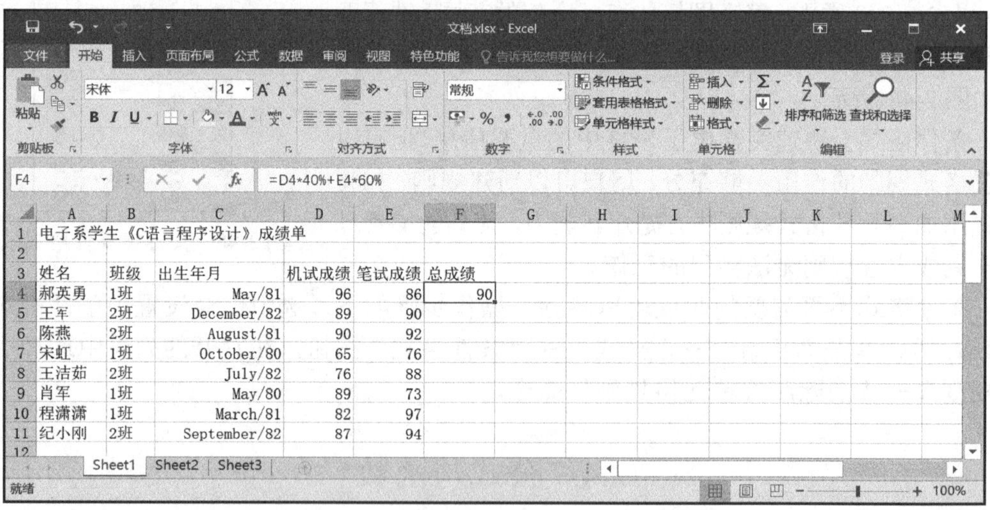

图 2-49 相对引用单元格的公式复制

2. 绝对引用

绝对引用是指单元格的引用不随单元格的位置改变而自动更改。复制公式时，使用绝对引用，单元格引用不会发生变化。

使用单元格绝对引用时，在列号和行号前分别加上符号“$”。例如，$A$5 表示对单元格 A5 绝对引用，$B$2:$F$6 表示对单元格区域 B2:F6 绝对引用。如图 2-50 所示，通过“出生日期”和“制表日期”计算每位学生的年龄，其中“制表日期”后面单元格地址为绝对引用$J$2，不会随公式地址的变化而变化，其公式=($J$2−D4)/365，在使用填充柄复制 E5:E13 时，$J$2 保持不变，D4 会依次变成 D5,D6,…,D13，计算结果如图 2-50 所示。

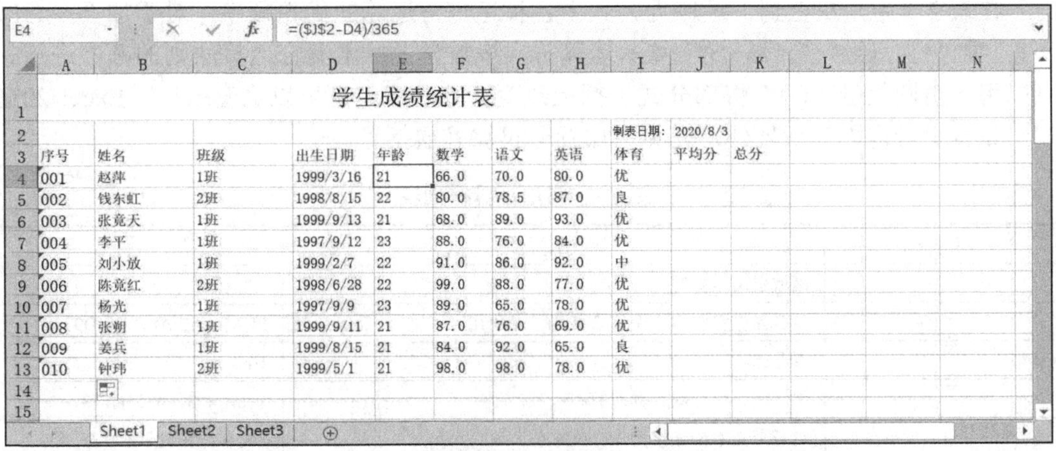
E4　=($J$2-D4)/365

学生成绩统计表

								制表日期:	2020/8/3	
序号	姓名	班级	出生日期	年龄	数学	语文	英语	体育	平均分	总分
001	赵萍	1班	1999/3/16	21	66.0	70.0	80.0	优		
002	钱东虹	2班	1998/8/15	22	80.0	78.5	87.0	良		
003	张竟天	1班	1999/9/13	21	68.0	89.0	93.0	优		
004	李平	1班	1997/9/12	23	88.0	76.0	84.0	优		
005	刘小放	1班	1999/2/7	22	91.0	86.0	92.0	中		
006	陈竟红	2班	1998/6/28	22	99.0	88.0	77.0	优		
007	杨光	1班	1997/9/9	23	89.0	65.0	78.0	优		
008	张朔	1班	1999/9/11	21	87.0	76.0	69.0	优		
009	姜兵	1班	1999/8/15	21	84.0	92.0	65.0	良		
010	钟玮	2班	1999/5/1	21	98.0	98.0	78.0	优		

Sheet1　Sheet2　Sheet3

图 2-50　绝对地址引用

3. 混合引用

在引用单元格中若仅在行号或列号前加符号“$”，这种引用称为混合引用。例如，$C3、C$3 等，当公式被复制或填充到其他单元格时，加符号“$”的部分为绝对引用，未加符号“$”的部分为相对引用。

在公式中引用单元格可以相互转换，方法是先选择引用单元格，再反复按 F4 键来实现 3 种引用的转换。

4. 三维引用

如果需要引用同一工作簿中不同工作表中的单元格，则引用格式为“工作表名称！单元格名称”。例如，公式“=Sheet1！D3+Sheet2！F3”。若是对同一工作簿中工作表区域的引用，则引用格式为“引用工作表开始名:引用工作表结束名！”，如公式“=SUM（Sheet1:Sheet6！F3）”表示“Sheet1”至“Sheet6”的所有 F3 单元格的内容之和。

2.4.2　公式的输入

输入公式的操作类似输入文字的操作。用户可以在编辑栏中输入公式，也可以在单元格里直接输入公式。

在单元格中输入公式的操作步骤如下。

（1）选择要输入公式的单元格。

（2）在单元格中输入等号“=”和公式。

（3）按 Enter 键或单击编辑栏中的“输入”按钮✓进行确认。

2.4.3 公式中的运算符

运算符用于对公式中的各个元素进行特定类型的运算，主要分为算术运算符、文本运算符、比较运算符等。

在表 2-1 中，从上到下顺序为公式中各种运算符运算的优先顺序。对于加“+”、减“-”、乘“*”、除“/”、幂“^”算术运算符，按数学上算术混合运算法则的顺序进行。可以用一对圆括号“( )”将部分式子括上改变运算顺序，也可以嵌套多层。Excel 2016 规定先算括号内再算括号外，先算内层括号再算外层括号。

表 2-1 常用运算符列表

运算符	含义	示例
:	区域引用运算符	A2:A8
，	联合操作符将多个引用合并为一个引用	SUM（A2:A8，D5:D9）
%	百分比	10%
+、-、*、/、^	加、减、乘、除、幂运算符	1+6，4^3，4*5*6/8-3
&	将两个文本值连接为一个文本值	“大学计算机”&“基础”
=、>、<、>=、<=、<>	等于、大于、小于、大于等于、小于等于、不等于。操作符比较两个值时，结果是一个逻辑值，即 TRUE 或 FALSR	销售量≥3000

2.4.4 函数

用户在做数据分析工作时，使用函数可简化工作。Excel 提供了 300 多个内部函数，每个函数由一个函数名和相应参数组成。参数位于函数名的右侧，并用圆括号括起来，是一个函数用以生成新值或完成运算的信息。大多数参数的数据类型是确定的，可以是数字、文本、逻辑值、单元格引用或表达式等。也有些函数不需要参数。例如，用户在一个单元格中输入“=NOW( )”，Excel 就会在单元格里显示系统的日期和时间。

1. 函数对话框

函数可以在编辑栏中输入，也可使用系统提供的对话框来进行相关操作。通常使用系统提供的对话框来完成函数的参数设置。例如，在 B2:B7 区域中，60 分以下的为不合格，60 分以上为合格。操作函数如下。

（1）选择 B2 单元格。

（2）选择“公式”→“函数库”→“逻辑”命令，在打开的下拉列表中选择“IF”函数，打开“函数参数-IF”设置对话框，输入图 2-51 所示的参数（“”不需要输入，系统会自动加上，“>=”要用英文符号），单击“确定”按钮。

（3）利用填充柄，填充 B3:B7 区域的其他公式，完成相应地址公式的复制，效果如图 2-52 所示。

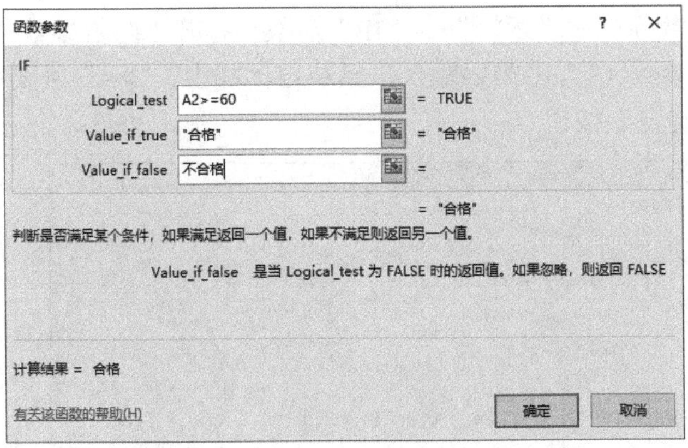

图 2-51　“函数参数-IF”设置对话框

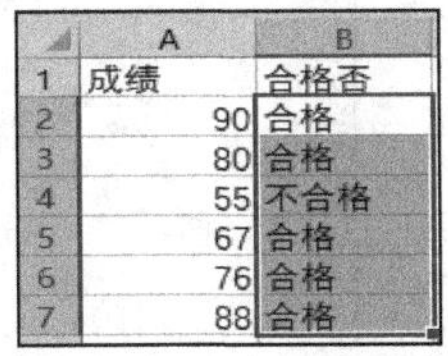

图 2-52　IF 公式复制效果

2. 函数嵌套

当一个函数的参数又是一个函数时，称为函数嵌套。

函数嵌套采用对话框的操作，如成绩考核，80 及以上为优秀，60 以下为不称职，其他为称职。

操作步骤如下。

（1）选择 B2 单元格。

（2）选择“公式”→“函数库”→“逻辑”→“IF”函数，打开“函数参数-IF”对话框，输入图 2-53 所示的参数（“”不需要输入，系统自动加上，“>=”号要用英文输入状态下的符号），单击“确定”按钮。value_if_false 中的“1”是占位符，目的是完成对话框中的参数设置。

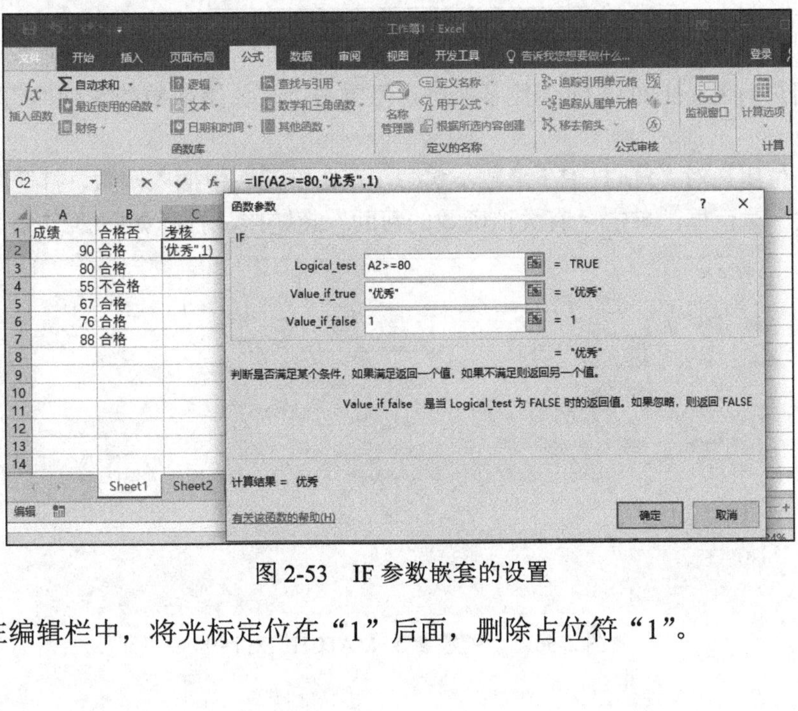

图 2-53　IF 参数嵌套的设置

（3）在编辑栏中，将光标定位在“1”后面，删除占位符“1”。

（4）选择“公式”→“函数库”→“逻辑”→“IF”函数，打开“函数参数-IF”对话框，输入如图 2-54 所示的参数（“”不需要输入，系统自动加上，“>=”号要用英文输入状态下的符号），单击“确定”按钮。

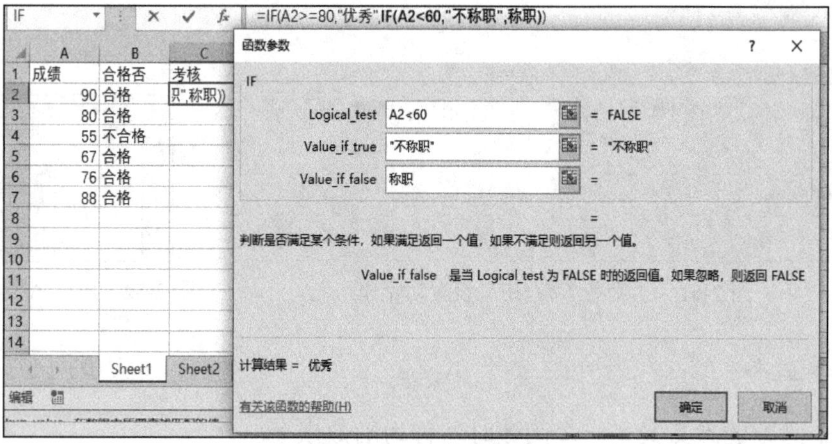

图 2-54　IF 嵌套内层的设置

（5）利用填充柄，填充 B3:B7 区域的其他公式，完成相应地址公式的复制，效果如图 2-55 所示。

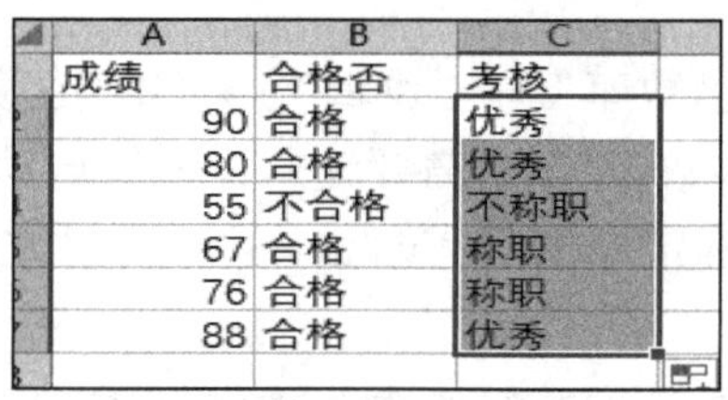

图 2-55　IF 嵌套结果效果

如果用户对 Excel 2016 的函数不熟悉，可单击“有关该函数的帮助”超链接，查看其详细信息。

假设一位用户对“MATCH”函数不熟悉，可在单元格中插入函数，打开图 2-56 所示“函数参数”对话框，单击“有关该函数的帮助”超链接，打开如图 2-57 所示的窗口。

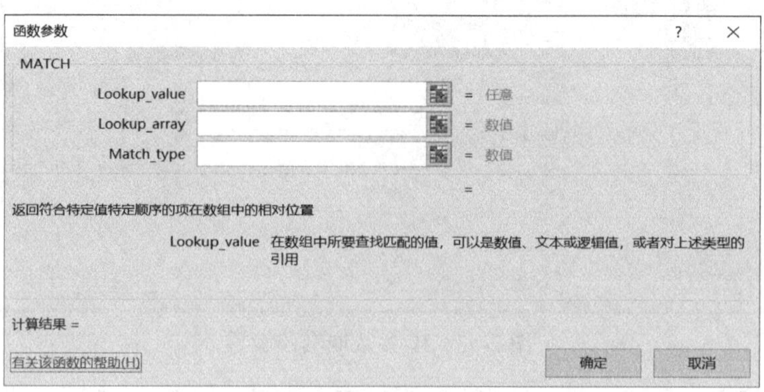

图 2-56　“函数参数-MATCH”对话框

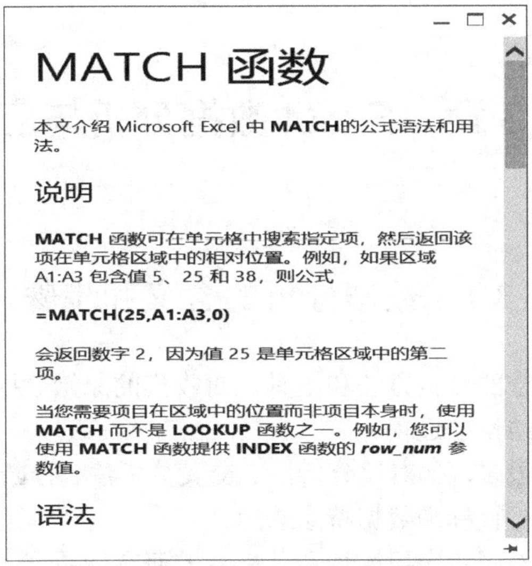

图 2-57　Excel 帮助文档

第 3 章　Excel 数据分析与应用

3.1　数据分析的含义和步骤

数据分析是指用适合的分析方法和工具，对收集的原始数据进行数据处理和挖掘，从而得到有用的信息和结论的过程。

数据分析的方法有很多，如对比分析法、交叉分析法、推断性分析法和预测性分析法等，用户可以根据分析目标和数据特点选用。

数据分析的步骤因不同的应用场景和分析目的而有所差异，一般来说，包括以下几个步骤。

3.1.1　提出问题

数据分析是指根据分析问题的目的和应用背景，明确要解决的问题或探索的方向，用适当的方法和工具，对数据进行采集、处理、分析，形成有效结论的过程。提出问题是数据分析的第一步，也是非常重要的一步，因为它决定了数据分析的范围、方法和结果。

3.1.2　理解数据

数据获取：根据数据分析的目的和要求，从不同的渠道和平台获取相关的原始数据。数据获取的方式有很多，如从公开免费网站复制或下载、通过应用程序接口或爬虫工具抓取、人工收集或制作调研问卷等。数据获取的整体质量和数量会直接影响后续的分析效果，所以要尽量选择可靠、完整和实用的数据源。

理解数据：是指对数据的含义、来源、特征、规律和实用价值进行理解和解释的过程。理解数据可以帮助人们更好地利用数据来反映和解决实际问题，提高决策效率和质量。

Excel 理解数据具体要求如下。

（1）理解每个二维表数据字段的含义、名称、类型、数据范围和运算操作可能方式，以确保数据的准确性和一致性。

（2）理解每个二维表记录的构成、逻辑意义、完整性、唯一性和运算操作的可能方式、方法。

（3）理解每个二维表和其他二维表的逻辑联系，以免在对多表进行操作时出现问题。

（4）理解每个二维表数据的局限性和不确定性，考虑数据的完整性、有效性、时效性等因素，评估数据的可信度和应用范围。

A3:N19 区域就是一个完整的数据清单，也称二维表，如图 3-1 所示。

2022-2023 第一学期学生成绩统计表

制表人：教学办

制表日期：2023/8/1

学号	姓名	出生日期	性别	年龄	班级	高数	C语言	思政	大英	体育	平均分	总分	排名
2201040123	龚伟伟	2003/3/16	男	20	计算机类01	66.0	70.0	80.0	78.0	优秀	74	294	14
2201040124	娄飞婷	2003/3/17	女	20	计算机类01	80.0	78.5	87.0	89.0	良好	84	335	6
2201040225	富科学	2003/2/18	男	20	计算机类02	68.0	89.0	93.0	90.0	及格	85	340	3
2201040126	孙俊飞	2003/11/25	男	19	计算机类04	89.0	65.0	78.0	91.0	优秀	81	323	8
2201040127	崔罗岁	2003/12/20	男	19	计算机类04	87.0	76.0	69.0	67.0	优秀	75	299	13
2201040228	阮元玉	2003/4/23	女	20	计算机类06	93.0	95.0	76.0	69.0	中等	83	333	7
2201040229	陈梅	2003/4/24	女	20	计算机类07	88.0	90.0	66.0	58.0	良好	76	302	12
2201040430	孙红杏	2003/4/25	女	20	计算机类08	89.0	90.0	92.0	94.0	优秀	91	365	1
2201040131	苗长帮	2003/5/1	男	20	计算机类09	55.0	87.0	89.0	92.0	不及格	81	323	8
2201040132	夏季生	2003/5/2	男	20	计算机类10	77.0	66.0	90.0	82.0	良好	79	315	10
2201040101	胡勇敢	2003/7/1	男	20	计算机类10	89.0	67.0	89.0	67.0	优秀	78	312	11
2201040102	范梦海	2003/8/28	男	19	计算机类03	83.0	59.0	88.0	61.0	优秀	73	291	15
2201040103	谢芳	2003/8/29	女	19	计算机类07	85.2	77.0	87.2	88.0	优秀	84	337	5
2201040122	汪丽新	2003/6/17	女	20	计算机类08	87.4	37.0	86.4	66.0	良好	69	277	16
2201040123	朱巧昂	2003/10/18	女	19	计算机类05	89.6	89.0	85.6	75.0	良好	85	339	4
2201040124	赵艳丽	2003/4/3	女	20	计算机类05	91.8	90.0	84.8	95.0	优秀	90	362	2

Sheet1　Sheet2　Sheet3

图 3-1　用于数据分析的二维表

3.1.3　数据清洗

数据清洗是指对获取到的数据进行预处理，排除异常值、空值、无效值和重复值等，以确保数据的准确性和一致性的过程。数据清洗是一个很重要也很耗时的反复优化的过程。

Excel 中有一些工具可以进行简单的数据清洗，如筛选、排序、删除重复项、查找替换、分列等。也可以使用一些函数或公式进行数据清洗，如 IF、IFERROR、TRIM、FIND 和 SUBSTITUTE 等。

1. 构建模型

用户借助一些工具可以使用来自各种数据源的大量数据构建数据模型，即具有关系的表集合。这样可以快速执行信息分析并轻松共享不同见解。

Excel 创建数据模型的工具主要有以下几种。

Power Query：一个用于获取、转换和加载数据的工具，可以从各种外部数据源导入数据，也可以对数据进行清洗、合并、分列、筛选、排序等操作。Power Query 可以帮助用户创建和管理查询，以及将查询结果加载到 Excel 工作表或数据模型中。

Power Pivot：一个用于创建和管理数据模型的工具，用户可以使用它建立表格之间的关系，以及使用数据分析语言 DAX 创建计算、层次结构、关系绩效指标（key performance index，KPI）等。Power Pivot 可以帮助用户处理大量的数据，进行强大的数据分析和可视化。

关系对话框：一个用于创建和管理表格之间关系的工具，用户可以在 Excel 中指定两个表格中的字段作为连接键，以便从不同的表格中提取数据。关系对话框可以帮助用户查看和编辑已有的关系，以及删除不需要的关系。

2. 数据可视化

将分析结果用图表、报告或其他形式展示出来，让观众或客户能够清楚地理解分析过程和结论。

Excel 中的数据透视表是一个强大的数据分析工具，可以将数据以图表、图形、仪表盘等形式展示出来，让数据更加直观、有趣和易于理解。

使用数据透视表，用户可以对数据进行分类汇总、分组统计、交叉分析等操作，从而得到不同维度和指标的数据结果。用户可以通过拖动字段来改变数据透视表的布局和显示方式，也可以通过添加筛选器、切片器或时间轴来动态调整数据透视表的内容。

3.2 数据清洗与加工

Excel 数据清洗与加工是指对原始数据进行预处理和演变的过程，目的是提高数据的质量和适用性，为后续的数据分析和可视化做好准备。Excel 数据清洗与加工通常包括以下几个步骤：选择子集→列名重命名→删除重复值→缺失值处理→一致化处理→数据排序→数据异常值处理。

（1）选择子集。隐藏或删除其他不相关或冗余的数据列，也可以降低数据的复杂度和干扰。选择需要数据清洗的数据集，然后把选择好的子集数据复制到另外一个表或文件中，以便不受干扰地进行后续操作。注意，备份好原始数据很重要。

（2）列名重命名。把列名修改为容易理解和反映列属性的名称，避免列名重复、模糊或不符合规范的问题。

（3）删除重复值。检查并删除数据中的重复记录，保留数据的唯一性和完整性。可以使用 Excel 的“删除重复值”功能，也可以使用“条件格式”或“筛选”功能来辅助查找和删除重复值。

（4）缺失值处理。查找并处理数据中的空值或无效值，保证数据的完备性和有效性，具体方法要根据数据的类型、分布、缺失原因和缺失程度等因素来选择。可以使用 Excel 的“定位条件”功能来快速找到缺失值，然后根据实际情况选择合适的方法来处理缺失值，如手动补全、平均值替代、统计模型计算和删除等。

（5）一致化处理。在数据集中确保同一类数据的类型、单位、标准或命名是统一和规范的，避免出现不一致或不可计算的情况。可以使用 Excel 的“分列”“查找”“替换”“截取字符串”等功能来进行一致化处理，也可以使用一些函数或公式来转换或计算数据。

（6）数据排序。对数据按照某种规则或标准进行升序或降序排列，以便于发现数据的规律和趋势，作为后续分析的基础。可以使用 Excel 的排序功能对数据进行排序，也可以自定义排序规则或级别来满足特定需求。

（7）数据异常值处理。数据异常值是由于错误输入、测量误差、离群点等原因造成的，能够影响数据的质量和分析结果。可以使用 Excel 的“数据透视表”“描述性统计分析”“条件格式”等功能来发现异常值，并根据数据异常值实际情况选择合适的方法来处理，如修正、删除和分组等。

3.3　数 据 排 序

Excel 是一款强大的电子表格软件，可以帮助人们对大量数据进行处理和管理。其中的“排序”功能是经常要使用的强大功能之一。

在数据清单中，针对某些列或行的数据可以用“开始”或“数据”选项卡中的“排序”命令对一组（或几组）相关的数据按照一定的大小规律来重新组织顺序，以方便管理。用户可以选择排序数据的范围和排序方式，让数据清单以用户要求的方式有序显示。

数据清单也可以根据单元格的值、字体颜色、背景色和条件格式图标等条件排序。

排序选项有 3 种：区分大小写、方向和方法，如图 3-2 所示。

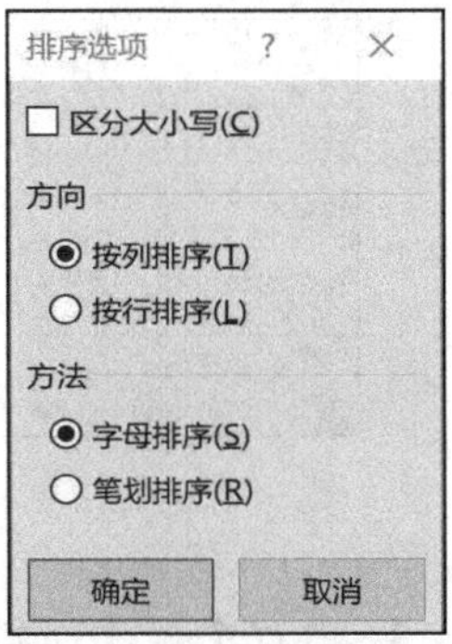

图 3-2　“排序选项”对话框

1. 用工具按钮对数据排序

在“数据”→“排序和筛选”组中，通过单击排序按钮，可以实现对单个关键字进行“升序”或“降序”排序。

用工具按钮排序的操作步骤如下：选中待排序区域，该区域中待排序的关键字所在单元格为当前单元格，单击“升序”（或“降序”）按钮便可完成排序。

2. 用菜单命令对话框进行数据排序

使用排序按钮对单个关键字段进行排序较为方便，但对于设定满足多个条件的排序，操作就有些复杂了。

例如，在分析学生成绩统计表时，可先根据总分降序排序；若有总分相同，再根据 C 语言成绩的降序排序；若还有 C 语言成绩相同的，则根据学号升序排序，这就是对多列数据进行的复合排序，如图 3-3 所示。

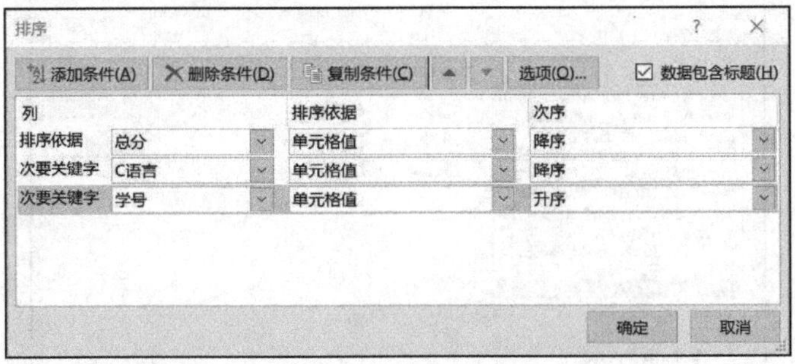

图 3-3　多关键字排序设置

多关键字（多条件）排序结果如图 3-4 所示。

根据图 3-4 可以看出排序的规则是，先按主要关键字即排序依据“总分”排序，在主关键字的值相同的情况下，局部按第一次要关键字“C 语言”排序，以此类推。图 3-4

中总分均为 323 分的两条记录就是按照次要关键字“C 语言”降序排序的。

	A	B	C	D	E	F	G	H	I	J	K	L	M	N
1	2022-2023第一学期学生成绩统计表 制表人：教学办													
2												制表日期:	2023/8/1	
3	学号	姓名	出生日期	性别	年龄	班级	高数	C语言	思政	大英	体育	平均分	总分	排名
4	2201040430	孙红杏	2003/4/25	女	20	计算机类08	89.0	90.0	92.0	94.0	优秀	91	365	1
5	2201040124	赵艳丽	2003/4/3	女	20	计算机类05	91.8	90.0	84.8	95.0	优秀	90	362	2
6	2201040225	富科学	2003/2/18	男	20	计算机类02	68.0	89.0	93.0	90.0	及格	85	340	3
7	2201040123	朱巧昂	2003/10/18	女	19	计算机类05	89.6	89.0	85.6	75.0	良好	85	339	4
8	2201040103	谢芳	2003/8/29	女	19	计算机类07	85.2	77.0	87.2	88.0	优秀	84	337	5
9	2201040124	娄飞婷	2003/3/17	女	20	计算机类01	80.0	78.5	87.0	89.0	良好	84	335	6
10	2201040228	阮元玉	2003/4/23	女	20	计算机类06	93.0	95.0	76.0	69.0	中等	83	333	7
11	2201040131	苗长帮	2003/5/1	男	20	计算机类09	55.0	87.0	89.0	92.0	不及格	81	323	8
12	2201040126	孙俊飞	2003/11/25	男	19	计算机类04	89.0	65.0	78.0	91.0	优秀	81	323	8
13	2201040132	夏季生	2003/5/2	男	20	计算机类10	77.0	66.0	90.0	82.0	良好	79	315	10
14	2201040101	胡勇敢	2003/7/1	男	20	计算机类10	89.0	67.0	89.0	67.0	优秀	78	312	11
15	2201040229	陈梅	2003/4/24	女	20	计算机类07	88.0	90.0	66.0	58.0	良好	76	302	12
16	2201040127	崔罗岁	2003/12/20	男	19	计算机类04	87.0	76.0	69.0	67.0	优秀	75	299	13
17	2201040123	龚伟伟	2003/3/16	男	20	计算机类01	66.0	70.0	80.0	78.0	优秀	74	294	14
18	2201040102	范梦海	2003/8/28	男	19	计算机类03	83.0	59.0	88.0	61.0	优秀	73	291	15
19	2201040122	汪丽新	2003/6/17	女	20	计算机类08	87.4	37.0	86.4	66.0	良好	69	277	16

图 3-4　多关键字排序结果

3. 用自定义序列排序

在工作和生活中，常常需要根据个人需要自定义一个数据排序标准，如客户的级别、产品的级别、职称的级别等。例如，学生成绩统计表中要对体育成绩进行排序，成绩由高到低分别是优秀、良好、中等、及格、不及格。

设置自定义序列的步骤如下：单击“文件”→“选项”命令，打开“Excel 选项”对话框，单击“高级”→“常规”→“编辑自定义列表”按钮，打开“自定义序列”对话框，选择“新序列”选项，在“输入序列”框中输入各个条目（从第一个条目开始），每输入一个条目后按 Enter 键确认，输入完成后，单击“添加”按钮，最后单击“确定”按钮，结果如图 3-5 所示。

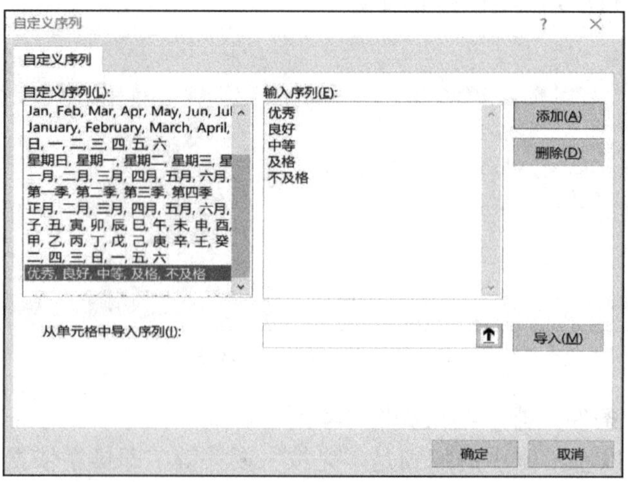

图 3-5　自定义序列的结果

用自定义序列排序的操作步骤如下：选中 A3:N19 区域，单击“数据”→“排序和筛选”→“排序”按钮，打开“排序”对话框，添加排序依据“体育”，选择排序次序为“自定义序列”中的“优秀，良好，中等，及格，不及格”，单击“确定”按钮。

当然用户也可以用“导入”的方法把某个区域自定义的有序数据制作为自定义序列。此方法的操作读者可以自己实践一下。

自定义序列排序结果如图 3-6 所示。

	A	B	C	D	E	F	G	H	I	J	K	L	M	N
1	2022-2023第一学期学生成绩统计表 制表人：教学办													
2												制表日期:	2023/8/2	
3	学号	姓名	出生日期	性别	年龄	班级	高数	C语言	思政	大英	体育	平均分	总分	排名
4	2201040430	孙红杏	2003/4/25	女	20	计算机类08	89.0	90.0	92.0	94.0	优秀	91	365	1
5	2201040124	赵艳丽	2003/4/3	女	20	计算机类05	91.8	90.0	84.8	95.0	优秀	90	362	2
6	2201040103	谢芳	2003/8/29	女	19	计算机类07	85.2	77.0	87.2	88.0	优秀	84	337	5
7	2201040126	孙俊飞	2003/11/25	男	19	计算机类04	89.0	65.0	78.0	91.0	优秀	81	323	8
8	2201040101	胡勇敢	2003/7/1	男	20	计算机类10	89.0	67.0	89.0	67.0	优秀	78	312	11
9	2201040127	崔罗岁	2003/12/20	男	19	计算机类04	87.0	76.0	69.0	67.0	优秀	75	299	13
10	2201040123	龚伟伟	2003/3/16	男	20	计算机类01	66.0	70.0	80.0	78.0	优秀	74	294	14
11	2201040102	范梦海	2003/8/28	男	19	计算机类03	83.0	59.0	88.0	61.0	优秀	73	291	15
12	2201040123	朱巧昂	2003/10/18	女	19	计算机类05	89.6	89.0	85.6	75.0	良好	85	339	4
13	2201040124	娄飞婷	2003/3/17	女	20	计算机类01	80.0	78.5	87.0	89.0	良好	84	335	6
14	2201040132	夏季生	2003/5/2	男	20	计算机类10	77.0	66.0	90.0	82.0	良好	79	315	10
15	2201040229	陈梅	2003/4/24	女	20	计算机类07	88.0	90.0	66.0	58.0	良好	76	302	12
16	2201040122	汪丽新	2003/6/17	女	20	计算机类08	87.4	37.0	86.4	66.0	良好	69	277	16
17	2201040228	阮元玉	2003/4/23	女	20	计算机类06	93.0	95.0	76.0	69.0	中等	83	333	7
18	2201040225	富科学	2003/2/18	男	20	计算机类02	68.0	89.0	93.0	90.0	及格	85	340	3
19	2201040131	苗长帮	2003/5/1	男	20	计算机类09	55.0	87.0	89.0	92.0	不及格	81	323	8

图 3-6　自定义序列排序结果

3.4　数 据 筛 选

在 Excel 中，对数据进行筛选是一种常用的数据管理和分析方法，此功能可以快速地找出符合某些条件的数据。所以，在实际应用中，数据的筛选也可以理解为数据的查找。Excel 中对数据进行筛选的方法有很多，具体要根据数据的类型、范围、条件等因素来选择。Excel 中常用的数据筛选方法主要有如下几种。

1. 自动筛选

自动筛选是最简单也是最直接的方法，就是按照某一列或多列的数据进行筛选，可以选择某些特定的值，也可以通过通配符、数字筛选、日期筛选等功能进行筛选。这种方法适用于单一变量或单一标准的筛选，如按照班级、科目、成绩等进行筛选。

对上例数据清单设置自动筛选的结果如图 3-7 所示。

操作步骤如下：选中需要筛选的数据区域，单击“数据”→“排序和筛选”→“筛选”按钮。此时在每个列标题（字段名）上会出现一个下拉按钮，单击该按钮将打开筛选器菜单。

3	学号	姓名	出生日期	性别	年龄	班级	高数	C语言	思政	大英	体育	平均分	总分	排名
4	2201040430	孙红杏	2003/4/25	女	20	计算机类08	89.0	90.0	92.0	94.0	优秀	91	365	1
5	2201040124	赵艳丽	2003/4/3	女	20	计算机类05	91.8	90.0	84.8	95.0	优秀	90	362	2
6	2201040225	富科学	2003/2/18	男	20	计算机类02	68.0	89.0	93.0	90.0	及格	85	340	3
7	2201040123	朱巧昂	2003/10/18	女	19	计算机类05	89.6	89.0	85.6	75.0	良好	85	339	4
8	2201040103	谢芳	2003/8/29	女	19	计算机类07	85.2	77.0	87.2	88.0	优秀	84	337	5
9	2201040124	娄飞婷	2003/3/17	女	20	计算机类01	80.0	78.5	87.0	89.0	良好	84	335	6
10	2201040228	阮元玉	2003/4/23	女	20	计算机类06	93.0	95.0	76.0	69.0	中等	83	333	7
11	2201040131	苗长帮	2003/5/1	男	20	计算机类09	55.0	87.0	89.0	92.0	不及格	81	323	8
12	2201040126	孙俊飞	2003/11/25	男	19	计算机类04	89.0	65.0	78.0	91.0	优秀	81	323	8
13	2201040132	夏季生	2003/5/2	男	20	计算机类10	77.0	66.0	90.0	82.0	良好	79	315	10
14	2201040101	胡勇敢	2003/7/1	男	20	计算机类10	89.0	67.0	89.0	67.0	优秀	78	312	11
15	2201040229	陈梅	2003/4/24	女	20	计算机类07	88.0	90.0	66.0	58.0	良好	76	302	12
16	2201040127	崔罗岁	2003/12/20	男	19	计算机类04	87.0	76.0	69.0	67.0	优秀	75	299	13
17	2201040123	龚伟伟	2003/3/16	男	20	计算机类01	66.0	70.0	80.0	78.0	优秀	74	294	14
18	2201040102	范梦海	2003/8/28	男	19	计算机类03	83.0	59.0	88.0	61.0	优秀	73	291	15
19	2201040122	汪丽新	2003/6/17	女	20	计算机类08	87.4	37.0	86.4	66.0	良好	69	277	16

图 3-7　设置自动筛选后的二维表

在筛选器列表中，可以选中或取消选中某些值，也可以使用搜索框输入关键字，或者选择“文本筛选”“数字筛选”“日期筛选”等功能。综合前面 3 种功能，可以筛选出满足多条件要求的记录。

例如，自动筛选出体育成绩优秀或不及格的男生记录，就可以使用“文本筛选”功能实现，结果如图 3-8 所示。

3	学号	姓名	出生日期	性别	年龄	班级	高数	C语言	思政	大英	体育	平均分	总分	排名
11	2201040131	苗长帮	2003/5/1	男	20	计算机类09	55.0	87.0	89.0	92.0	不及格	81	323	8
12	2201040126	孙俊飞	2003/11/25	男	19	计算机类04	89.0	65.0	78.0	91.0	优秀	81	323	8
14	2201040101	胡勇敢	2003/7/1	男	20	计算机类10	89.0	67.0	89.0	67.0	优秀	78	312	11
16	2201040127	崔罗岁	2003/12/20	男	19	计算机类04	87.0	76.0	69.0	67.0	优秀	75	299	13
17	2201040123	龚伟伟	2003/3/16	男	20	计算机类01	66.0	70.0	80.0	78.0	优秀	74	294	14
18	2201040102	范梦海	2003/8/28	男	19	计算机类03	83.0	59.0	88.0	61.0	优秀	73	291	15

图 3-8　自动筛选出体育成绩优秀或不及格的男生

操作步骤如下。

选中 A3:N19 区域，单击“数据”→“排序和筛选”→“筛选”按钮，单击“性别”关键字右侧的下拉按钮，在打开的筛选器列表中利用“文本筛选”功能选择或直接选中“男”，接着单击“体育”关键字右侧的下拉按钮，在打开的筛选器菜单中选择“文本筛选”列表中的“自定义筛选”命令，在打开的“自定义自动筛选”对话框中设置好参数，单击“确定”按钮，如图 3-9 所示。

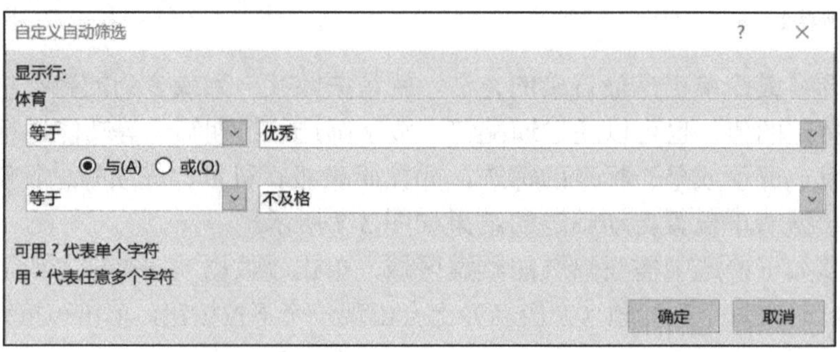

图 3-9　文本的自定义自动筛选设置

2. 高级筛选

如果筛选的条件涉及多个字段，且需要将结果筛选到其他位置，可以使用 Excel 中的“高级筛选”功能实现。

Excel“高级筛选”功能主要有 3 个区域要弄清楚：数据清单区域、条件区域和生成筛选结果的区域。

例如，使用“高级筛选”功能筛选出生日期在 2003 年 6 月以前且平均分在 80 以上的男生，或排名在前 5 的女生，结果如图 3-10 所示。

3	学号	姓名	出生日期	性别	年龄	班级	高数	C语言	思政	大英	体育	平均分	总分	排名
4	2201040430	孙红杏	2003/4/25	女	20	计算机类08	89.0	90.0	92.0	94.0	优秀	91	365	1
5	2201040124	赵艳丽	2003/4/3	女	20	计算机类05	91.8	90.0	84.8	95.0	优秀	90	362	2
6	2201040131	苗长帮	2003/5/1	男	20	计算机类09	55.0	87.0	89.0	92.0	不及格	81	323	8
7	2201040123	朱巧昂	2003/10/18	女	19	计算机类05	89.6	89.0	85.6	75.0	良好	85	339	4
8	2201040103	谢芳	2003/8/29	女	19	计算机类07	85.2	77.0	87.2	88.0	优秀	84	337	5
9	2201040124	娄飞婷	2003/3/17	女	20	计算机类01	80.0	78.5	87.0	89.0	良好	84	335	6
10	2201040228	阮元玉	2003/4/23	女	20	计算机类06	93.0	95.0	76.0	69.0	中等	83	333	7
11	2201040225	富科学	2003/2/18	男	20	计算机类02	68.0	89.0	93.0	90.0	及格	85	340	3
12	2201040132	夏季生	2003/5/2	男	20	计算机类10	77.0	66.0	90.0	82.0	良好	79	315	10
13	2201040126	孙俊飞	2003/11/25	男	19	计算机类04	89.0	65.0	78.0	91.0	优秀	81	323	8
14	2201040101	胡勇敢	2003/7/1	男	20	计算机类10	89.0	67.0	89.0	67.0	优秀	78	312	11
15	2201040229	陈梅	2003/4/24	女	20	计算机类07	88.0	90.0	66.0	58.0	良好	76	302	12
16	2201040127	崔罗岁	2003/12/20	男	19	计算机类04	87.0	76.0	69.0	67.0	优秀	75	299	13
17	2201040123	龚伟伟	2003/3/16	男	20	计算机类01	66.0	70.0	80.0	78.0	优秀	74	294	14
18	2201040102	范梦海	2003/8/28	男	19	计算机类03	83.0	59.0	88.0	61.0	优秀	73	291	15
19	2201040122	汪丽新	2003/6/17	女	20	计算机类08	87.4	37.0	86.4	66.0	良好	69	277	16
20														
21			出生日期	性别		平均分	排名							
22			<2003/6/1	男		>=80								
23				女			<=5							
24														
25	学号	姓名	出生日期	性别	年龄	班级	高数	C语言	思政	大英	体育	平均分	总分	排名
26	2201040430	孙红杏	2003/4/25	女	20	计算机类08	89.0	90.0	92.0	94.0	优秀	91	365	1
27	2201040124	赵艳丽	2003/4/3	女	20	计算机类05	91.8	90.0	84.8	95.0	优秀	90	362	2
28	2201040131	苗长帮	2003/5/1	男	20	计算机类09	55.0	87.0	89.0	92.0	不及格	81	323	8
29	2201040123	朱巧昂	2003/10/18	女	19	计算机类05	89.6	89.0	85.6	75.0	良好	85	339	4
30	2201040103	谢芳	2003/8/29	女	19	计算机类07	85.2	77.0	87.2	88.0	优秀	84	337	5
31	2201040225	富科学	2003/2/18	男	20	计算机类02	68.0	89.0	93.0	90.0	及格	85	340	3

图 3-10　高级筛选的结果

操作步骤如下。

条件写在要求的地方：同行条件是逻辑与的关系，各行整体间是逻辑或的关系。

选中数据清单，单击“数据”→“排序和筛选”→“高级”按钮，打开“高级筛选”对话框，填写对应的“列表区域”和“条件区域”，选择筛选结果显示方式后，在“复制到”文本框中输入目标地址，单击“确定”按钮。

“高级筛选”对话框的设置如图 3-11 所示。

在 Excel 应用中，还可以进行字段间关系的筛选，例如，筛选“C 语言”分数大于“平均分”的记录，有兴趣的读者可以自行尝试完成。

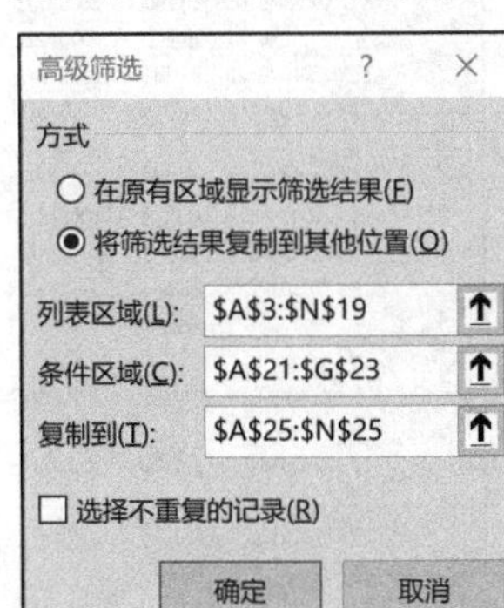

图 3-11　“高级筛选”对话框设置

3.5 分类汇总

在实际应用中常常需要对数据进行分类统计和计算，根据不同的字段和函数来显示汇总结果。Excel 提供了“分类汇总”功能，帮助用户选择要分组的字段，以及要计算的函数，如求和、计数、求平均、求最大最小值等。可以为每列显示多个汇总函数类型，也可以设置汇总行的位置和分页选项。

进行分类汇总之前先要对分类字段进行排序。

例如，对“成绩统计表”按“体育”成绩的等级统计人数。

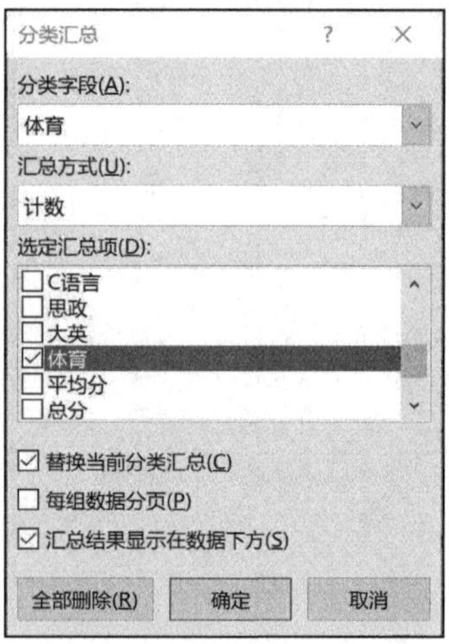

图 3-12 “分类汇总”对话框

操作步骤如下。

（1）选中需汇总的 A3:N19 区域，单击“数据”→“排序和筛选”→“排序”按钮，打开“排序”对话框，在“次序”下拉列表中选择先前设置好的“自定义排序”内容，单击“确定”按钮，就可以得到图 3-6 所示的排序内容。

（2）选中排好序后的 A3:N19 区域，单击“数据”→“分级显示”→“分类汇总”按钮，打开“分类汇总”对话框，如图 3-12 所示。

（3）在“分类字段”下拉列表中选择“体育”选项，在“汇总方式”下拉列表中选择“计数”选项，在“选定汇总项”列表框中选中“体育”复选框进行分类汇总，单击“确定”按钮，生成分类汇总表，如图 3-13 所示。

	A	B	C	D	E	F	G	H	I	J	K	L	M	N
1	2022-2023第一学期学生成绩统计表 制表人：教学办													
2												制表日期:	2023/8/11	
3	学号	姓名	出生日期	性别	年龄	班级	高数	C语言	思政	大英	体育	平均分	总分	排名
4	2201040430	孙红杏	2003/4/25	女	20	计算机类08	89.0	90.0	92.0	94.0	优秀	91	365	1
5	2201040124	赵艳丽	2003/4/3	女	20	计算机类05	91.8	90.0	84.8	95.0	优秀	90	362	2
6	2201040103	谢芳	2003/8/29	女	19	计算机类07	85.2	77.0	87.2	88.0	优秀	84	337	5
7	2201040126	孙俊飞	2003/11/25	男	19	计算机类04	89.0	65.0	78.0	91.0	优秀	81	323	8
8	2201040101	胡勇敢	2003/7/1	男	20	计算机类10	89.0	67.0	89.0	67.0	优秀	78	312	11
9	2201040127	崔罗岁	2003/12/20	男	19	计算机类04	87.0	76.0	69.0	67.0	优秀	75	299	13
10	2201040123	龚伟伟	2003/3/16	男	20	计算机类01	66.0	70.0	80.0	78.0	优秀	74	294	14
11	2201040102	范梦海	2003/8/28	男	19	计算机类03	83.0	59.0	88.0	61.0	优秀	73	291	15
12										优秀 计数	8			
13	2201040123	朱巧昂	2003/10/18	女	19	计算机类05	89.6	89.0	85.6	75.0	良好	85	339	4
14	2201040124	娄飞婷	2003/3/17	女	20	计算机类01	80.0	78.5	87.0	89.0	良好	84	335	6
15	2201040132	夏季生	2003/5/2	男	20	计算机类10	77.0	66.0	90.0	82.0	良好	79	315	10
16	2201040229	陈梅	2003/4/24	男	20	计算机类07	88.0	90.0	66.0	58.0	良好	76	302	12
17	2201040122	朱丽	2003/6/17	男	20	计算机类08	87.4	37.0	86.4	66.0	良好	69	277	16
18										良好 计数	5			
19	2201040228	阮元玉	2003/4/23	女	20	计算机类06	93.0	95.0	76.0	69.0	中等	83	333	7
20										中等 计数	1			
21	2201040225	富科学	2003/2/18	男	20	计算机类02	68.0	89.0	93.0	90.0	及格	85	340	3
22										及格 计数	1			
23	2201040131	苗长帮	2003/5/1	男	20	计算机类09	55.0	87.0	89.0	92.0	不及格	81	323	8
24										不及格 计数	1			
25										总计数	16			

图 3-13 体育成绩分类汇总统计表

分级显示分类汇总表：可以通过单击行编号旁边的分级显示符号来显示或隐藏不同级别的数据。例如，单击左上方的“1”可以只显示总计，单击“2”可以显示一级分类汇总，单击“3”可以显示二级分类汇总等。

在以上数据清单中若想同时进行多级分类汇总，首先选中前面已经分类汇总的数据区域，单击“数据”→“分级显示”→“分类汇总”按钮，打开“分类汇总”对话框，在“分类字段”下拉列表中选择“性别”选项，在“汇总方式”下拉列表中选择“计数”选项，在“选定汇总项”列表框中选中“性别”复选框进行分类汇总，单击“确定”按钮，生成分类汇总表，如图 3-14 所示。注意，取消选中“替换当前分类汇总”复选框，便可叠加多级分类汇总。

	A	B	C	D	E	F	G	H	I	J	K	L	M	N
1	2022-2023第一学期学生成绩统计表 制表人：教学办													
2												制表日期:	2023/8/11	
3	学号	姓名	出生日期	性别	年龄	班级	高数	C语言	思政	大英	体育	平均分	总分	排名
4	2201040430	孙红杏	2003/4/25	女	20	计算机类08	89.0	90.0	92.0	94.0	优秀	91	365	1
5	2201040124	赵艳丽	2003/4/3	女	20	计算机类05	91.8	90.0	84.8	95.0	优秀	90	362	2
6	2201040103	谢芳	2003/8/29	女	19	计算机类07	85.2	77.0	87.2	88.0	优秀	84	337	5
7			**女 计数**	3										
8	2201040126	孙俊飞	2003/11/25	男	19	计算机类04	89.0	65.0	78.0	91.0	优秀	81	323	8
9	2201040101	胡勇敢	2003/7/1	男	20	计算机类10	89.0	67.0	89.0	67.0	优秀	78	312	11
10	2201040127	崔罗岁	2003/12/20	男	19	计算机类04	87.0	76.0	69.0	67.0	优秀	75	299	13
11	2201040123	龚伟伟	2003/3/16	男	20	计算机类01	66.0	70.0	80.0	78.0	优秀	74	294	14
12	2201040102	范梦海	2003/8/28	男	19	计算机类03	83.0	59.0	88.0	61.0	优秀	73	291	15
13			**男 计数**	5										
14										**优秀 计数**	8			
15	2201040123	朱巧昂	2003/10/18	女	19	计算机类05	89.6	89.0	85.6	75.0	良好	85	339	4
16	2201040124	娄飞婷	2003/3/17	女	20	计算机类01	80.0	78.5	87.0	89.0	良好	84	335	6
17			**女 计数**	2										
18	2201040132	夏季生	2003/5/2	男	20	计算机类10	77.0	66.0	90.0	82.0	良好	79	315	10
19	2201040229	陈梅	2003/4/24	男	20	计算机类07	88.0	90.0	66.0	58.0	良好	76	302	12
20	2201040122	朱丽	2003/6/17	男	20	计算机类08	87.4	37.0	86.4	66.0	良好	69	277	16
21			**男 计数**	3										
22										**良好 计数**	5			
23	2201040228	阮元玉	2003/4/23	女	20	计算机类06	93.0	95.0	76.0	69.0	中等	83	333	7
24			**女 计数**	1										
25										**中等 计数**	1			
26	2201040225	富科学	2003/2/18	男	20	计算机类02	68.0	89.0	93.0	90.0	及格	85	340	3
27			**男 计数**	1										
28										**及格 计数**	1			
29	2201040131	苗长帮	2003/5/1	男	20	计算机类09	55.0	87.0	89.0	92.0	不及格	81	323	8
30			**男 计数**	1										
31										**不及格 计数**	1			
32			**总计数**	16										
33										**总计数**	16			

图 3-14 按体育成绩每个级别统计男女生人数的多级汇总表

若要清除分类汇总，可以在图 3-12 所示的“分类汇总”对话框中，单击“全部删除”按钮。

Excel 还提供了分页打印功能，插入分类汇总时选中“每组数据分页”复选框，打印时就会按照不同的分组进行分页。也可以设置打印标题，使每页都有相同的表头。分类汇总有些功能的实现还可以用“数据透视表”的功能完成，后续章节会对此进行介绍。

3.6 常用函数

Excel 函数一共有 11 类，分别是数据库函数、日期和时间函数、工程函数、财务函数、信息函数、逻辑函数、查询与引用函数、数学和三角函数、统计函数、文本函数及用户自定义函数。

根据用户身份不同，在学习和工作中，Excel 2016 常用函数主要有以下几类。

（1）常用数学函数：如 SUM、ABS、ROUND、MOD、SQRT 等，用于对数值进行基本的运算和处理。

（2）常用统计函数：如 COUNTIF、AVERAGEIF、SUMIF、COUNTIFS、SUMIFS、RANK、LARGE、MAX、SUMPRODUCT 等，用于对数据进行统计分析和排序。

（3）常用文本函数：如 CONCATENATE、LEFT、RIGHT、MID、TEXT、FIND 等，用于对文本进行合并、提取、转换和定位。

（4）常用日期和时间函数：如 NOW、YEAR、MONTH、DAY、DATE、TIME、DATEDIF 等，用于对日期和时间进行计算和格式化。

（5）常用查询函数：如 VLOOKUP、LOOKUP、INDEX、MATCH、ROW、COLUMN 等，用于在数据表中查找和返回指定的值。

（6）常用逻辑函数：如 AND、OR、NOT、IF、IFERROR 等，用于判断数据表中的逻辑值。

下面结合图 3-1 中的学生成绩统计表介绍这些函数的一些简单应用。

（1）计算所有学生的年龄、平均分、总分和总分排名。

年龄计算公式：E4=DATEDIF(C4,TODAY( ),"Y")，然后拖动 E4 单元格的填充柄就可以算出所有学生的年龄。

平均分计算公式：L4=AVERAGE(G4:J4)，然后拖动 L4 单元格的填充柄就可以算出所有学生的平均分。

总分计算公式：M4=SUM(G4:J4)，然后拖动 M4 单元格的填充柄就可以算出所有学生的总分。

排名计算的公式：N4=RANK.EQ(M4,$M$4:$M$19)，然后拖动 N4 单元格的填充柄就可以算出所有学生的排名。

（2）复杂一点的函数应用。

平均分在 85 以上的学生人数：=COUNTIF(L4:L19,">=85")。

总分是第五名的值：=LARGE(M4:M19,5)。

统计女生的高数成绩和：=SUMIF(D4:D19,D4,G4:G19)。

平均分在 90 分以上等级为“A”，80～89 分等级为“B”，其他填写“---”：=IF(L4>=90,"A", IF(L4>=80,"B","---"))。

查找学号是“2201040103”学生的总分：=VLOOKUP("2201040103",A3:M19,13,FALSE)。

五门课都及格的填充为“通过”：=IF(AND(G4>=60,H4>=60,I4>=60,J4>=60,K4<>"不及格"),"通过","")。

依据身份证号判断性别：=IF(MOD(MID(身份证号,17,1),2)=1,"男","女")。

3.7　数据可视化——图表

在学习和工作中，如果可以对数据源进行手动分析和处理，使数据以可视化的形式展示出来，不仅会加深人们的记忆，还使数据更容易被人们所理解和接受。

Excel 2016 提供了模板以外 16 种图表类型。每种类型又具有几种不同的子类，包括二维和三维图表，如图 3-15 所示。用户可以根据选定的数据和目的选择合适的图表类型，以便较好地可视化显示数据。下面对常见的几类图表加以介绍。

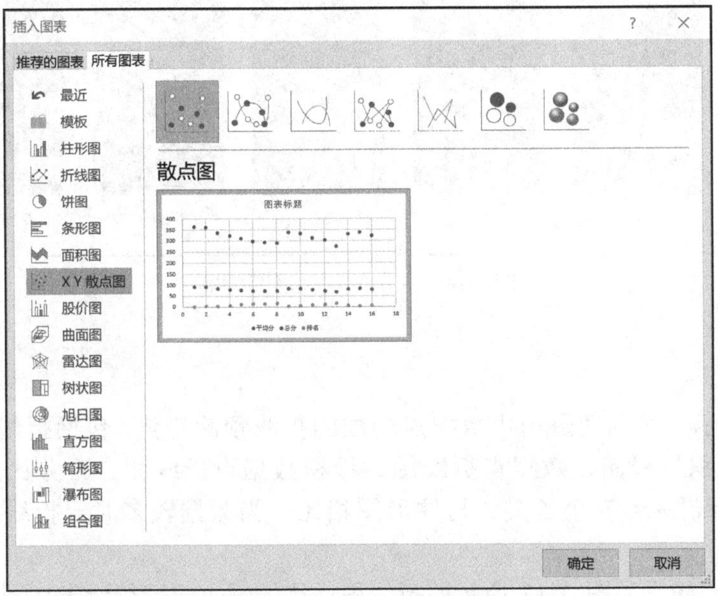

图 3-15　插入图表的类型

1. 柱形图

柱形图包括簇状柱形图、堆积柱形图、百分比堆积柱形图、三维簇状柱形图、三维堆积柱形图、三维百分比堆积柱形图和三维柱形图等，主要用于反映数值的差异。由于人类的眼睛对高度差异很敏感，因此柱形图辨识效果非常好，也容易解读，但柱形图的局限在于只适用于中小规模数据源。

操作要求：试建立三维簇状柱形图，比较学生成绩统计表（图 3-6）中的后 5 位学生除“体育”外的四门功课成绩，选择“图表样式 10”，图例在顶部。

操作步骤如下：首先选择用来创建图表的数据区域，选择字段“姓名”、5 位学生的姓名值、四门功课的字段名和对应的成绩。然后选择“插入”→“图表”→“插入柱形图或条形图”命令，选择需要的三维簇状柱形图表样式。最后按照操作要求，选择“图表工具-设计”→“图表样式”→“样式 10”选项，在“图表布局”组中设置好坐标轴标题、数据标签位置、图例位置，效果如图 3-16 所示。

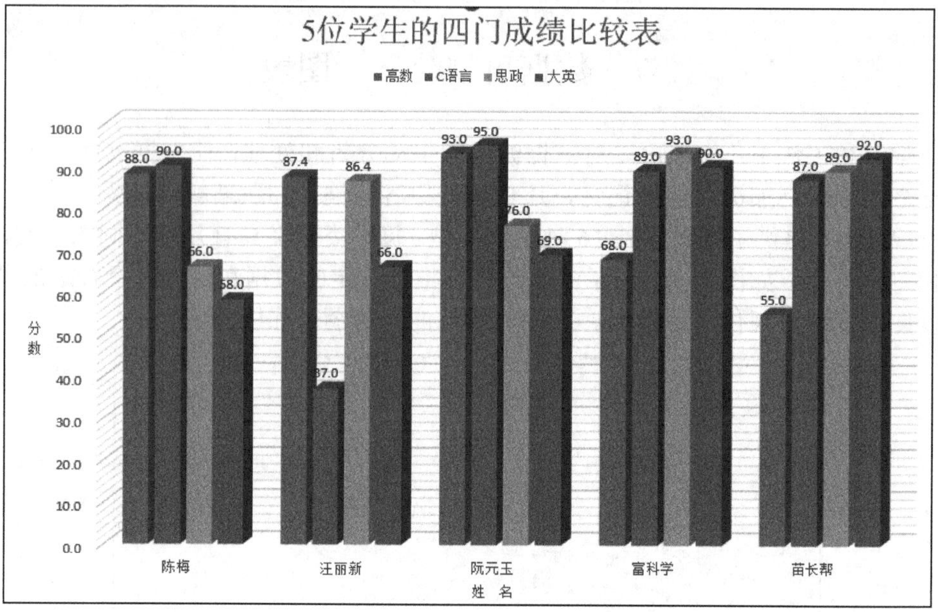

图 3-16　三维簇状柱形图效果

2. 折线图

折线图显示了相同间隔内由数据点构成的折线预测趋势，包括折线图、堆积折线图、百分比堆积折线图、数据点折线图、堆积数据点折线图、百分比堆积数据点折线图、三维折线图等 7 个子类。与柱形图相比，当数据较多时，折线图更适合二维的大数据集。

操作要求：建立如图 3-17 所示的折线图，比较学生成绩统计表（图 3-6）中前 10 位学生的排名情况，要求有图表标题、横轴标题等。

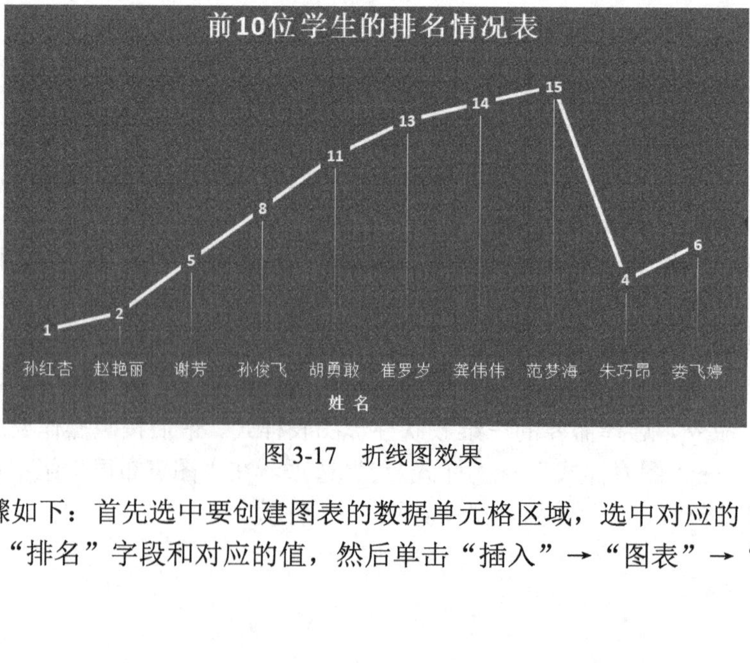

图 3-17　折线图效果

操作步骤如下：首先选中要创建图表的数据单元格区域，选中对应的“姓名”字段和对应的值，“排名”字段和对应的值，然后单击“插入”→“图表”→“折线图或面积图”按钮，选择需要的折线图类型，最后按操作要求，在“图表工具-设计”选项卡中设置图表布局和图表样式。

3. 饼图

饼图显示了一系列数据中各数据在总体中所占比例的大小，包括饼图、三维饼图、复合饼图、复合条饼图、圆环图等 5 个子类。饼图还可以通过面积反映总体数据的变化趋势。因此饼图常用于引起人们对总值趋势关注的情况。通过显示所绘制值的总和，饼图还可以显示部分与整体的关系。由于各类别分别代表整个饼图的一部分，因此饼图中最好不要超过 7 个类别，否则就会显得杂乱，无法一目了然地识别其大小。

4. 条形图

条形图显示了各个项目之间的比较情况。条形图可以看作柱形图逆时针旋转 90° 后形成的图表，主要用于显示各项目之间的数据差异，不同的是，柱形图是在水平方向依次展示数据，条形图是在垂直方向依次展示数据。条形图的分类项在垂直方向表示，数值在水平方向表示。这样的方式可以突出数值的比较，淡化时间的变化。与柱形图相比，条形图更适合展示排名。

图 3-18 所示的条形图，请读者自行设计完成。

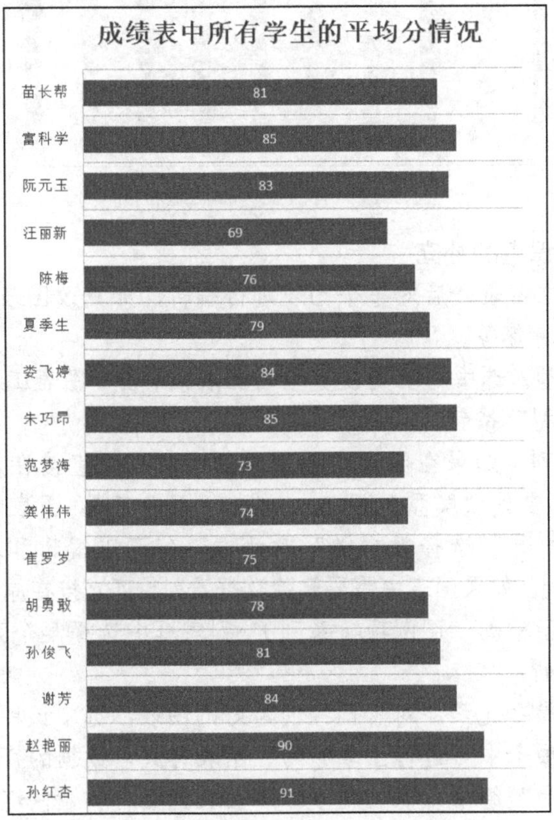

图 3-18　条形图效果

5. XY 散点图

XY 散点图既可以显示多个数据系列的数值关系，也可以将两组数字绘制成一系列的 XY 坐标，包括散点图、带平滑线和数据标记的散点图、带平滑线的散点图、带直线和数据标记的散点图、带直线的散点图 5 个子类。

Excel 2016 除了提供模板和 16 种图表类型外，还提供了组合图。组合图可以增加“次坐标轴”，丰富图表的直观内容。例如，制作一个所有记录的“平均分”和“排名”的图表，其中“排名”为次坐标轴，请读者课外参考相关资料自行完成。具体组合图效果如图 3-19 所示。

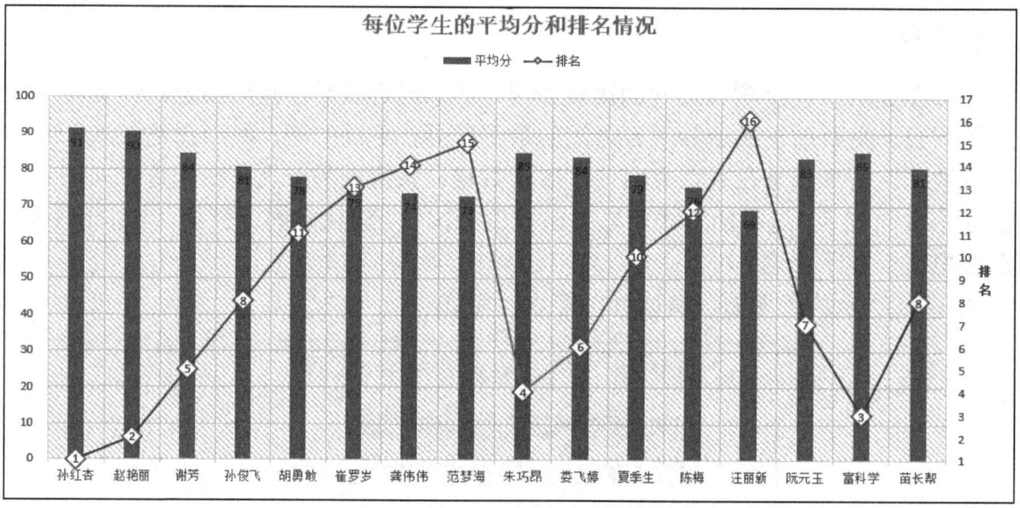

图 3-19　有次坐标轴的组合图

关于编辑图表知识点的补充

Excel 允许在建立图表之后对整个图表进行编辑，如更改图表类型、在图表中增加数据系列及设置图表标签等。

（1）更改图表类型。选中需要更改类型的图表，单击“图表工具-图表设计”→“类型”→“更改图表类型”按钮。

（2）增加数据系列。如果在图表中增加数据系列，可直接在原有图表上增添数据源相应内容。选中需要更改类型的图表，单击“图表工具-图表设计”→“数据”→“选择数据”按钮，打开“选择数据源”对话框，就可以编辑和增加数据系列。

（3）删除数据系列。如果图表中需要删除数据系列，可直接在原有图表上删除数据源。在“选择数据源”对话框的“图例项（系列）”列表框中选择某个系列后，单击“删除”按钮即删除该数据系列。

（4）设置图表布局和元素。对于已经创建好的图表，选中该图表，将显示“图表工具”选项卡，在该选项卡中可进行图表布局、图表样式、数据的切换行列、移动图表等操作，如在“图表布局”组中可以利用“添加图表元素”和“快速布局”按钮，对图表标题、轴标题、图例、数据标签和布局样式等内容进行设置。

（5）设置图表格式。选中需要设置布局的图表，选择“图表工具-格式”选项卡，在此可对图表的形状样式、排列、大小等进行设置。选中图表，右击，在弹出的快捷菜单中选择“设置图表区域格式”命令，可以在右侧打开“设置图表区格式”窗格，在此可进行图表和文本效果的详细设置。

3.8　数据透视表

数据透视表是一种交互报表，可以快速分类汇总大量的数据，支持随时选择其中的页、行和列中的不同元素，以快速查看源数据的不同统计结果，同时还支持随意显示和打印所需区域的明细数据。数据透视表是一个可以对工作表数据进行计算、汇总和分析的强大工具，它可以帮助发现数据中的对比情况、模式和趋势。

下面以某公司年家电销售表为例来讲解如何创建数据透视表，如图 3-20 所示，按不同销售城市的 5 种家电的销售情况进行统计分析。

操作要求：统计不同城市的家电销售情况，以决策是否提前备货。

操作步骤如下：选中数据区域 B2:I25，选择“插入”→“表格”→“数据透视表”→“表格和区域”命令，打开“来自表格或区域的数据透视表”对话框，如图 3-21 所示，选择放置数据透视表的位置，选择“新工作表”单选按钮，单击“确定”按钮，就可以在新工作表中形成数据透视表的布局界面，如图 3-22 所示。

编辑数据透视表：在工作区右侧“数据透视表字段”列表框中选择要添加的字段，把家电名称拖到“列”列表框，销售城市拖到“行”列表框，数量拖到“值”列表框。其中“值”列表框可以在“值字段设置”对话框中进行求和、计数、平均值、最大值等计算类型设置，本例题是自动求和。最终在左侧透视表区中生成相应的数据透视表，如图 3-23 所示。

	A	B	C	D	E	F	G	H	I
1	2021-2022年家电销售表								
2	序号	销售日期	销售城市	销售员	家电名称	家电编号	数量	单价(元)	金额
3	1	2021/05/03	武汉	孙红杏	取暖器	qnq0901	3	320	960.0
4	2	2022/01/03	武汉	孙红杏	电风扇	dfs0801	11	215	2365.0
5	3	2022/03/03	武汉	孙红杏	冰箱	bx0702	10	2300	23000.0
6	4	2021/09/03	武汉	赵艳丽	微波炉	wbl0403	4	800	3200.0
7	5	2021/06/03	武汉	孙红杏	电视机	dsj0201	6	345	2070.0
8	6	2022/08/05	哈尔滨	孙俊飞	取暖器	qnq0904	12	320	3840.0
9	7	2022/10/05	哈尔滨	孙俊飞	冰箱	bx0707	3	565	1695.0
10	8	2022/11/05	哈尔滨	孙俊飞	电视机	dsj0203	5	505	2525.0
11	9	2021/04/05	成都	崔罗岁	冰箱	bx0707	8	2500	20000.0
12	10	2022/01/06	武汉	胡勇敢	取暖器	qnq0905	7	925	6475.0
13	11	2022/04/06	武汉	胡勇敢	微波炉	wb10404	3	1000	3000.0
14	12	2021/01/07	哈尔滨	孙俊飞	取暖器	qnq0906	12	320	3840.0
15	13	2022/06/07	哈尔滨	孙俊飞	电风扇	dfs0806	6	215	1290.0
16	14	2022/01/07	哈尔滨	孙俊飞	微波炉	wb10408	2	1013	2026.0
17	15	2021/02/07	成都	孙红杏	电风扇	dfs0802	8	565	4520.0
18	16	2022/11/07	成都	孙红杏	冰箱	bx0707	3	2000	6000.0
19	17	2022/01/09	成都	胡勇敢	取暖器	qnq0906	4	600	2400.0
20	18	2021/10/09	成都	胡勇敢	微波炉	wb10408	3	700	2100.0
21	19	2022/05/09	成都	胡勇敢	电视机	dsj0201	9	505	4545.0
22	20	2022/01/10	武汉	崔罗岁	电风扇	dfs0802	4	565	2260.0
23	21	2021/06/09	深圳	赵艳丽	电视机	dsj0201	7	345	2415.0
24	22	2022/08/09	深圳	赵艳丽	冰箱	bx0702	12	1800	21600.0
25	23	2021/02/07	深圳	赵艳丽	电风扇	dfs0802	9	565	5085.0

图 3-20　家电年销售表

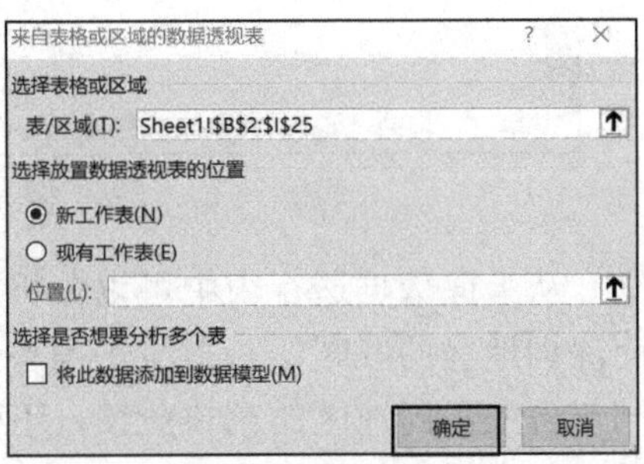

图 3-21　“来自表格或区域的数据透视表”对话框

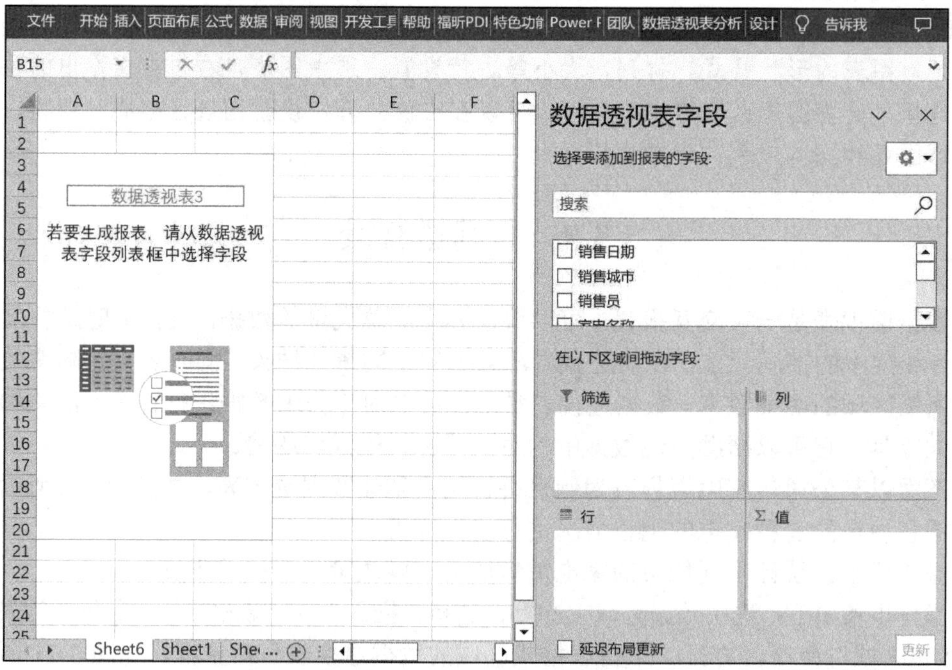

图 3-22　新工作表中的数据透视表的布局

图 3-23　生成的数据透视表

从上面数据透视表中可以分析出很多销售状况：哈尔滨地区的取暖器销售比较好，而深圳地区的取暖器和微波炉销售是空白，说明不适合此地销售。透视表还可以统计不同年份在不同地区的销售业绩，还可以统计销售员在不同地区的销售业绩等。这就是数据透视表灵活的统计作用。

3.9 数据透视图

数据透视图是一种可以将数据透视表中的数据以图形的方式展示的工具，它可以帮助用户更直观地分析和汇总数据。

创建的数据透视图包括两个部分：数据透视表和数据透视图。创建数据透视图和创建数据透视表的操作步骤基本相同。

操作要求：创建可以直观表达不同销售员销售电器业绩情况的数据透视图。

操作步骤如下：选中数据区域 B2:I25，单击“插入”→“图表”→“数据透视图”→“数据透视图”按钮，打开“创建数据透视图”对话框，选择放置数据透视图的位置，选择默认的“新工作表”，单击“确定”按钮，就可以在新工作表中创建数据透视图，其布局如图 3-24 所示。

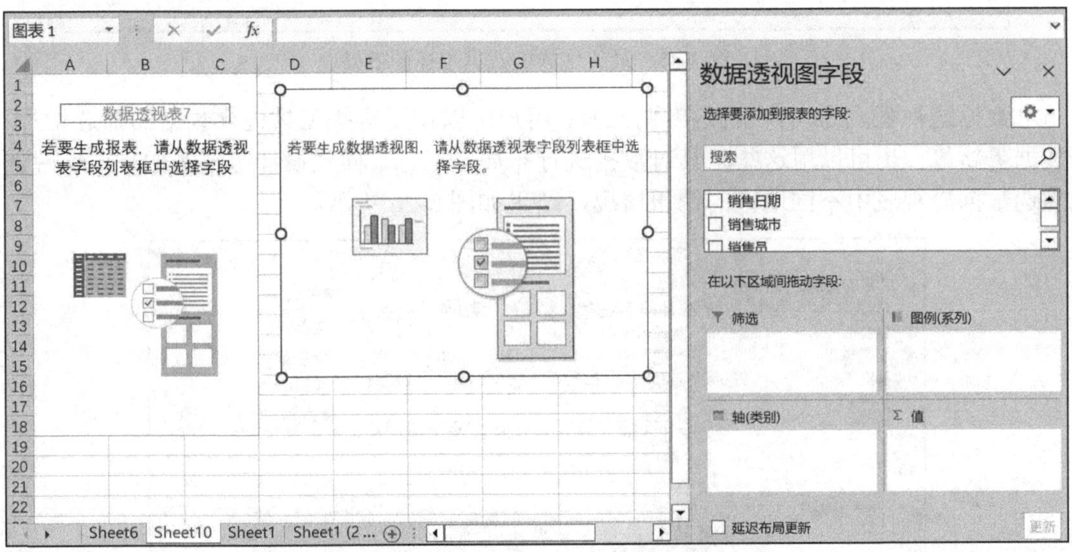

图 3-24 在新工作表中的数据透视图的布局

创建数据透视图后，接下来就是编辑数据透视图了。

从图 3-24 可以看出，Excel 工作区分为三部分，在工作区右侧的数据透视表字段列表框中选择要添加的字段，将家电名称拖到“图例”框，销售员名字拖到“轴（类别）”列表框，金额拖到“值”列表框。其中“值”列表框可以在“值字段设置”对话框中进行求和、计数、平均值、最大值等计算类型设置，本例题是自动求和。最终在工作区中生成相应的数据透视表和数据透视图，如图 3-25 所示。

从图 3-25 中可以更直观地看出，不同销售员的家电销售业绩，可以直观地判断业务员的业绩好坏，同时也生成了数据透视表补充具体的数据加以验证。单击“销售员”或“家电名称”按钮，可以更灵活地查看细节数据和图形表现。

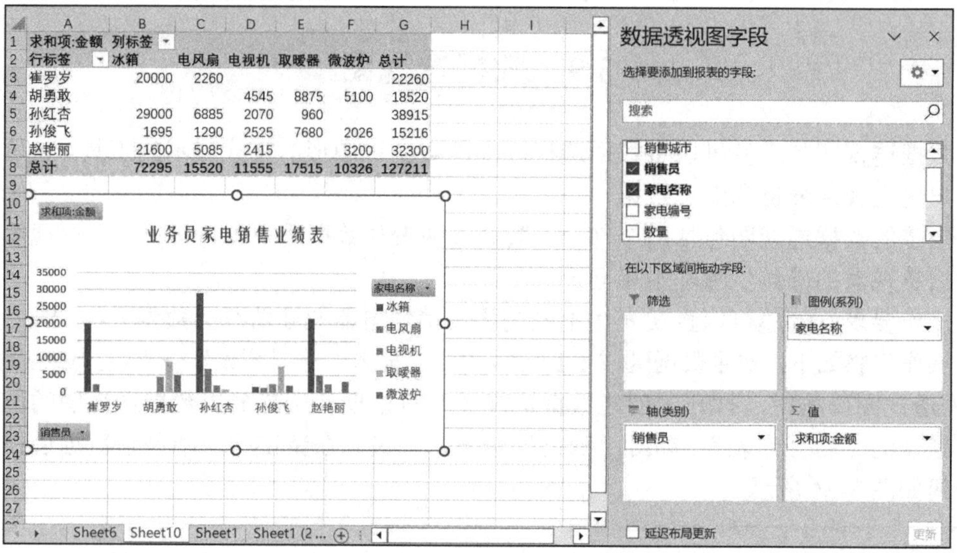

图 3-25　最终生成的数据透视图效果

数据透视表（图）有自己的专门工具，用户可以使用这些工具进行数据的筛选切片、数据更新等，也可以用这些工具对数据进行布局、汇总、样式设计等。例如，用切片器筛选数据透视表中不同地区的销售情况，结果如图 3-26 所示。

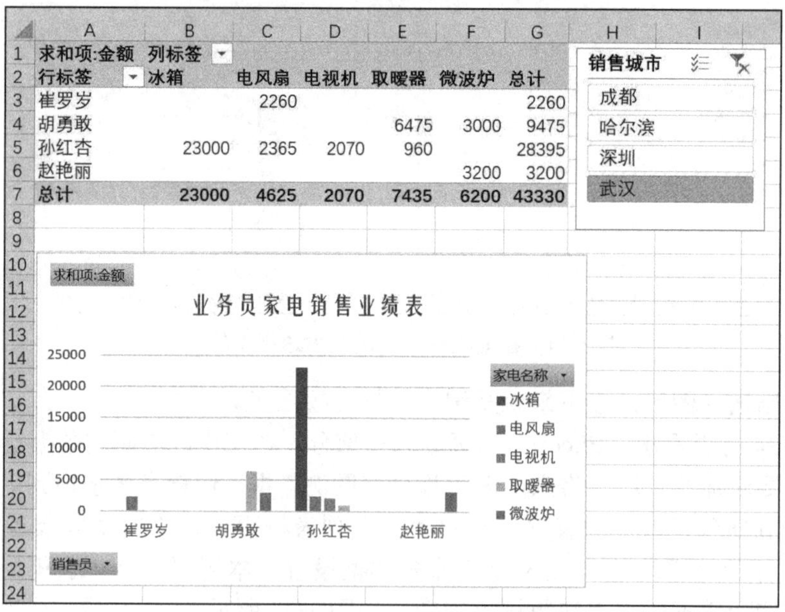

图 3-26　用切片器筛选出的武汉地区家电业务员销售情况

3.10　在 Word 和 PowerPoint 中使用 Excel 文件

Excel 善于对数据进行分析和统计，得出数据或图表结果。这些结果往往要在 Word

中写入报告或进行总结，或在 PowerPoint 中直观动态地展示。在 Word 和 PowerPoint 中使用 Excel 文件有多种方法，具体取决于要实现的目的和实际应用场景。以下是一些常见的在 Word 和 PowerPoint 中使用 Excel 文件的场景和操作步骤。

如果要在 Word 或 PowerPoint 文档中插入一个完整的 Excel 工作表或图，可以使用“对象”命令。这样，就可以直接在文档中编辑和更新 Excel 数据，而无须打开 Excel 程序了。下面以在 Word 中插入 Excel 工作表或图为例进行讲解，PowerPoint 中的操作与之类似。

在 Word 或 PowerPoint 中，以对象的方式插入 Excel 文件。

在 Word 中插入表格的方法有如下几种。

（1）单击“插入”→“表格”→“Excel 电子表格”按钮，即插入一个表格，双击表格后就可以在 Excel 环境中编辑了。

（2）单击“插入”→“文本”→“对象”按钮，打开“对象”对话框，如图 3-27 所示。在该对话框中选择新建 Excel 图表和工作表，结果如图 3-28 所示。

（3）在“对象”对话框中，选择由文件创建 Excel 文件，双击该文件即可切换到 Excel 编辑环境，如图 3-29 所示。

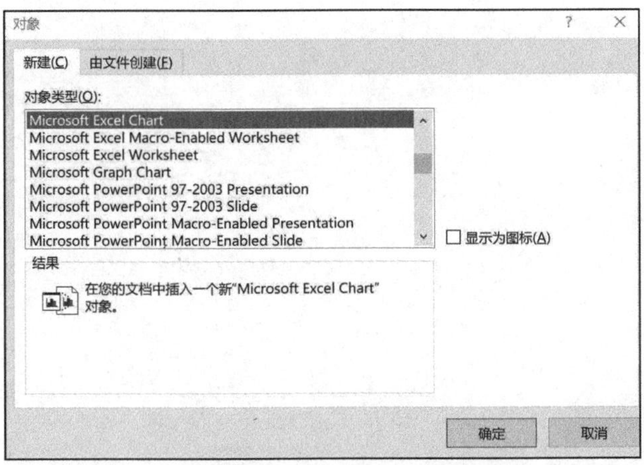

图 3-27　“对象”对话框

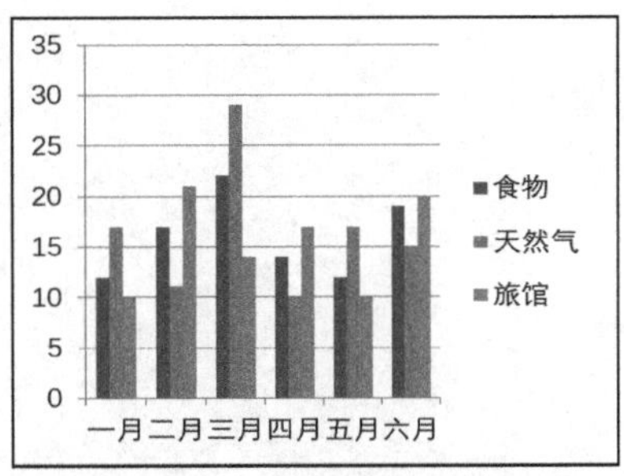

图 3-28　插入的 Excel 图表对象

图 3-29　由文件创建的 Excel 对象文件

（4）直接复制 Excel 文件的部分数据或图表到 Word 中。

如果只想在 Word 或 PowerPoint 文档中插入一个 Excel 文件的部分数据或图表，还可以使用 Excel 的“复制”和“粘贴”命令实现。这样做可以在文档中保留 Excel 数据或图表的格式。

直接复制 Excel 表格内容，然后在 Word 文档中右击，在弹出的快捷菜单中选择粘贴方式为“保留源格式”。这种方法虽然可以保持表格的原始样式，但是无法同步更新

Excel 中的数据变化。

具体操作如下：在 Excel 中，打开要插入的文件，并选择要复制的数据或图表，按 Ctrl+C 组合键复制所选内容，切换到 Word 或 PowerPoint 中，将光标定位到要粘贴的位置，按 Ctrl+V 组合键粘贴所选内容即可。如果想要保持与源文件的链接，可右击粘贴的内容，然后在弹出的快捷菜单中选择“保留源格式并链接数据”命令；如果不想保持与源文件的链接，可右击粘贴的内容，在弹出的快捷菜单中选择“保留源格式”命令。

第三篇 Python 数据分析与计算

第 4 章　Python 程序设计基础

4.1　编程语言简介

4.1.1　程序设计概念

1. 什么是程序

程序这一概念的出现得益于人类的长期生活实践，它通常指完成某些事务的一种既定方式和过程。例如，学生每天早晨上课前的程序就是起床、洗漱、吃早餐、早自习等。

计算机程序（program）是软件开发人员根据用户需求开发的，用程序设计语言描述的适合计算机执行的指令（语句）序列。程序表达了人的思想，体现了程序员要求计算机执行的操作。

2. 什么是程序设计

程序设计（programming）是给出解决特定问题程序的过程。专业的程序设计人员常被称为程序员。

初学者往往把程序设计简单理解为编写一个程序，这是不全面的。程序设计是利用计算机解决问题的全过程，包含问题分析、建立模型、设计算法、编写程序、调试程序、实施运行、维护程序等工作。

3. 程序设计语言

程序设计语言是人与计算机之间进行交流的工具。程序设计语言分为机器语言、汇编语言、高级语言等。从发展历程来看，程序设计语言可以分为 4 代。

1）第一代程序设计语言（机器语言）

机器语言由二进制 0、1 代码指令构成，计算机可以直接识别。不同的 CPU 具有不同的指令系统，每一条指令规定了计算机要完成的某个操作。

例如，以下是一个用机器语言编写的操作指令，完成“7+8”的操作：

```
10110000  00000111        //把 7 送到累加器中
00000100  00001000        //把累加器中的数与 8 相加，结果放回到累加器中
11110100                  //停止操作
```

机器语言的优点是能够被计算机直接识别，占用内存少，执行速度快；缺点是难于记忆、书写、可读性差、易出错。另外，由于机器语言是为某一机型特定的，使用机器语言编写的程序只能在同类型机器上运行，可移植性差。

2）第二代程序设计语言（汇编语言）

为了克服机器语言的缺点，人们开始用一些容易记忆和有意义的符号代替机器指令，由此产生了汇编语言（assembly language），也称符号语言。汇编语言的优点是：可直接访问系统接口；由汇编语言编写的程序翻译为机器语言之后，程序执行效率高。

例如，在汇编语言中用 ADD 表示加法指令，用 MOV 表示数据传输指令等。对于“7+8”这样的操作，用汇编语言编写，形式如下：

```
MOV  AL, 7          //把 7 送到累加器中
ADD  AL, 8          //把累加器中的数与 8 相加，结果放回到累加器中
HLT                 //停止操作
```

虽然看上去汇编语言更容易被程序员理解，但是它仍然是与机器指令相对应的，是为某种型号的计算机特定的，因而不同类型的计算机之间的汇编语言也不尽相同。从软件工程角度来看，只有在高级语言不能满足设计要求，或不具备支持某种特定功能的技术性能（如特殊的输入输出）时，汇编语言才被使用。

3）第三代程序设计语言（高级语言）

为了使程序设计语言更接近自然语言，并脱离具体的某个计算机机器型号，达到程序可移植的目的，20 世纪 50 年代末人们终于开发出独立于机型、接近自然语言、容易学习的新一代程序设计语言——高级语言（high level language）。

高级语言是面向用户的、基本上独立于计算机的类型和结构的语言。其最大的优点是形式上接近于算术语言和自然语言，概念上接近于人们通常使用的概念。高级语言的一条命令可以代替几条、几十条甚至几百条汇编语言指令。因此，高级语言易学易用，通用性强，应用广泛。

使用高级语言编程时，由于不需要关心机器的内部结构和工作原理，程序员可以把主要精力集中在解决问题的思路和方法上，因此大幅提高了编程效率。

例如，要实现“7+8”的问题，用 C 语言和 Python 语言编程，如图 4-1 所示。

```
//这是我的第一个 c 语言程序
int main0
{
    int x=7:
    x=x+8:
    printf("%d" ,x);
}
```

（a）C 语言编程实现

```
#这是我的第一个 python 语言程序
x=7
x=x+8
print (x)
```

（b）Python 语言编程实现

图 4-1　C 语言和 Python 语言编程

高级语言种类繁多，目前有一千多种，实践中使用比较广泛的有 20 余种。早期的高级语言主要有 Fortran、COBOL、ALGOL、Pascal 等，随着时间的推移，出现了 BASIC、C、C++、Java、Python 等。

从描述客观系统的角度来看，程序设计语言又分为面向过程语言和面向对象语言。

以“数据结构+算法”程序设计范式构成的程序设计语言称为面向过程语言。前面介绍的程序设计语言大多为面向过程语言。

Python语言是一种面向对象的解释型计算机程序设计语言，由荷兰人吉多·范罗苏姆（Guido van Rossum）于1989年开发，并于1991年推出第一个公开发行版。Python是纯粹的自由软件，语法简洁清晰，具有丰富和强大的库。它常被昵称为“胶水语言”，能够把用其他语言制作的各种模块（尤其是C/C++）轻松地连接在一起。目前最常见的一种应用情形是，使用Python语言快速生成程序，然后针对其中有特别要求的部分，用更合适的语言重写，如3D游戏中的图形渲染模块，对性能要求特别高，就可以用C/C++重写。

高级语言的基本实现有编译和解释两种方式。

（1）编译方式实现高级语言。用高级语言写出程序后，只要将它送给相应的编译程序，就能得到与之对应的目标程序。之后，只要命令计算机执行这个机器指令目标程序，就能完成所有工作。源程序只编译一次，得到的目标程序可以多次执行，如图4-2所示。

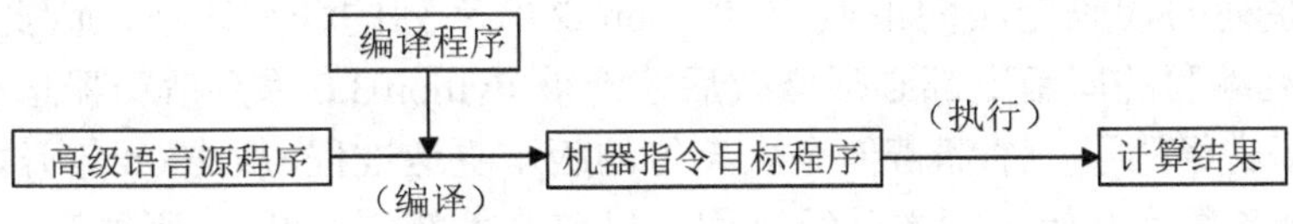

图4-2　编译过程示意图

（2）解释方式实现高级语言。解释软件的功能就是读入高级语言编写的程序，一步步地按照程序要求工作，完成程序所描述的计算。解释软件将程序逐条解释、逐条执行，执行完只得到结果，不保存解释后的机器代码（目标程序），下次运行此程序时还要重新解释执行，如图4-3所示。

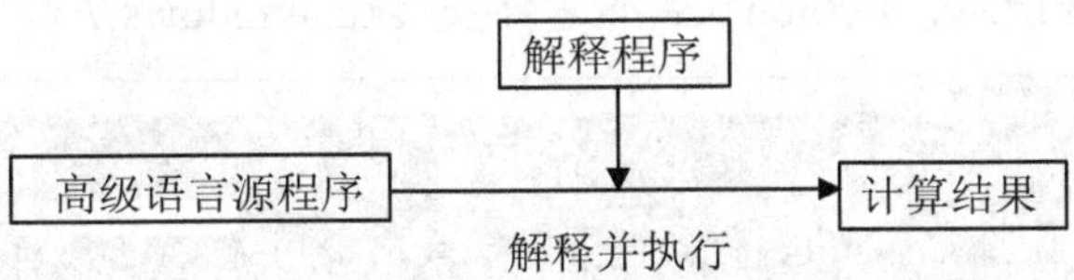

图4-3　解释过程示意图

4）第四代程序设计语言

第四代程序设计语言是面向问题的非过程化程序设计语言，编码时只需说明“做什么”，不需要描述算法细节。它实质上是快速开发软件的各种高效率开发工具的统称。第四代程序设计语言支持面向对象技术，更重要的是图形化和可视化。它提供可拖动生成代码的功能，编程环境更加友好。可视化编程是以“所见即所得”编程思想为原则，力图实现编程工作的可视化，即随时可以见到程序运行结果，程序与结果同步。

第四代程序设计语言是面向应用，为最终用户设计的一类程序设计语言，具有缩短应用开发过程、降低维护代价、最大限度地减少调试过程中出现的问题及对用户友好等优点。

未来，第四代程序设计语言将会与网络、数据库、图形等编程语言结合得更加紧密，甚至结合自然语言进行编程，寻求更高效、自动化程度更高的软件开发工具来支持软件生产，以适应社会信息化的要求。

4.1.2 Python 语言概述

1. Python 语言的发展

Python 语言是开源项目的优秀代表，其解释器的全部代码都是开源的，可以在 Python 官网（https://www.python.org/）免费下载。

2000 年 10 月，Python 2.0 正式发布，解决了其解释器和运行环境中的诸多问题，开启了 Python 广泛应用的新时代。2010 年，Python 2.x 系列发布了最后一个版本 Python 2.7，用于终结 2.x 系列版本的发展，并且不再进行重大改进。

2008 年 12 月，Python 3.0 正式发布，这个版本在语法层面和解释器内部做了很多重大改进，解释器内部采用完全面向对象的方式实现。这些重要修改所付出的代价是 Python 3.x 系列的代码无法向下兼容 Python 2.0 系列的既有语法，因此，所有基于 Python2.0 系列编写的库函数都必须修改后才能被 Python 3.0 系列解释器运行。

Python 语言经历了一个痛苦但令人期待的版本更迭过程，从 2008 年开始，用 Python 编写的几万个函数库开始了版本升级过程，目前绝大部分 Python 函数库和 Python 程序员都采用 Python 3.0 系列语法和解释器。

2. 安装 Python 解释器

Python 语言解释器是一个轻量级的软件，可以在 Python 官网下载页面（https://www.python.org/downloads/）下载。需要注意的是，要下载适合自己计算机操作系统版本的 Python 3.x，如图 4-4 所示，Python 3.9 不适合安装在 Windows 7 以下的操作系统上。

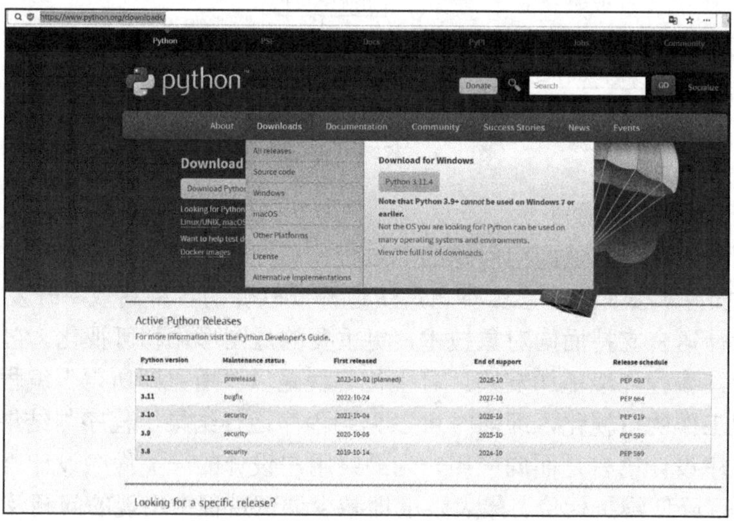

图 4-4 Python 官网下载页面

如图 4-5 所示，在 Python 3.9 初始安装界面，按顺序选中图中①、②选项，即可开始安装 Python。安装完成后，在“开始”菜单中运行 Python 3.x 集成环境 IDLE，打开 Python 解释器交互窗口，就可以开始编写 Python 程序了。

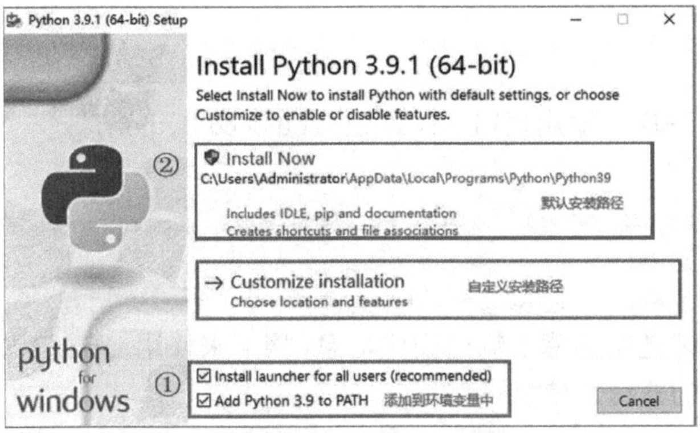

图 4-5　安装 Python 解释器过程示意图

3. 编写 Hello 程序

运行 Python 程序有两种方式：交互式和文件式。

1）交互式

直接在 Python 解释器的提示符>>>后输入代码，Python 解释器会即时响应，输出结果。

【例 4-1】使用交互式输出“Hello World!!!”。

首先，在“开始”菜单中运行 Python 3.10 集成环境 IDLE（Python 3.9 64-bit），打开 Python 解释器交互窗口，在>>>提示符后输入 print("Hello world!!!")。Python 会立即输出“Hello World!!!”。

```
>>> print("Hello world!!!")
Hello world!!!
```

print( )是用于在屏幕上输出信息的内置函数，这个函数的使用非常灵活，接下来的例题中会详细说明。

2）文件式

【例 4-2】使用文件式输出“Hello World!!!”。

在 IDLE 集成环境中，按照以下步骤执行。

（1）新建文件：选择“File→New File”命令，打开一个新文件窗口。

（2）编写程序：输入代码 print("Hello world!!!")，print( )表示将引号内的信息输出。

（3）保存文件：选择“File→Save”命令，将该文件保存到磁盘上。

（4）运行程序：选择“Run→Run Module”命令，如下所示，上方是 p1.py 程序文件，下方是 IDLE 集成环境运行结果。

p1.py 程序文件如下：

```
print("Hello world!!!")
```

运行结果如下：

```
Hello world!!!
```

交互式方式相对容易得到结果，文件式方式可以把程序存放在磁盘中，方便以后多次使用。

4.1.3 上机实践

【例 4-3】编写程序，输出“Life is short, You need Python!”。

程序代码如下：

```
print("Life is short, You need Python! ")
```

程序运行结果如下：

```
Life is short, You need Python!
```

前面几个例题都是在屏幕上输出固定信息，接下来使用 input( )内置函数输入一些信息，然后输出相应的非固定信息。

【例 4-4】编写程序，输入某某同学的姓名和梦想，按照以下格式输出：“××同学的梦想是×××××××”。

分析：由于需要姓名和梦想，因此这里需要两个变量 name 和 dream 来分别存放姓名和梦想。另外，还需要使用内置函数 input( )把这两个字符串信息分别输入给 name 和 dream。其中，内置函数 input( )用作输入信息的功能函数，返回的是用户输入的字符串信息，input( )函数的圆括号里引号中的信息是输入提示信息，用于提醒用户。

程序代码如下：

```
name=input("请输入姓名：")
dream=input("请输入梦想：")
print(name+"同学的梦想是"+dream)
```

程序运行结果如下：

```
请输入姓名：李航
请输入梦想：宇航员
李航同学的梦想是宇航员
```

【例 4-5】编写程序，输入四边形的长和宽，计算并输出四边形的周长和面积。

分析：由于需要输入长和宽，因此需要两个变量 x 和 y 来分别存放长和宽。使用内置函数 input( )，可以把字符串信息输入给 x 和 y，但要想做到把字符串信息转换为数值，就要用到另一个内置函数 eval( )。

另外，在使用 print( )内置函数输出信息时，不仅要输出固定的字符串信息，还要输出计算结果，在这里使用字符串的 format( )方法对计算结果进行格式化处理，其中{}表示占位符，代表需要输出信息的位置。

程序代码如下：

```
x=eval(input())
y=eval(input())
c=2*(x+y)
s=x*y
print("周长={}".format(c))
print("面积={}".format(s))
```

程序运行结果如下：

```
12
35
周长=94
面积=420
```

4.2 数据类型和运算

4.2.1 数据类型和表达式

数据类型是程序中最基本的概念。只有先确定数据类型，才能确定变量的存储及操作。表达式是表示一个计算求值的式子。

1. 数值类型

1）整型（int）

整型通常被称为整型或整数，是正整数或负整数，不带小数点，其中二进制整数以0b为前缀，八进制整数以0o为前缀，十六进制整数以0x为前缀，如1011、98、-613、0x9a、-0x7F等。

pow(x,y)函数是Python语言的一个内置函数，用来计算x^y。例如，这里用pow(x,y)函数测试整数类型的取值范围如下：

```
>>> pow(2,100)
1267650600228229401496703205376
>>> pow(2,500)
3273390607896141870013189696827599152216642046043064789483291368096133796404674554883270092325904157150886684127560071009217256545885393053328527589376
```

2）浮点型（float）

浮点型与数学中实数的概念一致，表示带有小数的数值。浮点型也可以使用科学记数法表示（2.78e2就是$2.78\times10^2=278$）。例如，0.0、-77.、-2.17、3.1416、96e4、4.3e-3、9.6E5都是浮点型数据。

3）复数（complex）

复数由实数部分和虚数部分构成，可以用a+bj或者complex(a,b)表示，复数的虚部以字母j或J结尾，如2+3j。复数的实部和虚部都是浮点型数据，复数z的实部和虚部可以用z.real和z.imag分别获得。

2. 表达式

Python提供了9个基本的数值运算操作，如表4-1所示。这些操作所使用的操作符由解释器直接提供，不需要引用标准或第三方函数库，因此也称内置操作符。

表4-1 Python内置的数值运算操作符（共9个）

操作	意义
x+y	求x与y之和
x−y	求x与y之差
x*y	求x与y之积

续表

操作	意义
x/y	求 x 与 y 之商
x//y	求 x 与 y 之整数商，即不大于 x 与 y 之商的最大整数
x %y	求 x 与 y 之商的余数，也称为模运算
−x	求 x 的负值
+x	求 x 本身
x**y	求 x 的 y 次幂，即 x^y

这 9 个操作符与数学习惯一致，运算结果也符合数学意义。操作符运算的结果可能改变数字类型，基本规则如下。

（1）整数之间运算，如果结果带小数，则结果是浮点型。

（2）整数之间运算，如果结果是整数，则结果是整型。

（3）整数和浮点数之间运算，结果是浮点型。

（4）整数或浮点数与复数运算，结果是复数。

不同类型的数据运算结果的类型如下所示：

```
>>> 100/3                  #整数之间运算，结果是浮点型
33.333333333333336
>>> 100//3                 #整数之间运算，结果是整型
33
>>> 236+6.6                #整数与浮点数之间运算，结果是浮点型
242.6
>>> 15.66+2.3-6.5j         #整数与浮点数、复数之间运算，结果是复数
(17.96-6.5j)
```

表 4-1 中所有二元数学操作符（+、−、*、/、//、%、**）都有与其对应的增强赋值操作符（+=、−=、*=、/=、//=、%=、**=）。如果用 op 表示这些二元数学操作，则下面两个赋值操作等价（注意，op 和二元操作符之间没有空格）。

```
x op = y
x = x op y
```

将增强赋值操作符获得的结果写入变量 x 中，简化了代码表达，如下所示：

```
>>> x=3.141592653
>>> x**=3    #等价于 x=x**3
>>> x
31.006276662836743
```

3. 内置的数值运算函数

Python 解释器提供了一些内置函数，表 4-2 列出了其中几个与算术运算有关的内置函数。

表 4-2　部分内置函数 (有关算术运算)

内置函数	意义
abs(x)	x 的绝对值
divmod(x,y)	输出一个元组(a,b)，其中 a=x//y，b=x%y

续表

内置函数	意义
pow(x,y)	输出 x 的 y 次方
round(x[,n])	对 x 四舍五入，保留 n 位小数位，n=0 时可以省略
min(x1,x2,…,xn)	输出最小值，n 没有限制
max(x1,x2,…, xn)	输出最大值，n 没有限制
int(x)	将 x 转换为整数
float(x)	将 x 转换为浮点数
eval(x)	将 x 转换为其对应的数值
complex(x[,y])	输出一个复数 x+yj

【例 4-6】有甲乙两名同学，假设他们入校时能力相当，甲同学每天努力学习，获得比前一天多 1%的能力，乙同学每天放任自己不好好学习，比前一天能力下降 1%，一年后两人的能力水平分别是入校时的多少倍？编写程序，输出 365 天后，两人的能力水平相对值。

分析：假设甲乙两名同学，入校时的能力都是 1，甲同学每天努力，增强自己的能力 1%，一年后他的能力就是（1+0.01）^{365}。乙同学每天放任自己不努力学习，比前一天能力下降 1%，一年后他的能力就是（1−0.01）^{365}。

注意：计算出的结果是浮点数，这里只需要保留 2 位小数，所以在使用内置函数 print( )输出的时候，采用字符串的格式化方法 str.format( )保留小数位数，其中{}是变量占位符。

程序代码如下：

```
rate=0.01
dayup=pow(1+rate,365)
daydown=pow(1-rate,365)
print("甲同学：{:.2f}倍".format(dayup))
print("乙同学：{:.2f}倍".format(daydown))
```

程序运行结果如下：

```
甲同学：37.78 倍
乙同学：0.03 倍
```

4.2.2　字符串及其操作

1. 字符串

字符串是 Python 中最常用的数据类型，它不支持字符类型，单字符在 Python 中也是作为一个字符串使用的。Python 使用引号（单引号和双引号）来表示字符串。

创建字符串很简单，只需要为变量分配一个值。例如：

```
var1='Hello World!'
var2="Python Programming"
```

内置函数 input( )，作为输入信息的功能函数，将用户输入的内容作为一个字符串信息进行处理。print( )输出功能函数，是输出一个字符串信息。

字符串中的每一个字符都有序号，从左向右分别是0、1、2、3、…、N-1，序号也可以从右向左，分别是-1、-2、-3、-4、…、-N，其中N是字符串实际长度。也可以只截取其中一段，采用[n:m]格式表示截取字符串从n到m-1位的子字符串，n和m都可以省略，如果缺失，就表示从头开始，或者直到结尾，如下所示：

```
>>> book="我喜欢 Python 语言"
>>> book[0]
'我'
>>> print(book[1:3],book[9:])
喜欢 语言
```

2. 字符串操作

Python提供了5个字符串的基本操作，如表4-3所示。

表4-3 字符串基本操作

操作	意义
x+y	连接x与y两个字符串
x*n 或者 n*x	把字符串x复制n次
x in s	如果x字符串是s的子串，返回True，否则返回False
str[i]	截取str字符串中的第i个字符
str[n:m:k]	字符串切片，截取str字符串从n到m-1位的子字符串，步长为k

字符串操作相关操作如下所示：

```
>>> name=input('请输入你的姓名:')
请输入你的姓名:赵静
>>> print(name+'加油!'*3)
赵静加油!加油!加油!
>>> print('赵' in name)
True
```

【例4-7】运用字符串的操作运算，将字符串倒序输出。

分析：由于字符串内每个字符都有序号，利用反向序号-1、-2、-3…输出倒序字符串。

程序代码如下：

```
name=input("请输入你喜欢的一句歌词: ")
print(name[0:])
print(name[-1::-1])        #name[-1::-1]表示从右向左输出字符串，步长为-1
```

程序运行结果如下：

```
请输入你喜欢的一句歌词: 笑是最美的衣裳
笑是最美的衣裳
裳衣的美最是笑
```

4.2.3　上机实践

【例 4-8】 输入圆形的半径 r，输出其周长和面积。

分析：计算圆形周长和面积时需要用到 π，此时可以使用 math 库中已经定义的 math.pi=3.141 592 653 589 793。math 库中有很多常用库函数，使用这些函数，需要先导入 math 库。

程序代码如下：

```
import math                #导入 math 库
r=eval(input("请输入半径: "))
c=math.pi*2*r
s=math.pi*r**2
print("周长={:.2f}".format(c))
print("面积={:.2f}".format(s))
```

程序运行结果如下：

```
请输入半径: 3.6
周长=22.62
面积=40.72
```

【例 4-9】 获得小学年级字符串信息。

分析：所有年级组成一个字符串，输入年级数字，输出年级名称，需要用到字符串切片操作。

程序代码如下：

```
grade="一年级二年级三年级四年级五年级六年级"
gid=int(input("请输入年级 (1-6): "))
pos=(gid-1)*3
print(grade[pos:pos+3])
```

程序运行结果如下：

```
请输入年级 (1-6): 4
四年级
```

【例 4-10】 交换两个数据。

分析：Python 中交换数据比较简单的一个方法是利用临时元组。

程序代码如下：

```
a=int(input("请输入第一个数 a="))
b=int(input("请输入第一个数 b="))
print(a,b)
a,b=b,a
print(a,b)
```

程序运行结果如下：

```
请输入第一个数 a=15
请输入第一个数 b=66
15 66
66 15
```

4.3 程序的基本控制结构

结构化程序设计（structured programming）是艾兹格·W. 迪科斯彻（Edsger Wybe Dijkstra）于 1965 年提出的。它的主要观点是采用自顶向下、逐步求精的程序设计方法，任何程序都可由顺序、选择、循环 3 种基本控制结构组成。

一个结构化程序就是用高级语言表示的结构化算法。这种程序便于编写、阅读、修改和维护。这就减少了程序出错的机会，提高了程序的可靠性，保证了程序的质量。结构化程序设计强调程序设计风格和程序结构的规范化，提倡清晰的结构。那么怎样才能得到一个结构化的程序呢？结构化程序设计方法的基本思路是，把一个复杂问题的求解过程分阶段进行，每个阶段处理的问题都控制在人们容易理解和处理的范围内。

算法（algorithm）一词来源于算术（algorism）。粗略地说，算术方法是一个由已知推求未知的运算过程。后来人们把它推及一般，把进行某一项工作的方法和步骤称为算法。因此，算法反映了计算机的执行过程，是对解决特定问题的操作步骤的一种描述。

一个算法应具有以下 5 个特性：有穷性、确定性、有效性、有零个或多个输入、有一个或多个输出。算法的表示方法很多，常用的有自然语言、传统流程图、N-S 流程图、伪代码和程序语言等。这里只介绍传统流程图和程序语言两种表示方法。

传统流程图是用规定的一组图形符号、流程线和文字说明来表示各种操作算法的表示方法。传统流程图常用的符号如表 4-4 所示。

表 4-4 传统流程图常用的符号

符号	符号名称	含义
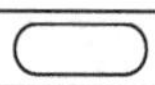	起止框	表示算法的开始和结束
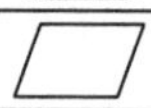	输入/输出框	表示输入/输出操作
	处理框	表示对框内的内容进行处理
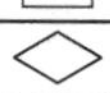	判断框	表示对框内的条件进行判断
	流程线	表示流程的方向
	连接点	表示两个具有同一标记的“连接点”应连接为一个点
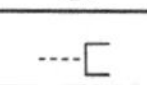	注释框	表示注释说明

用传统流程图表示算法直观形象，算法的逻辑流程一目了然，便于理解，但占用篇幅较大，绘制比较麻烦。且由于允许使用流程线，使用者可以随心所欲，使流程可以任意转移，从而造成了阅读和修改上的困难。

4.3.1 顺序结构

顺序结构的程序设计最简单，只需要按照解决问题的顺序写出相应的语句。它的执行顺序是自上而下，依次执行。顺序结构可以独立使用，构成一个简单的完整程序，常见的包括输入、计算、输出的程序采用的就是顺序结构。

顺序结构是最简单的基本结构。在顺序结构中，要求顺序地执行且必须执行由先后顺序排列的每一个最基本的处理单位。图 4-6 所示是用传统流程图表示的顺序结构，先执行处理 A，然后顺序执行处理 B。

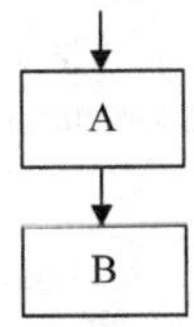

图 4-6　顺序结构流程图

【例 4-11】 输入三角形的三条边长，计算并输出三角形面积（假设这三条边可以构成三角形）。三角形面积：$s=\sqrt{h*(h-a)*(h-b)*(h-c)}$，其中 $h=\dfrac{a+b+c}{2}$。

分析：第 1 步输入三个边长 a、b、c，第 2 步计算三角形面积，第 3 步输出。则本例程序的顺序结构流程图如图 4-7 所示。

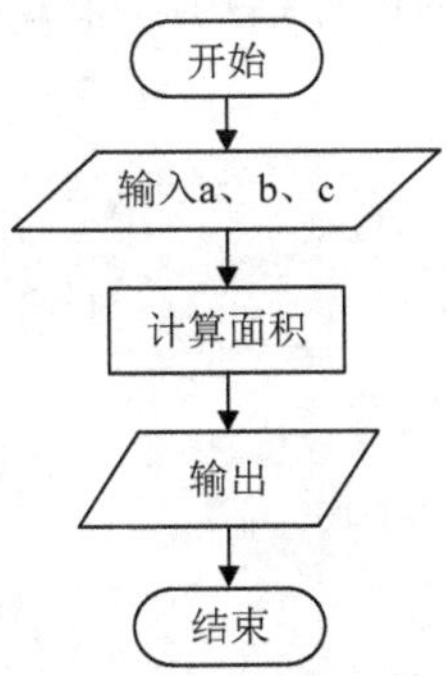

图 4-7　例 4-11 顺序结构流程图

程序代码如下：

```
import math
a=int(input("请输入第一个数 a="))
b=int(input("请输入第一个数 b="))
c=int(input("请输入第一个数 c="))
h=(a+b+c)/2
s=math.sqrt(h*(h-a)*(h-b)*(h-c))
print("三角形的面积={:.2f}".format(s))
```

程序运行结果如下：

```
请输入第一个数 a=3
请输入第一个数 b=4
请输入第一个数 c=5
三角形的面积=6.00
```

【例 4-12】 输入用户的身高（单位：m）和体重（单位：kg）数据，计算其身体质量指数（body mass index，BMI）。请读者自行绘制本题顺序结构流程图。

分析：先输入用户的身高 h 和体重 w，然后计算 BMI，最后输出。

程序代码如下：

```
h=eval(input("请输入你的身高（m）h="))
w=eval(input("请输入你的体重（kg）w="))
bmi=w/(h*h)
print("你的 BMI={:.2f}".format(bmi))
```

程序运行结果如下：

```
请输入你的身高（m）h=1.81
请输入你的体重（kg）w=80
你的 BMI=24.42
```

4.3.2 选择结构

在选择结构中，要根据逻辑条件的成立与否，分别选择执行不同的处理。图 4-8（a）所示是单分支的选择结构流程图，表示当条件成立时执行处理 A，条件不成立时，就不执行语句。图 4-8（b）图是双分支的选择结构流程图，当逻辑条件成立时，执行处理 A，否则执行处理 B。另外还有多分支的选择结构，将在 4.3.4 节例 4-20 具体讲解。

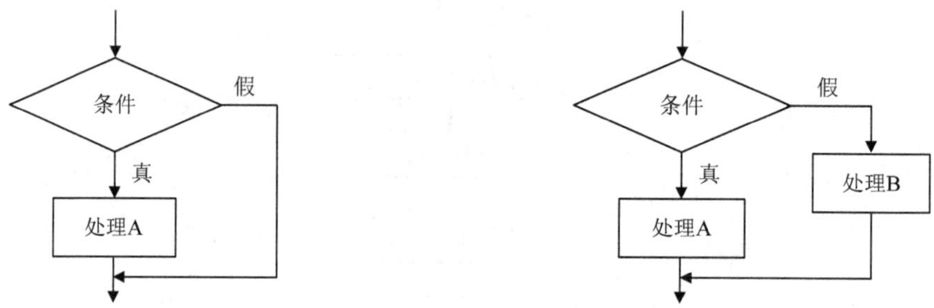

（a）单分支　　（b）双分支

图 4-8　选择结构流程图

1. 单分支选择结构语法格式

在 Python 语言中，单分支选择结构的语法格式如下：

```
if 条件:
    语句块
```

当条件为真时，执行语句块，否则不执行语句块。其中语句块属于条件语句的孩子语句，需要向右缩进，语句块中有多条语句时，要求缩进一致。

2. 双分支选择结构语法格式

双分支选择结构的语法格式如下：

```
if 条件:
        语句块 1
else:
        语句块 2
```

当条件为真时，执行语句块 1，否则执行语句块 2。

【例 4-13】输入一个学生的成绩，如果成绩≥60 分，则显示“及格了”。本例程序选择结构流程图如图 4-9 所示。

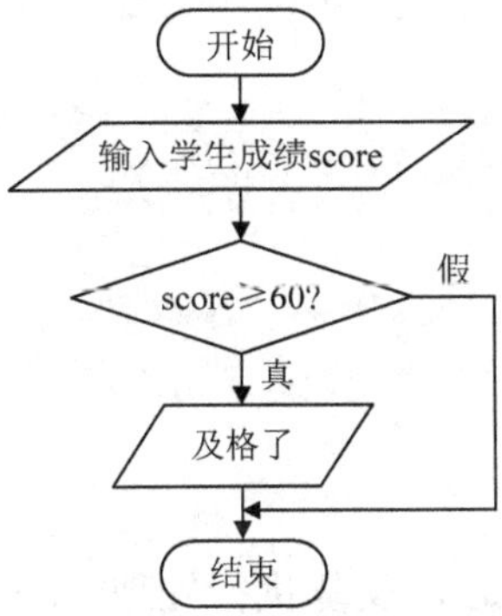

图 4-9　例 4-13 选择结构流程图

分析：首先输入一个成绩值，对其进行判断，如果成绩≥60 分，则显示“及格了”。

程序代码如下：

```
score=int(input("请输入学生成绩 score="))
if score>=60:
    print("及格了")
```

程序运行结果如下：

```
请输入学生成绩 score=87
及格了
```

【例 4-14】 输入一个整数，判断其是否是偶数。本例程序选择结构流程图如图 4-10 所示。

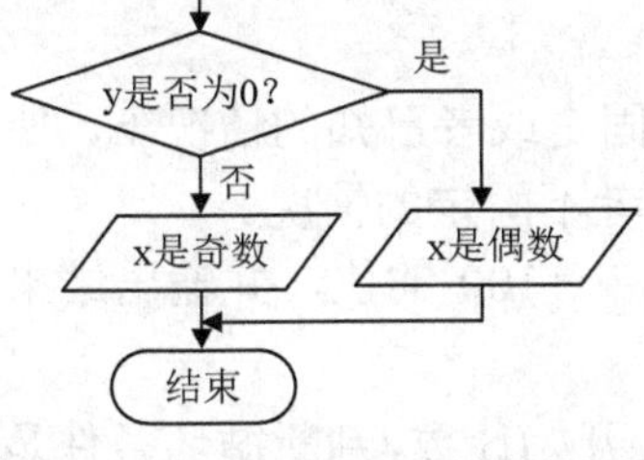

图 4-10　例 4-14 选择结构流程图

分析：首先分析一个整数为偶数的条件，就是将其对 2 求余数，如果余数为 0，则说明该整数为偶数，否则为奇数。

程序代码如下：

```
a=int(input("请输入一个整数 a="))
if a%2==0:
    print("a 是偶数")
```

```
    else:
        print("a 是奇数")
```

程序运行结果 1 如下：

```
请输入一个整数 a=56
a 是偶数
```

程序运行结果 2 如下：

```
请输入一个整数 a=99
a 是奇数
```

4.3.3 循环结构

循环结构是当逻辑条件成立时，反复执行处理 A（称为循环体），直到逻辑条件不成立时结束，如图 4-11 所示。

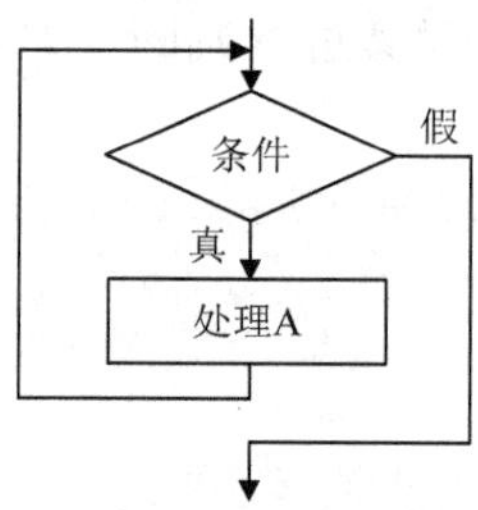

图 4-11 循环结构流程图

在 Python 语言中，可以使用 for 循环或者 while 循环来编写循环语句。

（1）for 循环的语法格式如下：

```
for 变量 in 可迭代对象集合:
    循环体
```

其中，变量在可迭代对象集合中遍历，对其中每个元素执行一次循环体语句。

（2）while 循环的语法格式如下：

```
while 循环条件表达式:
    循环体
```

通常情况下，在循环次数固定或者已知的情况下，使用 for 循环比较好，while 循环语句更适用于循环次数未知或者不固定的情况。

【例 4-15】计算 s=1+2+3+⋯+100 的值，并输出结果。本例程序循环结构流程图如图 4-12 所示。

分析：设置一个计数器 i=1 开始计数，判断循环条件是否成立，如果条件为真（True），则把 i 加入 s 中，然后 i 自增 1，再次判断循环条件是否仍然为真，如果循环条件仍然成立，就继续执行循环体语句，直到循环条件为假（False），退出循环，输出 s。

在 Python 语言中，怎么实现计数器 i 从 1 计数到 100 呢？可以使用 Python 内置的 range( )对象，range(1,101,1)表示一个左闭右开的区间[1,101)中步长为 1 的全部整数，其中如果步长为 1，则可以省略为 range(1,101)。

本例题的循环属于已知循环次数的循环语句，因此使用 for 循环更为合适。

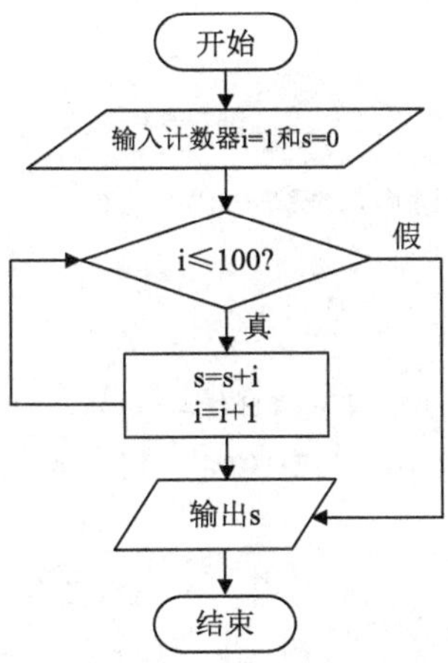

图 4-12　例 4-15 循环结构流程图

程序代码如下：

```
s=0
for i in range(1,101)        #循环条件：计数器 i 在[1,101）内循环
    s=s+i
print(s)
```

程序运行结果如下：

```
5050
```

【例 4-16】输入全班若干同学的成绩，计算班级平均分（注意，输入的成绩为负数时，结束输入）。本例程序循环结构流程图如图 4-13 所示。

分析：由于不知道班级实际人数，判断属于的未知循环次数的循环结构，故采用 while 循环结构。循环之前先输入一个学生的成绩，判断其是否满足循环条件，如果满足则进入循环体。在循环体中，把成绩加入总和，并且学生人数+1。然后再次输入学生成绩，判断其是否满足循环条件，如果满足就继续循环，否则退出循环，计算平均分。

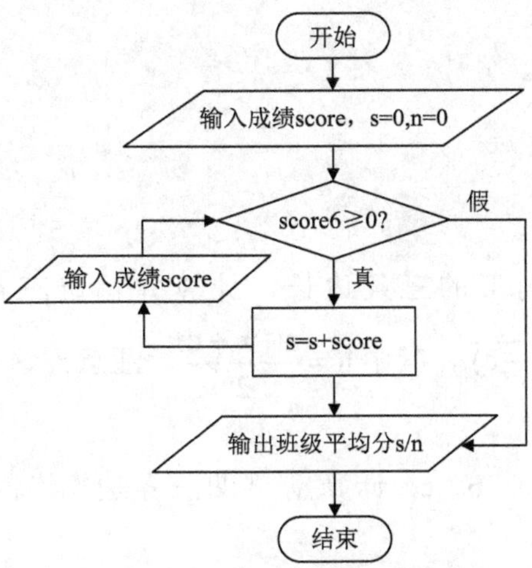

图 4-13　例 4-16 循环结构流程图

程序代码如下：

```
s=0
n=0        #n 记录班级实际人数
score=eval(input("请输入成绩="))
while score>=0:
    s=s+score
    n=n+1
    score=eval(input("请输入成绩="))
print("班级平均分={:.1f}".format(s/n))
```

程序运行结果如下：

```
请输入成绩=68
请输入成绩=57
请输入成绩=95
请输入成绩=88
请输入成绩=76
请输入成绩=81
请输入成绩=-1
班级平均分=77.5
```

4.3.4 上机实践

【例 4-17】 输入两个数，找出其中最大值。

分析：首先输入两个数，然后设置判断大小的条件，如果 a>b，则 a 是最大值，否则 b 是最大值。

程序代码如下：

```
a=eval(input("请输入 a="))
b=eval(input("请输入 b="))
if a>b:
    print("a 是最大值")
else:
    print("b 是最大值")
```

程序运行结果如下：

```
请输入 a=66
请输入 b=99
b 是最大值
```

【例 4-18】 输入三角形的三条边长，计算并输出三角形面积。三角形面积 $s=\sqrt{h*(h-a)*(h-b)*(h-c)}$，其中 $h=\dfrac{a+b+c}{2}$。注意，这里要求判断三条边长能否构成三角形。

分析：输入三条边长 a、b、c，计算 h，判断三条边长能否构成三角形，s 大于 0 就能构成三角形。

程序代码如下：

```
import math
```

```
a=int(input("请输入第一个数 a="))
b=int(input("请输入第二个数 b="))
c=int(input("请输入第三个数 c="))
h=(a+b+c)/2
s=(h*(h-a)*(h-b)*(h-c))
if s<0:
    print('无法构成三角形')
else:
    print("三角形的面积={:.2f}".format(math.sqrt(s)))
```

程序运行结果 1 如下：

```
请输入第一个数 a=1
请输入第二个数 b=1
请输入第三个数 c=10
无法构成三角形
```

程序运行结果 2 如下：

```
请输入第一个数 a=6
请输入第二个数 b=8
请输入第三个数 c=10
三角形的面积=24.00
```

【例 4-19】输入全班若干同学的身高（单位：m）和体重（单位：kg）数据，计算并输出全班同学的 BMI 的最大值（注意，当某位同学的身高和体重数据小于零时结束循环）。

分析：首先输入第 1 个学生的身高和体重，计算出第 1 个学生的 BMI，把这个值作为求全班同学 BMI 最大值的比较基础，在循环中进行比较，直到退出循环，输出 BMI 的最大值。

程序代码如下：

```
h=eval(input("请输入学生的身高（m）h="))
w=eval(input("请输入学生的体重（kg）w="))
bmi_max=w/(h*h)              #第 1 个学生的 BMI 设置为比较基础
n=1
print("第{}位同学的 BMI={:.1f}".format(n,bmi_max))
while h>=0 and w>=0:
    h=eval(input("请输入学生的身高（m）h="))
    w=eval(input("请输入学生的体重（kg）w="))
    bmi=w/(h*h)
    n+=1                     #每次循环计算出的 bmi 与 bmi_max 进行比较
    print("第{}位同学的 BMI={:.1f}".format(n,bmi))
    if bmi>bmi_max:
        bmi_max=bmi
print("BMI 最大值={:.1f}".format(bmi_max))
```

程序运行结果如下：

```
请输入学生的身高（m）h=1.62
请输入学生的体重（kg）w=55
第 1 位同学的 BMI=21.0
请输入学生的身高（m）h=1.81
请输入学生的体重（kg）w=95
第 2 位同学的 BMI=29.0
请输入学生的身高（m）h=1.55
请输入学生的体重（kg）w=40
第 3 位同学的 BMI=16.6
请输入学生的身高（m）h=1.77
请输入学生的体重（kg）w=80
第 4 位同学的 BMI=25.5
请输入学生的身高（m）h=1.85
请输入学生的体重（kg）w=90
第 5 位同学的 BMI=26.3
请输入学生的身高（m）h=-1
请输入学生的体重（kg）w=-1
第 6 位同学的 BMI=-1.0
BMI 最大值=29.0
```

【例 4-20】 输入学生的成绩，判断并输出其等级，0～60 分是“不及格”，60～70 分是“及格”，70～80 分是“中等”，80～90 分是“良好”，90～100 分是“优秀”。

分析：这种分支选择结构属于是多路分支，本例程序的循环结构流程图如图 4-14 所示。

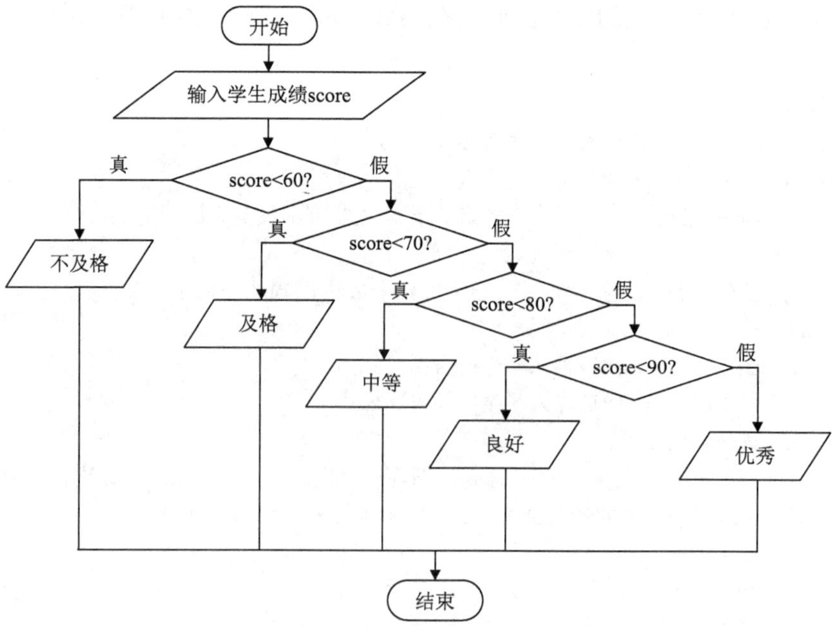

图 4-14　例 4-20 循环结构流程图

程序代码如下：

```
score=eval(input("请输入 score="))
if score<60:
    print("不及格")
elif score<70:
    print("及格")
elif score<80:
    print("中等")
elif score<90:
    print("良好")
else:
    print("优秀")
```

程序运行结果如下：

```
请输入 score=78
中等
```

【例 4-21】 输入两个整数，找出它们的最小公倍数。

分析：首先输入两个整数 a、b，它们的最小公倍数一定小于它们的积，可以使用函数 range(a,a*b+1)，在这个范围内寻找能同时对 a、b 求余数为 0 的数，这个数就是它们的最小公倍数。得到最小公倍数后，就不需要再次循环了，这时要使用 break 语句退出循环。

程序代码如下：

```
a=int(input("请输入 a="))
b=int(input("请输入 b="))
for x in range(a,a*b+1):
    if x%a==0 and x%b==0:
        break
print("最小公倍数={}".format(x))
```

程序运行结果如下：

```
请输入 a=6
请输入 b=9
最小公倍数=18
```

4.4　函　　数

函数是一个具有特定功能的、可重复使用的语句块，用函数名来表示并通过函数名来调用，以实现其功能。每次使用函数时可以提供不同的参数作为输入，以实现对不同数据的处理，函数执行后，还可以用返回值反馈相应的处理结果。

函数能够完成特定功能，使用函数不需要了解函数内部的实现原理，只需要了解函数的输入输出方式。

前文用到的 Python 内置函数，就是 Python 安装包自带的一些函数。程序员也可以自己编写函数，这就是自定义函数。使用函数主要有两个目的：降低编程难度和代码重用。

使用函数可以将复杂的大问题分解为一系列简单的小问题，然后将小问题继续分解为更小的问题，当问题细化到足够简单时，就可以分而治之，为每个小问题编写程序，当各个小问题都解决了，大问题也就迎刃而解了。这是一种自顶向下的程序设计思想。

一个函数既可以被一个程序的多个位置调用，也可以被多个程序调用，当需要修改代码时，只需要在函数中修改一次，所有调用位置的功能就会随之更新，这种代码重用降低了代码行数和代码维护难度。

4.4.1 函数的基本使用

在 Python 语言中，使用 def 语句创建函数，其语法格式如下：

```
def 函数名([参数列表]):
函数体
```

其中，参数列表是调用该函数时传递给它的值，可以有零个、一个或多个，当传递多个参数时各参数由半角逗号分隔，当没有参数时也要保留圆括号。函数定义中参数列表里的参数是形式参数，简称形参。函数体是函数每次被调用时执行的代码，由一行或多行语句组成。当需要返回值时，使用保留字 return 和返回值列表，否则函数可以没有 return 语句。

【例 4-22】编写求最大值的函数 smax(a,b)，输入两个数，调用函数，找出其中最大值。

分析：使用 def 定义函数 smax(a,b)，把输入的两个数作为参数交给 smax( )函数，计算完成后，用 return 语句返回其中的最大值。

程序代码如下：

```
def smax(a,b):
    if a>b:
        return a
    else:
        return b
a=eval(input("请输入 a="))
b=eval(input("请输入 b="))
print("最大值是{}".format(smax(a,b)))        #调用函数 smax(a,b)
```

程序运行结果如下：

```
请输入 a=88
请输入 b=76
最大值是 88
```

4.4.2 模块化编程基础

模块化程序设计的基本思想是采用“自顶而下，逐步求精”的程序设计方法和“单入口单出口”的控制结构。“自顶而下，逐步求精”的程序设计方法从问题本身开始，经过逐步细化，将解决问题的步骤分解为由基本程序结构模块组成的结构化程序框图。

由于模块相互独立，在设计其中一个模块时，不会受到其他模块的影响，因而可将原来较为复杂的问题化简为一系列简单模块的设计。模块的独立性还为扩充已有的系统、建立新系统带来了方便，因为可以充分利用现有的模块做积木式的扩展。

程序设计中模块划分应遵循的准则是高内聚、低耦合。模块间的耦合度是指模块之间的依赖关系，模块之间联系越多，其耦合性越强、独立性越差。降低模块之间的耦合度能够降低模块之间的影响，防止对某一模块修改引发“牵一发动全身”的水波效应，保证系统设计顺利进行。

以写作文为例来说明结构化程序设计的过程。有的人在开始写作文时，会先列好作文提纲，想好整篇文章分为哪几个部分，然后进一步考虑每一部分分为哪几节，每一节分为哪几段，每一段应包含什么内容，用这种方法逐步分解，直到可以直接将各小段表达为文字语句为止。这就是“自顶向下，逐步求精”的结构化程序设计的过程。

【例 4-23】 编写求圆柱体体积、圆柱体表面积、球体体积和球体表面积的功能函数，然后调用，计算并输出结果。

分析：本题需要导入 math 库，引用其中的 math.pi，然后依次写出 4 个函数，实现求圆柱体体积、圆柱体表面积、球体体积、球体表面积这 4 个功能。

程序代码如下：

```
import math
def fun1(r,h):
    return math.pi*r*r*h
def fun2(r,h):
    return math.pi*r*r*h+2*math.pi*r*h
def fun3(r):
    return 4/3*math.pi*r**3
def fun4(r):
    return 4*math.pi*r**2
r=eval(input("请输入半径 r="))
h=eval(input("请输入高 h="))
print("圆柱体体积={:.1f}".format(fun1(r,h)))
print("圆柱体表面积={:.1f}".format(fun2(r,h)))
print("球体体积={:.1f}".format(fun3(r)))
print("球体表面积={:.1f}".format(fun4(r)))
```

程序运行结果如下：

```
请输入半径 r=2
请输入高 h=3
圆柱体体积=37.7
圆柱体表面积=75.4
球体体积=33.5
球体表面积=50.3
```

4.4.3　上机实践

【例 4-24】 编写实现求最大公约数的函数，然后调用，计算并输出结果。

分析：两个整数 a、b 的最大公约数，就要从其中较小的数开始递减循环，依次判断能否被 a、b 两者同时整除。

程序代码如下：

```
def gcd(a,b):
    if b>a:
        a,b=b,a      #交换 a, b
    if a%b==0:
        return b
    for i in range(b-1,1,-1):
        if b%i==0 and a%i==0:
            return i
a=int(input("a="))
b=int(input("b="))
print(gcd(a,b))
```

程序运行结果如下：

```
a=96
b=15
3
```

【例 4-25】编写实现求阶乘的函数，然后调用，计算并输出结果。

分析：求阶乘的功能，需要在函数中运用循环做乘法运算。

程序代码如下：

```
def fact(a):
    s=1
    for i in range(1,a+1):
        s=s*i
    return s
a=int(input("a="))
print("{}!={}".format(a,fact(a)))
```

程序运行结果如下：

```
a=15
15!=1307674368000
```

4.5 元组、列表、集合与字典

4.5.1 元组

元组（tuple）是一组有序序列，包含零个或多个对象元素，创建一个元组后，其中的元素是不可变的。

（1）创建元组的基本操作。

创建元组的基本操作如下所示：

```
>>> t1=1,2,3                #创建一个元组 t1，其中有元素 1,2,3
>>> print(t1)
(1, 2, 3)
>>> t2=()                   #创建一个空元组 t2
>>> print(t2)
()
```

```
>>> t3="1","2","3"          #创建一个元组 t3，其中有字符串元素
>>> print(t3)
('1', '2', '3')
```

也可以使用 tuple( )函数来创建元组。

```
>>> t1=tuple([1,2,3])      #把列表[1,2,3]转换为一个元组
>>> t2=tuple()             #创建一个空元组
>>> t3=tuple("abc")        #把字符串转换为一个元组
>>> t4=tuple(range(3))     #把可迭代对象转换为一个元组
>>> print(t1,t2,t3,t4)
(1, 2, 3) () ('a', 'b', 'c') (0, 1, 2)
```

（2）元组的序列操作。

【例 4-26】 元组的序列操作。

程序代码如下：

```
t1=tuple()                   #创建一个空元组
t2=tuple("abcde")            #把字符串转换为元组
t3=tuple([1,2,3,4,5])        #把列表转换为元组
t4=tuple (range(10))         #把可迭代对象转换为元组
print("全部元组：")
print(t1,t2,t3,t4)
t5=t2+t3                     #元组的连接
print("元组连接:")
print(t5)
print("元组的长度:")
print(len(t2))               #输出元组的长度
print("元组的最大值:")
print(max(t3))               #输出元组的最大值
print("元组的元素之和:")
print(sum(t4))               #输出元组的元素之和（要求是数值型元素）
print("元组的切片:")
print(t2[1:4])               #输出元组的部分元素切片
```

程序运行结果如下：

```
全部元组：
() ('a', 'b', 'c', 'd', 'e') (1, 2, 3, 4, 5) (0, 1, 2, 3, 4, 5, 6, 7, 8, 9)
元组连接:
('a', 'b', 'c', 'd', 'e', 1, 2, 3, 4, 5)
元组的长度:
5
元组的最大值:
5
元组的元素之和:
45
元组的切片:
('b', 'c', 'd')
```

4.5.2 列表

列表（list）是一组有序的数据序列。在创建一个列表后，可以对其进行访问、修改、添加或删除等操作。

列表的主要操作方法如表 4-5 所示。

表 4-5 列表的主要操作方法

操作方法	说明	示例
a[i]=x	把列表 a 中的第 i 个元素换为 x	a=[68,74,53,61] a[2]=9 #a=[68,74,9,61]
a.append(x)	把 x 追加到列表 a 的尾部	a=[68,74,53,61] a.append(8) #a=[68,74,53,61,8]
a.clear( )	删除列表 a 中的全部元素	a=[68,74,53,61] a.clear( ) #a=[ ]
a.copy( )	复制列表	a=[68,74,53,61] b=a.copy( ) #b=[68,74,53,61]
a.insert(i,x)	在列表 a 的第 i 个元素前插入 x	a=[68,74,53,61] a.insert(2,8) #a=[68,74,8,53,61]
a.pop(i)	删除列表 a 中的第 i 个元素	a=[68,74,53,61] a.pop(2) #a=[68,74,61]
a.remove(x)	删除列表 a 中出现的第一个 x	a=[68,74,53,61] a.pop(74) #a=[68,53,61]
a.sort( )	列表 a 内的元素排序	a=[68,74,53,61] a.sort( ) #a=[53,61,68,74]

【例 4-27】运用函数和列表，计算全班 n 个学生的平均成绩和成绩标准差。

分析：编写求平均成绩和求成绩标准差的函数，调用函数，并输出结果。

程序代码如下：

```
import math

def getNum():                          #输入成绩函数
    score=[]                           #创建成绩空列表
    x=input("请输入成绩=")
    while x!="":                       #循环输入成绩，直到按回车键结束输入
        score.append(eval(x))          #追加成绩列表
        x=input("请输入成绩=")
    return score                       #返回成绩列表

def mean(score):                       #求平均成绩函数
    s=0
    for x in score:
        s=s+x
    return s/len(score)                #返回成绩平均值
```

```
def dev(score,ave):                          #求成绩标准差函数
    sdev=0
    for x in score:
        sdev=sdev+(x-ave)**2
    dev=math.sqrt(sdev/(len(score)-1))    #计算成绩标准差
    return dev

s_num=getNum()
s_ave=mean(s_num)
s_dev=dev(s_num,s_ave)
print("全班成绩平均值={:.1f},标准差={:.1f}".format(s_ave,s_dev))
```

程序运行结果如下：

```
请输入成绩=96
请输入成绩=65
请输入成绩=84
请输入成绩=54
请输入成绩=88
请输入成绩=77
请输入成绩=67
请输入成绩=73
请输入成绩=84
请输入成绩=
全班成绩平均值=76.4,标准差=13.1
```

4.5.3　集合

集合是没有顺序的简单对象的聚集，且集合中的元素不重复。Python 中的集合包括可变集合（set）和不可变集合（frozenset）两种。

可变集合通过{}来定义，其基本语法格式如下：

```
s1={x1,x2,x3,…}
```

集合中的元素不重复，且无序。

下面是创建和操作集合对象示例：

```
>>> s1={1,2,3}                    #创建集合对象 s1
>>> s2={0.36,'a',True}            #创建集合对象 s2
>>> print(s1)
{1, 2, 3}
>>> print(s2)
{0.36, True, 'a'}
>>> 'a' in s1
False
>>> 'a' in s2
True
>>> s3=s1|s2                      #s1，s2 的并集运算
>>> print(s3)
{0.36, 1, 2, 3, 'a'}
```

```
>>> s4={1,2,6,8}
>>> s5=s4-s1
>>> s5
{8, 6}
```

【例 4-28】输入在 taobao 和 jd 平台上销售家用电器的品牌商旗舰店，运用集合运算出以下结果。

在 taobao 或者 jd 平台上有旗舰店的品牌；

同时在 taobao 和 jd 平台上有旗舰店的品牌；

在 jd 有旗舰店，在 taobao 没有旗舰店的品牌；

在 jd 或 taobao 有旗舰店，但没有同时在两个平台上开店的品牌。

分析：本题要求运用集合的基本运算操作。

程序代码如下：

```
jd={'海尔', '美的','小米', '格力', '长虹', '创维'}
taobao={'惠而浦', '荣事达', '海尔', '美的','海信'}
any_platform=jd.union(taobao)          #在 jd 或 taobao 上有旗舰店的品牌
any_platform=jd | taobao               #集合并集
print("在 jd 或 taobao 上有旗舰店的品牌")
print(any_platform)
#同时在 jd 和 taobao 上有旗舰店的品牌
both_platform=jd.intersection(taobao)
both_platform=jd&taobao                #集合交集
print("同时在 jd 和 taobao 上有旗舰店的品牌")
print(both_platform)
#在 jd 上有旗舰店，在 taobao 上没有旗舰店的品牌
jd_taobao=jd.difference(taobao)
jd_taobao=jd - taobao                  #集合差集
print("在 jd 上有旗舰店，在 taobao 上没有旗舰店的品牌")
print(jd_taobao)
#在 jd 或 taobao 上有旗舰店，但没有同时在两个平台上开店的品牌
only_one=jd.symmetric_difference(taobao)
only_one=jd^taobao                     #集合对称差集
print("在 jd 或 taobao 上有旗舰店，但没有同时在两个平台上开店的品牌")
print(only_one)
```

程序运行结果如下：

```
在 jd 或 taobao 上有旗舰店的品牌
{'小米', '创维', '美的', '格力', '惠而浦', '海信', '海尔', '长虹', '荣事达'}
同时在 jd 和 taobao 上有旗舰店的品牌
{'美的', '海尔'}
在 jd 上有旗舰店，在 taobao 上没有旗舰店的品牌
{'长虹', '格力', '创维', '小米'}
在 jd 或 taobao 上有旗舰店，但没有同时在两个平台上开店的品牌
{'格力', '惠而浦', '海信', '小米', '创维', '长虹', '荣事达'}
```

4.5.4　字典

字典是零组或多组“键/值”对的集合。每一个“键”对应一个“值”，其中，“键”不能重复，可以依据“键”查询到“值”。

字典通过{}用半角逗号分隔每个“键/值”对，其中“键”与“值”用冒号连接。例如：

```
dict={键1:值1,[ 键2:值2,键3:值3,…]}
```

下面是创建和操作字典对象示例：

```
>>> dict1={}              #创建空字典
>>> dict2={'name':'张三','age':19,'gender':'M'}    #创建字典 dict2
>>> dict2
{'name': '张三', 'age': 19, 'gender': 'M'}
>>> dict3={'湖北':'武汉','吉林':'长春','湖南':'长沙'}
>>> province=input('输入一个省的名称：')
输入一个省的名称：湖北
>>> city=dict3[province]    #在字典 dict3 中查询省会
>>> print(city)
武汉
```

【例 4-29】 运用字典存放多名学生的姓名和成绩，找出其中的最高分，并输出最高分的学生姓名。

分析：先依次输入学生姓名和成绩并存放在字典中，然后获取字典中全部的成绩值，求出其中的最高分，最后在字典中查找对应的学生姓名。

程序代码如下：

```
d1={}                          #创建一个空字典
print("请输入班级学生姓名和成绩（回车时结束输入）")
s_name=input("姓名=")
s_score=input("成绩=")
while True:
    d1[s_name]=s_score         #在字典 d1 中增加一个键/值对
    s_name=input("姓名=")
    if s_name=="":             #如果输入的学生姓名为空字符串，就结束输入
        break
    s_score=input("成绩=")
#计算全班最高分，并输出最高分的姓名
score=d1.values()              #得到字典中的全部成绩值
s_max=max(score)               #得到成绩的最高分
for k,v in d1.items():         #在字典中循环全部键/值对
    if v==s_max:
        print("最高分的学生姓名是"+k)
```

程序运行结果如下：

```
请输入班级学生姓名和成绩（回车时结束输入）
姓名=赵洋
成绩=87
姓名=吕明辉
```

```
成绩=65
姓名=章强
成绩=92
姓名=孙晓云
成绩=74
姓名=卫红松
成绩=83
姓名=
最高分的学生姓名是章强
```

4.5.5 上机实践

【例 4-30】运用模块化程序设计思想和本节的元组、列表等知识点，完成程序要求的输入、计算、输出功能。为了了解当代大学生的身体状况，输入全班若干名学生的身高（单位：m）和体重（单位：kg）数据，计算并输出全班学生 BMI 的平均值。

分析：使用 def 定义函数，输入功能函数 s_in( )、计算功能函数 s_bmi( )、输出功能函数 s_out( )，然后依次调用这些函数。

程序代码如下：

```
def s_in():
    print("请输入学生的身高（m）")
    h=input().split()
    print("请输入学生的体重（kg）")
    w=input().split()
    return h,w
def s_bmi(h,w):
    bmi=[]                   #创建一个空列表
    for i in range((len(h))):
        y=float(w[i])/(float(h[i])*float(h[i]))
        bmi.append(y)        #在列表中追加一个 bmi 值
    return bmi
def s_out(s_bmi):
    print("BMI 最大值={:.1f}".format(max(s_bmi)))
h,w=s_in()
bmi=s_bmi(h,w)
s_out(bmi)
```

程序运行结果如下：

```
请输入学生的身高（m）
1.58 1.66 1.72 1.63 1.88
请输入学生的体重（kg）
48.3 50.1 66.4 51.8 72.7
BMI 最大值=22.4
```

【例 4-31】综合体：输入若干名学生的成绩，计算并输出他们的平均成绩、前 3 名的成绩、后 3 名的成绩、成绩中位数。

分析：使用内置函数 input( )输入带空格的全部成绩信息，将其存放到列表 score 中，然后利用自定义函数求解平均成绩。在求解前 3 名和后 3 名成绩时，可以运用内置函数 sorted( )方法对成绩列表排序，得到最终结果。

程序代码如下：

```
def get_score():                                        #输入学生成绩
    '''在一行内输入多个空格分析的数字字符串，将其转换为元素为浮点数的列表。'''
    print("请输入成绩(用空格分开):")
    score_str=input().split()
    score=[]
    for x in score_str:
        score.append(float(x))
    return score
def sort_score(scores):
    """接收列表为参数，返回降序排序后的列表"""
    sorted_score=sorted(scores, reverse=True)
    return sorted_score                                 #返回排序后的列表
def top_score(sorted_score):
    """接收排序后的列表为参数，返回成绩最高的 3 个成绩，降序。"""
    top_scores=sorted_score[0:3]                        #前 3 名，降序
    return top_scores

def bottom_score(sorted_score):
    """接收排序后的列表为参数，返回成绩最低的 3 个成绩，升序。"""
    bottom_scores=sorted_score[-1:-4:-1]                #后 3 名，升序
    return bottom_scores

def average_of_score(scores):
    """接收列表对象为参数，计算平均成绩，返回平均成绩，结果保留 2 位小数。"""
    sum_of_scores=sum(scores)                           #总成绩
    count_of_scores=len(scores)                         #成绩数量
    avg=round(sum_of_scores /count_of_scores, 2)        #保留 2 位小数
    return avg

def median_score(sorted_score):
    counts=len(sorted_score)                            #成绩数量
    #偶数个成绩时，中位数为中间两个数据的算术平均数
    if counts % 2==0:
        median_scores=(sorted_score[counts//2-1]+sorted_score
[counts//2])/2
    else:                                 #奇数个成绩时，中位数即列表中间的数字
        median_scores=sorted_score[counts//2]
    median_scores=round(median_scores, 2)               #保留 2 位小数
    return median_scores

if __name__=='__main__':                                #主函数
    score=get_score()                                   #输入学生成绩
```

```
    sorted_score=sort_score(score)                    #对学生成绩排序
    avg_of_score=average_of_score(score)              #求平均分
    top_three=top_score(sorted_score)                 #求前 3 名学生的成绩
    bottom_three=bottom_score(sorted_score)           #求后 3 名学生的成绩
    mid_score=median_score(sorted_score)              #求成绩中位数
    print(f'平均成绩：{avg_of_score}')
    print(f'前 3 名：{top_three}')
    print(f'后 3 名：{bottom_three}')
    print(f'成绩中位数：{mid_score}')
```

程序运行结果如下：

```
请输入成绩(用空格分开)：
65.5 78 57.5 89 73 84 96.5 88 82 77 63
平均成绩：77.59
前 3 名：[96.5, 89.0, 88.0]
后 3 名：[57.5, 63.0, 65.5]
成绩中位数：78.0
```

第 5 章　Pandas 数据分析与计算

Pandas 是一个建立在 Python 语言基础上的数据分析库，是一个快速、强大、灵活且易于使用的开源数据分析和操作工具，能够对数据进行排序、过滤、清理、聚合、旋转等操作。

5.1　Pandas 基础

5.1.1　Pandas 概述

Pandas 由 AQR 资本管理公司于 2008 年 4 月开发，并于 2009 年底开源，目前由专注于 Python 数据包开发的 PyData 团队继续开发和维护，属于 PyData 项目的一部分。其官方网址为 https://pandas.pydata.org。

Microsoft Excel 工作表的最大行数为 2^{20}(1048576 行)，因此，Microsoft Excel 能处理小于 105 万行的数据，而 Pandas 能高效处理具有数百万行的超大数据集。

Microsoft Excel 仍然是快速、简单的数据操作的绝佳选择，将 Pandas 用于此类简单任务并没有真正的优势（尽管它能够胜任这些任务）。但是，当要清理两个各有 1000 万行的数据集内的文本值、删除重复记录、连接它们，并对 100 批文件重复该逻辑时，使用 Pandas 更容易、更省时。

Pandas 常用数据类型如表 5-1 所示。

表 5-1　Pandas 常用数据类型

数据的种类	数据类型	字符串别名
整数	pandas.Int64Dtype	'Int64'
浮点数	pandas.Float64Dtype	'Float64'
字符串	pandas.StringDtype	'string'
分类数据	pandas.CategoricalDtype	'category'
逻辑数据	pandas.BooleanDtype	'boolean'
日期时间	numpy.datetime64	'datetime64[ns]'
带时区感知的日期时间	pandas.DatetimeTZDtype	'datetime64[ns, <tz>]' 例如： 'datetime64[ns, UTC]' 'datetime64[ns, UTC+08:00]'

表 5-1 中的数据类型和字符串别名区分大小写，前缀为 numpy 的数据类型是 NumPy 的数据类型，前缀为 pandas 的数据类型是 Pandas 的扩展类型。

5.1.2 安装 Pandas 及相关库

Pandas 是第三方库，不是 Python 的标准库，因此使用前需要安装。使用 Python 自带的工具 pip 安装 Pandas 的指令为“pip install pandas”。

Pandas 建立在科学计算基础软件包 NumPy 之上，使用以上指令安装 Pandas 时，pip 会自动安装 NumPy。Pandas 使用第三方库 openpyxl 读写 XLSX 文件，安装 openpyxl 的指令为“pip install openpyxl”。

5.2 Pandas 数据结构

Pandas 有两种基本数据结构：Series 和 DataFrame，虽然 Series 和 DataFrame 不是每个问题的通用解决方案，但是它们为各种各样的数据分析提供了坚实的基础。

5.2.1 Series

Series 是一个类似一维数组的对象，其索引可以是 0,1,2,…，也可以按需设定索引。

【例 5-1】 使用列表创建 Series，索引（index）默认为 0, 1, 2, 3, 4。使用 Series 的两个常用属性 size 和 index 获取相关信息。

程序代码如下：

```
# 导入 pandas
import pandas as pd
# 图书定价
price = [38.00, 51.80, 59.80, 28.00, 49.50]
# 使用列表创建 Series，索引(index)默认为 0, 1, 2, 3, 4
obj = pd.Series(data = price)
print('*** obj ***')
print(obj)
# 属性 size，返回元素的个数
print('*** obj.size ***')
print(obj.size)
# 属性 index，返回 Series 的索引(轴标签)
print('*** obj.index ***')
print(obj.index)
```

程序运行结果如下：

```
*** obj ***
0    38.0
1    51.8
2    59.8
3    28.0
4    49.5
dtype: float64
*** obj.size ***
```

```
5
*** obj.index ***
RangeIndex(start=0, stop=5, step=1)
```

【例 5-2】使用列表创建 Series，将“书名”设为索引，进行向量化运算。

程序代码如下：

```
import pandas as pd
# 书名
title = ['三国演义', '高等数学', '操作系统', '乡土中国', '资治通鉴']
# 定价
price = [38.00, 51.80, 59.80, 28.00, 49.50]
# 使用列表创建 Series，将“书名”设为 Series 的索引(index)
obj = pd.Series(data = price, index = title)
print('*** obj ***')
print(obj)
print('*** obj.size ***')
print(obj.size)
print('*** obj.index ***')
print(obj.index)
# 向量化运算
# 价格打九折，obj 中的每个元素乘 0.9
# 对应的方法：obj_discount = obj.mul(0.9)
obj_discount = obj * 0.9
print('*** obj_discount ***')
print(obj_discount)
```

程序运行结果如下：

```
*** obj ***
三国演义    38.0
高等数学    51.8
操作系统    59.8
乡土中国    28.0
资治通鉴    49.5
dtype: float64
*** obj.size ***
5
*** obj.index ***
Index(['三国演义','高等数学','操作系统','乡土中国','资治通鉴'],dtype=
       'object')
*** obj_discount ***
三国演义    34.20
高等数学    46.62
操作系统    53.82
乡土中国    25.20
资治通鉴    44.55
dtype: float64
```

向量化运算可以使用运算符，如本例中的语句 obj_discount = obj * 0.9，使用了乘法运算符；也可以使用对应的 obj_discount = obj.mul(0.9)。常用算术运算符与方法名之间的对应关系如表 5-2 所示。

表 5-2 算术运算符与方法名之间的对应关系

算术运算	加	减	乘	除	整除	求余	乘方
运算符	+	-	*	/	//	%	**
方法名	add	sub	mul	div	floordiv	mod	pow

【例 5-3】调用方法 at、iat、loc 和 iloc 获取值。

程序代码如下：

```
import pandas as pd
title = ['三国演义', '高等数学', '操作系统', '乡土中国', '资治通鉴']
price = [38.00, 51.80, 59.80, 28.00, 49.50]
obj = pd.Series(data = price, index = title)
print('*** obj ***')
print(obj)
# 方法 at，基于标签的标量查找
print("*** 获取单个值 obj.at['高等数学'] ***")
print(obj.at['高等数学'])
# 方法 iat，基于整数位置的标量查找
print('*** 获取单个值 obj.iat[0] ***')
print(obj.iat[0])
# 方法 loc，基于标签的查找
print('*** 获取多个值(使用列表) ***')
print("*** obj.loc[['高等数学', '乡土中国', '资治通鉴']] ***")
print(obj.loc[['高等数学', '乡土中国', '资治通鉴']])
# 方法 iloc，基于整数位置的查找
print('*** 获取多个值(使用列表) obj.iloc[[0, 2, 3]] ***')
print(obj.iloc[[0, 2, 3]])
# 方法 loc，基于标签的查找
print("*** 获取多个值(使用切片) obj.loc['高等数学':'资治通鉴'] ***")
print("*** 包含开始边界'高等数学'，包含结束边界'资治通鉴' ***")
print(obj.loc['高等数学':'资治通鉴'])
# 方法 iloc，基于整数位置的查找
print('*** 获取多个值(使用切片) obj.iloc[0:2] ***')
print('*** 包含开始边界 0，不包含结束边界 2 ***')
print(obj.iloc[0:2])
```

程序运行结果如下：

```
*** obj ***
三国演义    38.0
高等数学    51.8
操作系统    59.8
乡土中国    28.0
```

```
资治通鉴    49.5
dtype: float64
*** 获取单个值 obj.at['高等数学'] ***
51.8
*** 获取单个值 obj.iat[0] ***
38.0
*** 获取多个值(使用列表) ***
*** obj.loc[['高等数学', '乡土中国', '资治通鉴']] ***
高等数学    51.8
乡土中国    28.0
资治通鉴    49.5
dtype: float64
*** 获取多个值(使用列表) obj.iloc[[0, 2, 3]] ***
三国演义    38.0
操作系统    59.8
乡土中国    28.0
dtype: float64
*** 获取多个值(使用切片) obj.loc['高等数学':'资治通鉴'] ***
*** 包含开始边界'高等数学', 包含结束边界'资治通鉴' ***
高等数学    51.8
操作系统    59.8
乡土中国    28.0
资治通鉴    49.5
dtype: float64
*** 获取多个值(使用切片) obj.iloc[0:2] ***
*** 包含开始边界 0，不包含结束边界 2 ***
三国演义    38.0
高等数学    51.8
dtype: float64
```

【例 5-4】调用方法 at、iat、loc 和 iloc 设置值。

程序代码如下：

```
import pandas as pd
title = ['三国演义', '高等数学', '操作系统', '乡土中国', '资治通鉴']
price = [38.00, 51.80, 59.80, 28.00, 49.50]
obj = pd.Series(data = price, index = title)
print('*** obj ***')
print(obj)
# 方法 at，基于标签的标量查找
print("*** 设置单个值 obj.at['资治通鉴'] = 48.99 ***")
obj.at['资治通鉴'] = 48.99
# 方法 iat，基于整数位置的标量查找
print('*** 设置单个值 obj.iat[0] = 39.99 ***')
obj.iat[0] = 39.99
```

```
print('*** 设置完成后的 obj ***')
print(obj)
# 方法 loc，基于标签的查找
print('*** 设置多个值(使用列表) ***')
print("*** obj.loc[['高等数学', '乡土中国', '资治通鉴']] = 1 ***")
obj.loc[['高等数学', '乡土中国', '资治通鉴']] = 1
print('*** 设置完成后的 obj ***')
print(obj)
# 方法 iloc，基于整数位置的查找
print('*** 设置多个值(使用列表) obj.iloc[[0, 2, 3]] = 3 ***')
obj.iloc[[0, 2, 3]] = 3
print('*** 设置完成后的 obj ***')
print(obj)
# 方法 loc，基于标签的查找
print("*** 设置多个值(使用切片) obj.loc['高等数学':'资治通鉴'] = 5 ***")
print("*** 包含开始边界'高等数学'，包含结束边界'资治通鉴' ***")
obj.loc['高等数学':'资治通鉴'] = 5
print('*** 设置完成后的 obj ***')
print(obj)
# 方法 iloc，基于整数位置的查找
print('*** 设置多个值(使用切片) obj.iloc[0:2] = 7 ***')
print('*** 包含开始边界 0，不包含结束边界 2 ***')
obj.iloc[0:2] = 7
print('*** 设置完成后的 obj ***')
print(obj)
```

程序运行结果如下：

```
*** obj ***
三国演义    38.0
高等数学    51.8
操作系统    59.8
乡土中国    28.0
资治通鉴    49.5
dtype: float64
*** 设置单个值 obj.at['资治通鉴'] = 48.99 ***
*** 设置单个值 obj.iat[0] = 39.99 ***
*** 设置完成后的 obj ***
三国演义    39.99
高等数学    51.80
操作系统    59.80
乡土中国    28.00
资治通鉴    48.99
dtype: float64
*** 设置多个值(使用列表) ***
*** obj.loc[['高等数学', '乡土中国', '资治通鉴']] = 1 ***
```

```
*** 设置完成后的 obj ***
三国演义     39.99
高等数学      1.00
操作系统     59.80
乡土中国      1.00
资治通鉴      1.00
dtype: float64
*** 设置多个值(使用列表) obj.iloc[[0, 2, 3]] = 3 ***
*** 设置完成后的 obj ***
三国演义     3.0
高等数学     1.0
操作系统     3.0
乡土中国     3.0
资治通鉴     1.0
dtype: float64
*** 设置多个值(使用切片) obj.loc['高等数学':'资治通鉴'] = 5 ***
*** 包含开始边界'高等数学', 包含结束边界'资治通鉴' ***
*** 设置完成后的 obj ***
三国演义     3.0
高等数学     5.0
操作系统     5.0
乡土中国     5.0
资治通鉴     5.0
dtype: float64
*** 设置多个值(使用切片) obj.iloc[0:2] = 7 ***
*** 包含开始边界 0, 不包含结束边界 2 ***
*** 设置完成后的 obj ***
三国演义     7.0
高等数学     7.0
操作系统     5.0
乡土中国     5.0
资治通鉴     5.0
dtype: float64
```

【编程练习 5-1】对 10 名学生的单元测试成绩做简单数据分析。

（1）用列表存储 10 名学生的姓名。

students = ['赵', '钱', '孙', '李', '周', '吴', '郑', '王', '冯', '陈']

（2）用列表存储 10 名学生的单元测试成绩。

scores = [86.5, 90, 75, 100, 95.5, 63, 78, 81, 96, 72.5]

（3）创建表示成绩的 Series，命名为 s1，以“姓名”作为 s1 的索引。

（4）输出 s1；输出 s1 中元素的个数；输出 s1 的索引信息。

（5）获取并输出周同学的成绩（获取单个值）。

（6）获取并输出赵、李、郑和陈 4 名学生的成绩（获取多个值，列表）。

（7）获取并输出赵、钱和孙 3 名学生的成绩（获取多个值，切片）。

（8）将周同学的成绩增加 0.5 分，输出 s1。

（9）创建表示成绩的 Series，命名为 s2，索引默认为 0, 1, 2, …。

（10）输出 s2；输出 s2 中元素的个数；输出 s2 的索引信息。

【例 5-5】 使用 NumPy 生成随机整数和随机浮点数。

程序代码如下：

```
# 导入 NumPy
import numpy as np
# 构建随机数生成器 rng
rng = np.random.default_rng()
# 使用生成器 rng 生成 10 个随机整数，范围：[100, 1000)
rints = rng.integers(low = 100, high = 1000, size = 10)
print('*** 10 个随机整数 ***')
print(rints)
# 使用生成器 rng 生成 3 个随机浮点数，范围：[6, 9)
rfloats = rng.uniform(low = 6, high = 9, size = 3)
print('*** 3 个随机浮点数 ***')
print(rfloats)
```

程序运行结果如下（因使用随机数，读者的运行结果不同于以下运行结果）：

```
*** 10 个随机整数 ***
[197 369 719 613 532 323 614 593 417 508]
*** 3 个随机浮点数 ***
[7.91270009 8.18645222 6.51052923]
```

由于数据随机生成，再次运行时，会得到不同的运行结果。方法 integers( )和 uniform( )均在半开区间[low, high)内生成随机数，包括 low 但不包括 high。NumPy 库的官方网址为 https://numpy.org。

【例 5-6】 方法 head(n)和 tail(n)的使用。

程序代码如下：

```
import numpy as np
import pandas as pd
rng = np.random.default_rng()
# 生成 80 个随机整数，范围：[100, 1000)
rints = rng.integers(low = 100, high = 1000, size = 80)
# 使用 80 个随机整数创建 Series，索引(index)默认为 0, 1, 2,……, 79
obj = pd.Series(data = rints)
print('*** obj ***')
print(obj)
# 方法 head(n)，返回由前 n 行数据构成的 Series
obj_h = obj.head(3)
print('*** 前 3 行 head(3) ***')
print(obj_h)
# 方法 tail(n)，返回由后 n 行数据构成的 Series
obj_t = obj.tail(2)
print('*** 后 2 行 tail(2) ***')
```

```
print(obj_t)
```

程序运行结果如下（因使用随机数，读者的运行结果不同于以下运行结果）：

```
*** obj ***
0     618
1     345
2     810
3     455
4     699
     ...
75    134
76    422
77    375
78    866
79    334
Length: 80, dtype: int64
*** 前 3 行 head(3) ***
0    618
1    345
2    810
dtype: int64
*** 后 2 行 tail(2) ***
78    866
79    334
dtype: int64
```

Pandas 默认最多显示 60 行数据，本例中的 obj 含有 80 个随机整数，超过 60 行数据。这种情况下，语句 print(obj)仅输出 obj 中前 5 行和后 5 行数据，中间的数据用省略号表示。可以使用 Series 的方法 head(n)返回前 n 行数据，相应地，也可以使用 Series 的方法 tail(n)返回后 n 行数据。

【例 5-7】求平均值、中位数、标准差、四分位数等常用统计方法的使用。

程序代码如下：

```
import numpy as np
import pandas as pd
rng = np.random.default_rng()
rints = rng.integers(low = 100, high = 1000, size = 8)
obj = pd.Series(data = rints)
print('*** obj ***')
print(obj)
print('*** 常用统计方法 ***')
# 调用方法 min()，求最小值
print('最小值 =', obj.min())
# 调用方法 max()，求最大值
print('最大值 =', obj.max())
# 调用方法 count()，求非空值的个数
print('个数 =', obj.count())
```

```
# 调用方法 sum()，求和
print('和 =', obj.sum())
# 调用方法 mean()，求平均值
print('平均值 =', obj.mean())
# 调用方法 median()，求中位数
print('中位数 =', obj.median())
# 调用方法 std()，求标准差
print('标准差 =', obj.std())
print('*** 方法 describe() ***')
# 调用方法 describe()，生成描述性统计信息
print(obj.describe())
```

程序运行结果如下（因使用随机数，读者的运行结果不同于以下运行结果）：

```
*** obj ***
0    447
1    753
2    874
3    938
4    284
5    350
6    499
7    701
dtype: int64
*** 常用统计方法 ***
最小值 = 284
最大值 = 938
个数 = 8
和 = 4846
平均值 = 605.75
中位数 = 600.0
标准差 = 244.54958597388793
*** 方法 describe() ***
count      8.000000
mean     605.750000
std      244.549586
min      284.000000
25%      422.750000
50%      600.000000
75%      783.250000
max      938.000000
dtype: float64
```

方法 describe( )返回信息的含义如表 5-3 所示。

表 5-3　方法 describe( )返回信息的含义

名称	count	mean	std	min	25%	50%	75%	max
含义	非空值的个数	平均值	标准差	最小值	第一四分位数	第二四分位数	第三四分位数	最大值

【例 5-8】方法 nlargest( )、nsmallest( )和 sort_values( )的使用。

程序代码如下：

```
import numpy as np
import pandas as pd
rng = np.random.default_rng()
rints = rng.integers(low = 100, high = 1000, size = 5)
obj_origin = pd.Series(data = rints)
print('*** obj_origin ***')
print(obj_origin)
# 调用方法 nlargest(n)，返回最大的 n 个元素
obj_l3 = obj_origin.nlargest(3)
print('*** 最大的 3 个整数 nlargest(3) ***')
print(obj_l3)
# 调用方法 nsmallest(n)，返回最小的 n 个元素
obj_s2 = obj_origin.nsmallest(2)
print('*** 最小的 2 个整数 nsmallest(2) ***')
print(obj_s2)
# 调用方法 sort_values()，按值排序，默认按升序排序
obj_sorted = obj_origin.sort_values()
print('*** 默认按升序排序 sort_values() ***')
print(obj_sorted)
# 指定升序
obj_asc = obj_origin.sort_values(ascending = True)
print('*** 指定按升序排序 sort_values(ascending = True) ***')
print(obj_asc)
# 指定降序
obj_desc = obj_origin.sort_values(ascending = False)
print('*** 指定按降序排序 sort_values(ascending = False) ***')
print(obj_desc)
```

程序运行结果如下（因使用随机数，读者的运行结果不同于以下运行结果）：

```
*** obj_origin ***
0    731
1    251
2    436
3    973
4    738
dtype: int64
*** 最大的 3 个整数 nlargest(3) ***
3    973
4    738
0    731
dtype: int64
*** 最小的 2 个整数 nsmallest(2) ***
1    251
2    436
```

```
dtype: int64
*** 默认按升序排序 sort_values() ***
1    251
2    436
0    731
4    738
3    973
dtype: int64
*** 指定按升序排序 sort_values(ascending = True) ***
1    251
2    436
0    731
4    738
3    973
dtype: int64
*** 指定按降序排序 sort_values(ascending = False) ***
3    973
4    738
0    731
2    436
1    251
dtype: int64
```

本例中的原始 Series 是 obj_origin，后续得到的 obj_l3、obj_s2、obj_sorted、obj_asc 和 obj_desc 的类型均为 Series。排序后，obj_origin 中的数据不变，排列顺序依然是最初的形态。

【例 5-9】将 Series 写入逗号分隔值（comma-separated values，CSV）文件和 Excel 工作表。

程序代码如下：

```
import pandas as pd
title = ['三国演义', '高等数学', '操作系统', '乡土中国', '资治通鉴']
price = [38.00, 51.80, 59.80, 28.00, 49.50]
s1 = pd.Series(data = price)
# 将 s1 写入 CSV 文件 C:\data\price1.csv，指定列名为“定价 1”
s1.to_csv('C:/data/price1.csv', header = ['定价 1'])
# 将 s1 写入 Excel 工作表 C:\data\price1.xlsx，指定列名为“定价 2”
s1.to_excel('C:/data/price1.xlsx', header = ['定价 2'])
s2 = pd.Series(data = price, index = title)
# 将 s2 写入 CSV 文件 C:\data\price2.csv，指定列名为“定价 3”
s2.to_csv('c:/data/price2.csv', header = ['定价 3'])
# 将 s2 写入 Excel 工作表 C:\data\price2.xlsx，指定列名为“定价 4”
s2.to_excel('C:/data/price2.xlsx', header = ['定价 4'])
```

运行本例程序之前，需要先创建文件夹 C:\data，程序运行后，使用“记事本”打开 CSV 文件 price1.csv 和 price2.csv，使用 Microsoft Excel 打开文件 price1.xlsx 和 price2.xlsx，如图 5-1 所示。

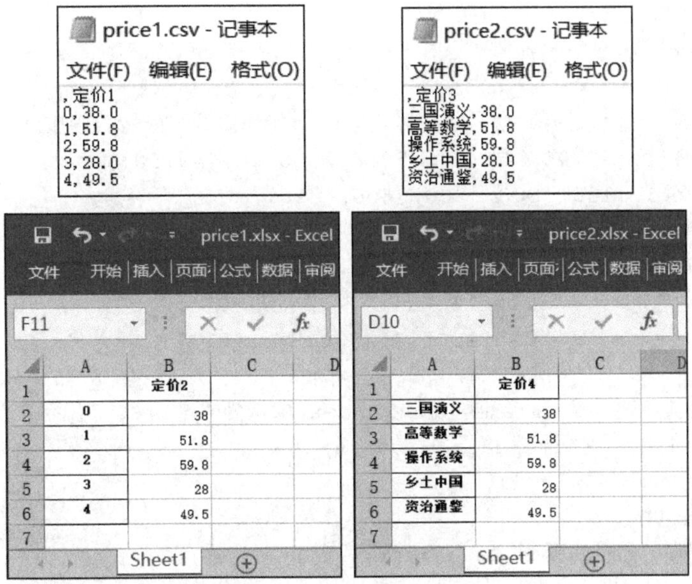

图 5-1　CSV 文件和 Excel 工作表

【编程练习 5-2】对 20 名学生的单元测试成绩做简单数据分析。

（1）用列表存储 20 名学生的姓名。

students = ['赵', '钱', '孙', '李', '周', '吴', '郑', '王', '冯', '陈', '褚', '卫', '蒋', '沈', '韩', '杨', '朱', '秦', '尤', '许']

（2）20 个单元测试成绩采用随机整数，范围：[36, 101)。

（3）创建表示成绩的 Series，以“姓名”作为该 Series 的索引。

（4）获取并输出李、王、冯和蒋 4 位同学的成绩；将杨同学的成绩改为 90 分。

（5）输出 Series。

（6）输出最高分、最低分、总人数、总分、平均分、成绩中位数、成绩标准差。

（7）输出四分位数等描述性统计信息。

（8）输出 Series 的前 8 行、后 6 行数据；输出前 8 名、后 6 名学生的成绩。

（9）按成绩升序排序，将排序结果写入 CSV 文件 C:\tmp\score1.csv。

（10）按成绩降序排序，将排序结果写入 CSV 文件 C:\tmp\score2.csv。

（11）将所有成绩开根号乘 10，并写入 Excel 工作表 C:\tmp\score3.xlsx。

（12）将步骤（5）的 Series 再次输出，并与原输出做对比。

5.2.2　DataFrame

DataFrame 是一个类似二维数组的对象，每一列可以有不同的数据类型。DataFrame 是 Pandas 最常用的对象。

【例 5-10】使用字典创建两个 DataFrame：df1 和 df2。df1 的索引（index）默认为 0, 1, 2, 3, 4，将“书名”设为 df2 的索引(index)；使用 DataFrame 的属性 index，分别获取 df1 和 df2 的索引信息；将 DataFrame 写入 CSV 文件和 Excel 工作表。

程序代码如下：

```
import pandas as pd
books = {
    '书名': ['三国演义', '高等数学', '操作系统', '乡土中国', '资治通鉴'],
    '价格': [38.00, 51.80, 59.80, 28.00, 49.50],
    '库存': [100, 800, 200, 500, 300],
    '包装': ['精装', '平装', '平装', '精装', '线装'],
    '打折': [False, True, True, False, True],
    '出版时间': ['2016-11-01', '2014-07-01', '2022-11-01',
                '2019-10-01', '2018-09-01']
}
# 使用字典创建 DataFrame，索引(index)默认为0, 1, 2, 3, 4
df1 = pd.DataFrame(data = books)
print('*** df1 ***')
print(df1)
# 使用属性 index 返回 DataFrame 的索引(行标签)
print('*** df1.index ***')
print(df1.index)
# 将 df1 写入 CSV 文件 C:\data\book1.csv
df1.to_csv('C:/data/book1.csv')
# 将 df1 写入 Excel 工作表 C:\data\book1.xlsx
df1.to_excel('C:/data/book1.xlsx')
# 使用字典创建 DataFrame，调用方法 set_index()将“书名”设为索引(index)
df2 = pd.DataFrame(data = books).set_index('书名')
print('*** df2 ***')
print(df2)
# 使用属性 index 返回 DataFrame 的索引(行标签)
print('*** df2.index ***')
print(df2.index)
# 将 df2 写入 CSV 文件 C:\data\book2.csv
df2.to_csv('C:/data/book2.csv')
# 将 df2 写入 Excel 工作表 C:\data\book2.xlsx
df2.to_excel('C:/data/book2.xlsx')
```

运行本例程序之前，需要先创建文件夹 C:\data。程序运行结果如下：

```
*** df1 ***
     书名    价格   库存  包装    打折      出版时间
0  三国演义  38.0  100  精装  False  2016-11-01
1  高等数学  51.8  800  平装   True  2014-07-01
2  操作系统  59.8  200  平装   True  2022-11-01
3  乡土中国  28.0  500  精装  False  2019-10-01
4  资治通鉴  49.5  300  线装   True  2018-09-01
*** df1.index ***
RangeIndex(start=0, stop=5, step=1)
*** df2 ***
```

```
          价格   库存  包装    打折      出版时间
书名
三国演义  38.0  100   精装   False   2016-11-01
高等数学  51.8  800   平装   True    2014-07-01
操作系统  59.8  200   平装   True    2022-11-01
乡土中国  28.0  500   精装   False   2019-10-01
资治通鉴  49.5  300   线装   True    2018-09-01
*** df2.index ***
Index(['三国演义', '高等数学', '操作系统', '乡土中国', '资治通鉴'], dtype=
       'object', name='书名')
```

程序运行后，在文件夹 C:\data 中，文件 book1.csv 和 book1.xlsx 是索引为 0, 1, 2, 3, 4 的 DataFrame 对应的输出文件，文件 book2.csv 和 book2.xlsx 是索引为“书名”的 DataFrame 对应的输出文件。

【例 5-11】调用方法 convert_dtypes( )和 astype( )将 DataFrame 中的每一列转换为合适的数据类型；使用 DataFrame 的属性 dtypes 返回每一列的数据类型。

程序代码如下：

```
import pandas as pd
books = {
    '书名': ['三国演义', '高等数学', '操作系统', '乡土中国', '资治通鉴'],
    '价格': [38.00, 51.80, 59.80, 28.00, 49.50],
    '库存': [100, 800, 200, 500, 300],
    '包装': ['精装', '平装', '平装', '精装', '线装'],
    '打折': [False, True, True, False, True],
    '出版时间': ['2016-11-01', '2014-07-01', '2022-11-01',
                 '2019-10-01', '2018-09-01']
}
df1 = pd.DataFrame(data = books)
# 使用属性 dtypes 返回每一列的数据类型
print('*** df1.dtypes ***')
print(df1.dtypes)
# 使用方法 convert_dtypes()将列转换为可能的最佳数据类型
df2 = df1.convert_dtypes()
print('*** df2.dtypes ***')
print(df2.dtypes)
# 使用方法 astype()将列转换为指定的数据类型
df3 = df2.astype({'包装': 'category', '出版时间': 'datetime64[ns]'})
print('*** df3.dtypes ***')
print(df3.dtypes)
```

程序运行结果如下：

```
*** df1.dtypes ***
书名        object
价格       Float64
库存         int64
包装        object
```

```
打折          bool
出版时间      object
dtype: object
*** df2.dtypes ***
书名      string[python]
价格             Float64
库存               int64
包装      string[python]
打折             boolean
出版时间    string[python]
dtype: object
*** df3.dtypes ***
书名      string[python]
价格             Float64
库存               int64
包装            category
打折             boolean
出版时间    datetime64[ns]
dtype: object
```

df1 调用方法 convert_dtypes( )后得到 df2，“包装”列和“出版时间”列的数据类型被转换为 string。但“包装”列的值是固定有限的，应使用数据类型 category；“出版时间”列的数据类型使用日期时间类型 datetime64[ns]更为合适。进一步地，df2 调用方法 astype( )后得到 df3，“包装”列的数据类型被转换为 category，“出版时间”列的数据类型被转换为 datetime64[ns]。本例中依次得到 3 个 DataFrame，实际使用时，可使用如下更简练的代码。

```
df = pd.DataFrame(data = books).convert_dtypes().astype(
    {'包装': 'category', '出版时间': 'datetime64[ns]'})
```

【编程练习 5-3】已知商品数据如下，其中“产地”只有 3 个：市内、省内和省外。

commodities = {
    '商品': ['土豆', '黄瓜', '青椒', '西红柿', '生姜', '蒜苗'],
    '单价': [2.99, 2.49, 3.38, 3.99, 5.88, 3.28],
    '数量': [200, 350, 100, 180, 220, 120],
    '采购日期': ['2023-07-03', '2023-07-10', '2023-07-08',
              '2023-07-05', '2023-07-12', '2023-07-06'],
    '产地': ['省内', '市内', '省内', '省外', '市内', '省内'],
    '打折': [False, False, True, False, True, False]
}

（1）创建表示商品的 DataFrame，调用方法 convert_dtypes( )和 astype( )将 DataFrame 中的每一列转换为合适的数据类型，将“商品”设为该 DataFrame 的索引。

（2）输出 DataFrame。

（3）输出 DataFrame 的索引信息。

（4）输出 DataFrame 中每一列的数据类型。

（5）将 DataFrame 写入 CSV 文件 C:\tmp\commodity.csv。

（6）将 DataFrame 写入 Excel 工作表 C:\tmp\commodity.xlsx。

【例 5-12】 读取例 5-10 输出的 CSV 文件 C:\data\book2.csv，创建 DataFrame；使用 DataFrame 的属性 shape 返回表示 DataFrame 维度的元组；调用方法 info( )输出 DataFrame 的简要汇总信息。

程序代码如下：

```
import pandas as pd
# 读取 CSV 文件创建 DataFrame，索引(index)默认为 0, 1, 2, …
# 将 DataFrame 中的每一列转换为合适的数据类型
df = pd.read_csv('C:/data/book2.csv').convert_dtypes().astype(
    {'包装': 'category', '出版时间': 'datetime64[ns]'})
print('*** df ***')
print(df)
# 使用属性 shape，返回表示 DataFrame 维度的元组
print('*** df.shape ***')
print(df.shape)
# 调用方法 info()，输出 DataFrame 的简要汇总信息
print('*** df.info() ***')
df.info()
```

程序运行结果如下：

```
*** df ***
     书名    价格   库存  包装   打折   出版时间
0  三国演义  38.0  100  精装  False 2016-11-01
1  高等数学  51.8  800  平装   True 2014-07-01
2  操作系统  59.8  200  平装   True 2022-11-01
3  乡土中国  28.0  500  精装  False 2019-10-01
4  资治通鉴  49.5  300  线装   True 2018-09-01
*** df.shape ***
(5, 6)
*** df.info() ***
<class 'pandas.core.frame.DataFrame'>
RangeIndex: 5 entries, 0 to 4
Data columns (total 6 columns):
 #   Column  Non-Null Count  Dtype
---  ------  --------------  -----
 0   书名      5 non-null      string
 1   价格      5 non-null      Float64
 2   库存      5 non-null      Int64
 3   包装      5 non-null      category
 4   打折      5 non-null      boolean
 5   出版时间  5 non-null      datetime64[ns]
dtypes: float64(1), int64(1), boolean(1), category(1), datetime64[ns](1),
        string(1)
```

```
memory usage: 445.0 bytes
```

【例 5-13】读取例 5-10 输出的 CSV 文件 C:\data\book2.csv，创建 DataFrame；调用方法 at、iat、loc 和 iloc 获取值。

程序代码如下：

```
import pandas as pd
# 读取 CSV 文件创建 DataFrame
# 将 DataFrame 中的每一列转换为合适的数据类型
# 数据类型转换完成后，再将“书名”设为 DataFrame 的索引(index)
df0 = pd.read_csv('C:/data/book2.csv'.convert_dtypes().astype(
                  {'包装': 'category', '出版时间':'datetime64[ns]'}).
                  set_index('书名')
print('*** df0', df0.shape, '***')
print(df0)
# 方法 at，基于标签的标量查找
print("*** 获取单个值 df0.at['高等数学', '价格'] ***")
print(df0.at['高等数学', '价格'])
# 方法 iat，基于整数位置的标量查找
print('*** 获取单个值 df0.iat[0, 1] ***')
print(df0.iat[0, 1])
# 方法 loc，基于标签的查找
# 获取多行多列(使用列表)
df1 = df0.loc[['高等数学', '乡土中国', '资治通鉴'], ['价格', '出版时间']]
print('*** df1', df1.shape, '***')
print(df1)
# 方法 iloc，基于整数位置的查找
# 获取多行多列(使用列表)
df2 = df0.iloc[[0, 2, 3], [0, 1, 3]]
print('*** df2', df2.shape, '***')
print(df2)
# 方法 loc，基于标签的查找
# 获取多行多列(使用切片)
# 包含开始边界，包含结束边界
df3 = df0.loc['高等数学':'乡土中国', '价格':'打折']
print('*** df3', df3.shape, '***')
print(df3)
# 方法 iloc，基于整数位置的查找
# 获取多行多列(使用切片)
# 包含开始边界，不包含结束边界
df4 = df0.iloc[0:2, 0:3]
print('*** df4', df4.shape, '***')
print(df4)
# 获取多行多列(混合使用列表、切片)
df5 = df0.iloc[[0, 2, 3], 1:5]
print('*** df5', df5.shape, '***')
print(df5)
```

```
# 获取多行单列，: 表示所有行
df6 = df0.iloc[:, [0]]
print('*** df6', df6.shape, '***')
print(df6)
print('*** type(df6) ***')
print(type(df6))
# 获取多行单列，: 表示所有行
s = df0.iloc[:, 0]
print('*** s ***')
print(s)
print('*** type(s) ***')
print(type(s))
```

程序运行结果如下：

```
*** df0 (5, 5) ***
          价格   库存  包装    打折      出版时间
书名
三国演义  38.0  100  精装  False 2016-11-01
高等数学  51.8  800  平装   True 2014-07-01
操作系统  59.8  200  平装   True 2022-11-01
乡土中国  28.0  500  精装  False 2019-10-01
资治通鉴  49.5  300  线装   True 2018-09-01
*** 获取单个值 df0.at['高等数学', '价格'] ***
51.8
*** 获取单个值 df0.iat[0, 1] ***
100
*** df1 (3, 2) ***
          价格      出版时间
书名
高等数学  51.8 2014-07-01
乡土中国  28.0 2019-10-01
资治通鉴  49.5 2018-09-01
*** df2 (3, 3) ***
          价格   库存    打折
书名
三国演义  38.0  100  False
操作系统  59.8  200   True
乡土中国  28.0  500  False
*** df3 (3, 4) ***
          价格   库存  包装    打折
书名
高等数学  51.8  800  平装   True
操作系统  59.8  200  平装   True
乡土中国  28.0  500  精装  False
*** df4 (2, 3) ***
```

```
           价格   库存  包装
书名
三国演义  38.0  100   精装
高等数学  51.8  800   平装
*** df5 (3, 4) ***
           库存  包装   打折    出版时间
书名
三国演义  100  精装  False 2016-11-01
操作系统  200  平装   True 2022-11-01
乡土中国  500  精装  False 2019-10-01
*** df6 (5, 1) ***
         价格
书名
三国演义  38.0
高等数学  51.8
操作系统  59.8
乡土中国  28.0
资治通鉴  49.5
*** type(df6) ***
<class 'pandas.core.frame.DataFrame'>
*** s ***
书名
三国演义    38.0
高等数学    51.8
操作系统    59.8
乡土中国    28.0
资治通鉴    49.5
Name: 价格, dtype: Float64
*** type(s) ***
<class 'pandas.core.series.Series'>
```

本例中的程序使用两种方法从 DataFrame 中获取多行单列，如表 5-4 所示。

表 5-4 获取多行单列两种方法的对比

程序语句	数据类型
df0.iloc[:, [0]]	DataFrame
df0.iloc[:, 0]	Series

df0.iloc[:, 0]得到的是 Series，5.2.1 节介绍的知识点均可适用。

【编程练习 5-4】读取编程练习 5-3 输出的 CSV 文件 C:\tmp\commodity.csv，创建 DataFrame，调用方法 convert_dtypes( )和 astype( )，将 DataFrame 中的每一列转换为合适的数据类型，数据类型转换完成后，再将“商品”设为该 DataFrame 的索引，其中“产地”只有 3 个：市内、省内和省外。

（1）输出 DataFrame。

（2）输出 DataFrame 的索引信息。

（3）输出表示 DataFrame 维度的元组。
（4）输出 DataFrame 的简要汇总信息。
（5）输出土豆的单价（获取单个值）。
（6）输出土豆、黄瓜、青椒 3 种商品的单价、数量、产地（获取多行多列）。
（7）输出所有商品的单价（Series）。
（8）输出所有商品的单价（DataFrame）。

【例 5-14】 读取例 5-10 输出的 Excel 工作表 C:\data\book2.xlsx，创建 DataFrame；获取最小值、最大值、平均值、中位数、标准差、四分位数等常用统计信息。

程序代码如下：

```
import pandas as pd
# 读取 Excel 工作表创建 DataFrame
# DataFrame 的索引(index)默认为 0, 1, 2, …
# 将 DataFrame 中的每一列转换为合适的数据类型
df = pd.read_excel('C:/data/book2.xlsx').convert_dtypes().astype(
    {'包装': 'category', '出版时间': 'datetime64[ns]'})
# 调用方法 min()，求最小值
# 参数 numeric_only = True，仅包括 float、int、boolean 列
print('*** 最小值 min(numeric_only = True) ***')
print(df.min(numeric_only = True))
# 调用方法 max()，求最大值
print('*** 最大值 max(numeric_only = True) ***')
print(df.max(numeric_only = True))
# 调用方法 count()，求非空值的个数
print('*** 非空值的个数 count() ***')
print(df.count())
# 调用方法 sum()，求和
print('*** 求和 sum(numeric_only = True) ***')
print(df.sum(numeric_only = True))
# 调用方法 mean()，求平均值
print('*** 平均值 mean(numeric_only = True) ***')
print(df.mean(numeric_only = True))
# 调用方法 median()，求中位数
print('*** 中位数 median(numeric_only = True) ***')
print(df.median(numeric_only = True))
# 调用方法 std()，求标准差
print('*** 标准差 std(numeric_only = True) ***')
print(df.std(numeric_only = True))
# 调用方法 describe()，生成描述性统计信息
print('*** 方法 describe() ***')
print(df.describe())
```

程序运行结果如下：

```
*** 最小值 min(numeric_only = True) ***
价格      28.0
库存       100
```

```
打折    False
dtype: object
*** 最大值 max(numeric_only = True) ***
价格    59.8
库存     800
打折    True
dtype: object
*** 非空值的个数 count() ***
书名      5
价格      5
库存      5
包装      5
打折      5
出版时间    5
dtype: int64
*** 求和 sum(numeric_only = True) ***
价格     227.1
库存    1900.0
打折       3.0
dtype: Float64
*** 平均值 mean(numeric_only = True) ***
价格     45.42
库存    380.00
打折      0.60
dtype: Float64
*** 中位数 median(numeric_only = True) ***
价格     49.5
库存    300.0
打折      1.0
dtype: Float64
*** 标准差 std(numeric_only = True) ***
价格     12.476458
库存    277.488739
打折      0.547723
dtype: Float64
*** 方法 describe() ***
              价格            库存                  出版时间
count      5.0         5.0                      5
mean     45.42       380.0  2018-07-08 00:00:00
min       28.0       100.0  2014-07-01 00:00:00
25%       38.0       200.0  2016-11-01 00:00:00
50%       49.5       300.0  2018-09-01 00:00:00
75%       51.8       500.0  2019-10-01 00:00:00
max       59.8       800.0  2022-11-01 00:00:00
std   12.476458  277.488739                   NaN
```

本例中的 DataFrame 含有书名、价格、库存、包装、打折和出版时间共 6 列数据，有些数据无法进行特定的统计分析，如书名和包装两列数据无法求平均值、标准差。在调用相关方法时，增加参数 numeric_only = True，仅对数据类型为 float、int 或 boolean 的列进行统计分析。

方法 describe( )返回信息的含义见表 5-3，其中“出版时间”列的 std(标准差)为 NaN，NaN 是 NumPy 中的常量，代表 Not a Number，此处表示“出版时间”列的 std(标准差)为空值。

【例 5-15】读取例 5-10 输出的 Excel 工作表 C:\data\book2.xlsx，创建 DataFrame；调用方法 nlargest( )、nsmallest( )和 sort_values( )。

程序代码如下：

```
import pandas as pd
# 读取 Excel 工作表创建 DataFrame
# 将 DataFrame 中的每一列转换为合适的数据类型
# 数据类型转换完成后，再将“书名”设为 DataFrame 的索引(index)
df0 = pd.read_excel('C:/data/book2.xlsx'.convert_dtypes().astype(
                    {'包装': 'category', '出版时间':'datetime64[ns]'})
                    .set_index('书名')
# 调用方法 nlargest()，返回按列降序排列的前 n 行数据
df1 = df0.nlargest(3, '价格')
print("*** 价格最高的 3 本书 nlargest(3, '价格') ***")
print(df1)
# 调用方法 nsmallest()，返回按列升序排列的前 n 行数据
df2 = df0.nsmallest(2, '库存')
print("*** 库存最少的 2 本书 nsmallest(2, '库存') ***")
print(df2)
# 调用方法 sort_values()，按值排序(默认为升序)
df3 = df0.sort_values(by = ['价格'])
print("*** 默认按价格升序排序 ***")
print(df3)
# 指定升序
df4 = df0.sort_values(by = ['价格'], ascending = [True])
print("*** 指定按价格升序排序 ***")
print(df4)
# 指定降序
df5 = df0.sort_values(by = ['价格'], ascending = [False])
print("*** 指定按价格降序排序 ***")
print(df5)
# 按多列排序
# 先按包装排序(默认为升序)，再按库存排序(默认为升序)
df6 = df0.sort_values(by = ['包装', '库存'])
print("*** 先按包装升序排序，再按库存升序排序 ***")
print(df6)
# 先按包装升序排序，再按库存降序排序
```

```
df7 = df0.sort_values(by = ['包装', '库存'], ascending = [True, False])
print("*** 先按包装升序排序，再按库存降序排序 ***")
print(df7)
```

程序运行结果如下：

```
*** 价格最高的 3 本书 nlargest(3, '价格') ***
          价格   库存  包装   打折      出版时间
书名
操作系统  59.8  200  平装  True 2022-11-01
高等数学  51.8  800  平装  True 2014-07-01
资治通鉴  49.5  300  线装  True 2018-09-01
*** 库存最少的 2 本书 nsmallest(2, '库存') ***
          价格   库存  包装    打折      出版时间
书名
三国演义  38.0  100  精装  False 2016-11-01
操作系统  59.8  200  平装   True 2022-11-01
*** 默认按价格升序排序 ***
          价格   库存  包装    打折      出版时间
书名
乡土中国  28.0  500  精装  False 2019-10-01
三国演义  38.0  100  精装  False 2016-11-01
资治通鉴  49.5  300  线装   True 2018-09-01
高等数学  51.8  800  平装   True 2014-07-01
操作系统  59.8  200  平装   True 2022-11-01
*** 指定按价格升序排序 ***
          价格   库存  包装    打折      出版时间
书名
乡土中国  28.0  500  精装  False 2019-10-01
三国演义  38.0  100  精装  False 2016-11-01
资治通鉴  49.5  300  线装   True 2018-09-01
高等数学  51.8  800  平装   True 2014-07-01
操作系统  59.8  200  平装   True 2022-11-01
*** 指定按价格降序排序 ***
        价格   库存  包装      打折      出版时间
书名
操作系统  59.8  200  平装   True 2022-11-01
高等数学  51.8  800  平装   True 2014-07-01
资治通鉴  49.5  300  线装   True 2018-09-01
三国演义  38.0  100  精装  False 2016-11-01
乡土中国  28.0  500  精装  False 2019-10-01
*** 先按包装升序排序，再按库存升序排序 ***
        价格   库存  包装      打折    出版时间
书名
操作系统  59.8  200  平装   True 2022-11-01
高等数学  51.8  800  平装   True 2014-07-01
三国演义  38.0  100  精装  False 2016-11-01
```

```
乡土中国  28.0  500  精装  False 2019-10-01
资治通鉴  49.5  300  线装   True 2018-09-01
*** 先按包装升序排序，再按库存降序排序 ***
          价格    库存   包装     打折      出版时间
书名
高等数学  51.8  800  平装   True 2014-07-01
操作系统  59.8  200  平装   True 2022-11-01
乡土中国  28.0  500  精装  False 2019-10-01
三国演义  38.0  100  精装  False 2016-11-01
资治通鉴  49.5  300  线装   True 2018-09-01
```

df0 经过各种运算得到 df1～df7，这些运算不影响 df0，df0 中数据不变，排列顺序依然是最初的形态。

【编程练习 5-5】读取编程练习 5-3 输出的 Excel 工作表 C:\tmp\commodity. xlsx，创建 DataFrame，调用方法 convert_dtypes( )和 astype( )将 DataFrame 中的每一列转换为合适的数据类型，数据类型转换完成后，再将“商品”设为该 DataFrame 的索引，其中“产地”只有 3 个：市内、省内和省外。

（1）输出 DataFrame。

（2）输出最小值、最大值、平均值、中位数、标准差、四分位数等常用统计信息。

（3）输出数量最多的 2 种商品。

（4）输出单价最低的 3 种商品。

（5）按数量降序排序（单列排序），输出 DataFrame。

（6）先按产地降序排序，再按单价降序排序（多列排序），输出 DataFrame。

（7）再次输出步骤（1）的 DataFrame，并与原输出做对比。

5.3 过 滤 行

文件 employees.csv 中共有 1000 名公司员工信息，每条记录包含 6 项信息：姓名（FirstName）、性别（Gender）、入职日期（StartDate）、薪水（Salary）、是否为经理（IsMgmt）、所在部门（Team）。

【例 5-16】读取文件 data\employees.csv，创建 DataFrame；调用方法 info( )、head(n) 和 tail(n)。

程序代码如下：

```
import pandas as pd
df = pd.read_csv('data/employees.csv').convert_dtypes().astype(
    {'Gender': 'category', 'StartDate': 'datetime64[ns]',
     'Team': 'category'})
print('*** df ***')
print(df)
df.info()
# 调用方法 head(n)，返回前 n 行数据
df_h = df.head(3)
```

```
print('*** 前 3 行 head(3) ***')
print(df_h)
# 调用方法 tail(n)，返回后 n 行数据
df_t = df.tail(2)
print('*** 后 2 行 tail(2) ***')
print(df_t)
```

程序运行结果如下：

```
*** df ***
    FirstName  Gender  StartDate  Salary  IsMgmt         Team
0     Douglas    Male 1993-08-06    <NA>    True    Marketing
1      Thomas    Male 1996-03-31   61933    True         <NA>
2       Maria  Female        NaT  130590   False      Finance
3       Jerry    <NA> 2005-03-04  138705    True      Finance
4       Larry    Male 1998-01-24  101004    True           IT
..        ...     ...        ...     ...     ...          ...
995     Henry    <NA> 2014-11-23  132483   False Distribution
996   Phillip    Male 1984-01-31   42392   False      Finance
997   Russell    Male 2013-05-20   96914   False      Product
998     Larry    Male 2013-04-20   60500   False Business Dev
999    Albert    Male 2012-05-15  129949    True        Sales
[1000 rows x 6 columns]
*** df.info() ***
<class 'pandas.core.frame.DataFrame'>
RangeIndex: 1000 entries, 0 to 999
Data columns (total 6 columns):
 #   Column     Non-Null Count  Dtype
---  ------     --------------  -----
 0   FirstName  933 non-null    string
 1   Gender     854 non-null    category
 2   StartDate  999 non-null    datetime64[ns]
 3   Salary     999 non-null    Int64
 4   IsMgmt     933 non-null    boolean
 5   Team       957 non-null    category
dtypes: Int64(1), boolean(1), category(2), datetime64[ns](1), string(1)
memory usage: 28.9 KB
*** 前 3 行 head(3) ***
  FirstName  Gender  StartDate  Salary  IsMgmt      Team
0   Douglas    Male 1993-08-06    <NA>    True Marketing
1    Thomas    Male 1996-03-31   61933    True      <NA>
2     Maria  Female        NaT  130590   False   Finance
*** 后 2 行 tail(2) ***
    FirstName Gender  StartDate  Salary  IsMgmt         Team
998     Larry   Male 2013-04-20   60500   False Business Dev
999    Albert   Male 2012-05-15  129949    True        Sales
```

“Gender”列的值只能取 Male、Female 和空值，应使用数据类型 category；公司的

部门数量是有限的，因此“Team”列的取值也是有限的，应使用数据类型 category；“StartDate”列的数据类型使用日期时间类型 datetime64[ns]更为合适。

Pandas 默认最多显示 60 行数据，而本例中的 df 含有 1000 名员工信息，超过 60 行数据。这种情况下，语句 print(df)仅输出 df 中前 5 行和后 5 行数据，中间的数据用省略号表示。可以使用 DataFrame 的方法 head(n)返回前 n 行数据，相应地，可以使用 DataFrame 的方法 tail(n)返回后 n 行数据。

运行结果中的<NA>代表 Pandas 中的缺失值(missing values)；运行结果中的 NaT 代表 Pandas 中日期时间数据的缺失值。

5.3.1 单条件查询

DataFrame 的 query( )方法使用布尔表达式进行查询。针对具体的查询要求，编写对应的布尔表达式作为 query( )方法的参数，即可完成指定的查询。

【例 5-17】 调用 DataFrame 的方法 query( )对员工数据进行单条件查询。

程序代码如下：

```
import pandas as pd
df0 = pd.read_csv('data/employees.csv').convert_dtypes().astype
      ({'Gender': 'category', 'StartDate': 'datetime64[ns]',
      'Team': 'category'})
# 查询姓名为 Amy 的员工信息
df1 = df0.query('FirstName == "Amy"')
print('*** 姓名为 Amy 的员工信息，按所在部门升序排序 ***')
print(df1.sort_values(by = ['Team']))
# 查询男性员工信息
df2 = df0.query('Gender == "Male"')
print('*** 男性员工信息，按姓名升序排序，输出前五行 ***')
print(df2.sort_values(by = ['FirstName']).head(5))
# 查询 2014 年以后入职的员工信息
df3 = df0.query('StartDate >= "2015-01-01"')
print('*** 2014 年以后入职的员工信息，按入职日期降序排序，输出前五行 ***')
print(df3.sort_values(by = ['StartDate'], ascending = [False]).head(5))
# 查询薪水低于五万元的员工信息
df4 = df0.query('Salary < 50000')
print('*** 薪水低于五万元的员工信息，按姓名升序排序，输出前五行 ***')
print(df4.sort_values(by = ['FirstName']).head(5))
# 查询担任经理的员工信息
df5 = df0.query('IsMgmt == True')
print('*** 担任经理的员工信息，先按部门排序，再按姓名排序，输出前五行 ***')
print(df5.sort_values(by = ['Team', 'FirstName']).head(5))
```

程序运行结果如下：

```
*** 姓名为 Amy 的员工信息，按所在部门升序排序 ***
    FirstName  Gender  StartDate  Salary  IsMgmt          Team
699       Amy    <NA> 1984-05-19  102839    True  Distribution
```

```
467        Amy  Female 2002-06-19  122897    True  Engineering
879        Amy  Female 2009-05-20   75415   False           IT
514        Amy    <NA> 1984-12-25   63888    True      Product
480        Amy  Female 2008-03-30  106249   False        Sales
*** 男性员工信息，按姓名升序排序，输出前五行 ***
    FirstName Gender  StartDate  Salary  IsMgmt       Team
101     Aaron   Male 2012-02-17   61602    True  Marketing
327     Aaron   Male 1994-01-29   58755    True  Marketing
440     Aaron   Male 1990-07-22   52119    True         IT
302      Adam   Male 2007-07-05   71276    True         HR
538      Adam   Male 2010-10-08   45181   False         HR
*** 2014年以后入职的员工信息，按入职日期降序排序，输出前五行 ***
    FirstName  Gender  StartDate  Salary  IsMgmt         Team
451     Terry    <NA> 2016-07-15  140002    True    Marketing
98       Tina  Female 2016-06-16  100705    True    Marketing
15    Lillian  Female 2016-06-05   59414   False      Product
444      <NA>    Male 2016-05-24   76409    <NA> Distribution
239   Lillian    <NA> 2016-05-12   64164   False           HR
*** 薪水低于五万元的员工信息，按姓名升序排序，输出前五行 ***
    FirstName  Gender  StartDate  Salary  IsMgmt         Team
538      Adam    Male 2010-10-08   45181   False           HR
610      Alan    Male 2012-02-17   41453   False      Product
53       Alan    <NA> 2014-03-03   40341    True      Finance
959    Albert    Male 1992-09-19   45094    True Business Dev
988     Alice  Female 2004-10-05   47638   False           HR
*** 担任经理的员工信息，先按部门排序，再按姓名排序，输出前五行 ***
    FirstName  Gender  StartDate  Salary  IsMgmt         Team
959    Albert    Male 1992-09-19   45094    True Business Dev
590    Andrea  Female 1994-10-30   87575    True Business Dev
86      Annie    <NA> 2007-09-29  103495    True Business Dev
129   Antonio    Male 1988-10-25   60866    True Business Dev
922    Arthur    Male 2013-12-05   86615    True Business Dev
```

为了节省篇幅，对于查询结果较多的仅输出前五行。本例中的 5 个单条件查询，分别对应 5 种数据类型的列，如表 5-5 所示。

表 5-5 列的数据类型

列	姓名（FirstName）	性别（Gender）	入职日期（StartDate）	薪水（Salary）	是否为经理（IsMgmt）
数据类型	string	category	datetime64[ns]	Int64	boolean

查询中使用的关系运算符：等于（==）、不等于（!=）、小于（<）、小于或等于（<=）、大于（>）、大于或等于（>=）。

【编程练习 5-6】采用与例 5-17 同样的方法，读取 CSV 文件 data\employees.csv，创建 DataFrame。

（1）输出 DataFrame。

（2）输出 DataFrame 的前 10 行数据。
（3）输出 DataFrame 的后 20 行数据。
（4）查询姓名为 Robin 的员工信息，按部门降序排序。
（5）查询女性员工信息，先按部门降序排序，再按姓名升序排序。
（6）查询 2000 年以前入职的员工信息，按入职日期升序排序。
（7）查询薪水高于十万元（含）的员工信息，按薪水升序排序。
（8）查询普通员工（没有担任经理）的信息，按薪水降序排序。
（9）查询除 Finance 以外其他部门的员工信息，按部门升序排序。

5.3.2　多条件查询

较复杂的查询通常包含多个条件，需要使用逻辑运算符将多个条件组合起来。Pandas 中的逻辑运算符有 3 个：与（and）、或（or）、非（not）。

【例 5-18】 调用 DataFrame 的方法 query( )对员工数据进行多条件查询。

程序代码如下：

```
import pandas as pd
df0 = pd.read_csv('data/employees.csv').convert_dtypes().astype(
      {'Gender': 'category', 'StartDate': 'datetime64[ns]',
      'Team': 'category'})
# 查询 Finance 部门薪水低于五万元的员工信息
df1 = df0.query('Team == "Finance" and Salary < 50000')
print('** Finance 部门薪水低于五万元的员工信息，按薪水升序排序，输出前 5 行 **')
print(df1.sort_values(by = ['Salary']).head(5))
# 查询薪水在 (39000, 40000] 元内的员工信息(方法一)
df2 = df0.query('Salary > 39000 and Salary <= 40000')
print('*** 薪水在 (39000, 40000] 元内的员工信息(方法一) ***')
print('*** 按姓名升序排序 ***')
print(df2.sort_values(by = ['FirstName']))
# 查询薪水在 (39000, 40000] 元内的员工信息(方法二)
df3 = df0.query('39000 < Salary <= 40000')
print('*** 薪水在 (39000, 40000] 元内的员工信息(方法二) ***')
print('*** 按姓名升序排序 ***')
print(df3.sort_values(by = ['FirstName']))
# 查询薪水低于 35100 元或高于 149900 元的员工信息
df4 = df0.query('Salary < 35100 or Salary > 149900')
print('** 薪水低于 35100 元或高于 149900 元的员工信息，按入职日期降序排序 **')
print(df4.sort_values(by = ['StartDate'], ascending = [False]))
# 查询 IT 和 Product 两个部门的员工信息(方法一)
df5 = df0.query('Team == "IT" or Team == "Product"')
print('*** IT 和 Product 两个部门的员工信息(方法一) ***')
print('*** 先按部门排序，再按姓名排序 ***')
print(df5.sort_values(by = ['Team', 'FirstName']))
# 查询 IT 和 Product 两个部门的员工信息(方法二)
df6 = df0.query('Team == ["IT", "Product"]')
```

```
print('*** IT 和 Product 两个部门的员工信息(方法二) ***')
print('*** 先按部门排序，再按姓名排序 ***')
print(df6.sort_values(by = ['Team', 'FirstName']))
# 查询 IT 和 Product 两个部门薪水高于 145000 元的员工信息
df7 = df0.query('Team == ["IT", "Product"] and Salary > 145000')
print('*** IT 和 Product 两个部门薪水高于 145000 元的员工信息 ***')
print('*** 按薪水降序排序 ***')
print(df7.sort_values(by = ['Salary'], ascending = [False]))
# 查询除 IT 和 Product 外其他部门的员工信息
df8 = df0.query('Team != ["IT", "Product"]')
print('*** 除 IT 和 Product 外其他部门的员工信息 ***')
print('*** 先按部门排序，再按姓名排序 ***')
print(df8.sort_values(by = ['Team', 'FirstName']))
```

程序运行结果如下：

```
** Finance 部门薪水低于五万元的员工信息，按薪水升序排序，输出前 5 行 **
    FirstName  Gender  StartDate  Salary  IsMgmt     Team
650   Cynthia  Female 1986-07-05   35381   False  Finance
418     Julia  Female 1982-03-02   36403    True  Finance
809    George    Male 1995-09-27   36749   False  Finance
53       Alan    <NA> 2014-03-03   40341    True  Finance
14   Kimberly  Female 1999-01-14   41426    True  Finance
*** 薪水在 (39000, 40000]元内的员工信息(方法一) ***
*** 按姓名升序排序 ***
    FirstName  Gender  StartDate  Salary  IsMgmt          Team
958    Gloria  Female 1987-10-24   39833   False   Engineering
816     Kelly  Female 2007-03-17   39371   False   Engineering
804     Shawn    Male 2008-03-17   39335   False  Distribution
*** 薪水在 (39000, 40000]元内的员工信息(方法二) ***
*** 按姓名升序排序 ***
    FirstName  Gender  StartDate  Salary  IsMgmt          Team
958    Gloria  Female 1987-10-24   39833   False   Engineering
816     Kelly  Female 2007-03-17   39371   False   Engineering
804     Shawn    Male 2008-03-17   39335   False  Distribution
** 薪水低于 35100 元或高于 149900 元的员工信息，按入职日期降序排序 **
     FirstName  Gender  StartDate  Salary  IsMgmt     Team
429       Rose  Female 2015-05-28  149903   False       HR
644  Katherine  Female 1996-08-13  149908   False  Finance
576    Michael    Male 1993-07-30   35013   False  Product
238      Kevin    Male 1982-03-25   35061   False    Legal
82      Steven    Male 1980-03-30   35095    True       IT
*** IT 和 Product 两个部门的员工信息(方法一) ***
*** 先按部门排序，再按姓名排序 ***
    FirstName  Gender  StartDate  Salary  IsMgmt  Team
440     Aaron    Male 1990-07-22   52119    True    IT
937     Aaron    <NA> 1986-01-22   63126   False    IT
```

```
639     Amanda     <NA> 1991-08-11    46665    True        IT
879        Amy   Female 2009-05-20    75415   False        IT
564     Andrew     Male 1985-03-29    43414    True        IT
..         ...      ...        ...      ...     ...       ...
176     Victor     Male 2003-01-08   124486   False   Product
422     Victor     Male 2005-09-24   123144    True   Product
157       <NA>   Female 2005-07-27    79536    <NA>   Product
783       <NA>     <NA> 1991-04-15   132505    <NA>   Product
812       <NA>     Male 1994-12-13   141311    <NA>   Product
[201 rows x 6 columns]
*** IT 和 Product 两个部门的员工信息(方法二) ***
*** 先按部门排序，再按姓名排序 ***
    FirstName  Gender  StartDate  Salary  IsMgmt     Team
440     Aaron    Male 1990-07-22   52119    True       IT
937     Aaron    <NA> 1986-01-22   63126   False       IT
639    Amanda    <NA> 1991-08-11   46665    True       IT
879       Amy  Female 2009-05-20   75415   False       IT
564    Andrew    Male 1985-03-29   43414    True       IT
..        ...     ...        ...     ...     ...      ...
176    Victor    Male 2003-01-08  124486   False  Product
422    Victor    Male 2005-09-24  123144    True  Product
157      <NA>  Female 2005-07-27   79536    <NA>  Product
783      <NA>    <NA> 1991-04-15  132505    <NA>  Product
812      <NA>    Male 1994-12-13  141311    <NA>  Product
[201 rows x 6 columns]
*** IT 和 Product 两个部门薪水高于 145000 元的员工信息 ***
*** 按薪水降序排序 ***
    FirstName   Gender   StartDate   Salary  IsMgmt     Team
828   Cynthia   Female  2006-07-12   149684   False  Product
800  Clarence     Male  1989-08-05   148941   False  Product
287      Lois   Female  2011-11-09   147183    True       IT
750     Louis     <NA>  1983-02-05   145274   False  Product
44    Cynthia   Female  1988-11-16   145146    True  Product
*** 除 IT 和 Product 外其他部门的员工信息 ***
*** 先按部门排序，再按姓名排序 ***
     FirstName   Gender   StartDate   Salary   IsMgmt                Team
477     Albert     Male  2008-08-14   137840    False   Business Dev
959     Albert     Male  1992-09-19    45094     True   Business Dev
118    Andrea    Female  2012-01-12   120204    False   Business Dev
590    Andrea    Female  1994-10-30    87575     True   Business Dev
509        Ann   Female  1984-11-04    90719    False   Business Dev
..         ...      ...         ...      ...      ...            ...
567       <NA>   Female  1980-04-01    48141     <NA>           <NA>
626       <NA>   Female  1997-04-13   131755     <NA>           <NA>
774       <NA>   Female  2000-06-18   106428     <NA>           <NA>
826       <NA>     <NA>  1988-08-01    87103     <NA>           <NA>
```

```
951       <NA>  Female  2010-09-14  143638    <NA>         <NA>
[799 rows x 6 columns]
```

使用表达式“Team == ["IT", "Product"]”查询 IT 和 Product 两个部门的员工信息，相比使用表达式“Team == "IT" or Team == "Product"”更简单，且更具扩展性。

【编程练习 5-7】采用与例 5-18 同样的方法，读取 CSV 文件 data\employees.csv，创建 DataFrame。

（1）输出 DataFrame。

（2）输出 DataFrame 的简要汇总信息。

（3）查询 Product 部门担任经理的员工信息，按入职日期降序排序。

（4）查询薪水在[100000, 150000]元内的员工信息，按薪水降序排序。

（5）查询 2015 年入职的员工信息，先按部门升序排序，再按入职日期降序排序。

（6）查询薪水低于 5 万元或高于 10 万元的员工信息，按部门升序排序。

（7）查询 IT、HR 和 Marketing 3 个部门的员工信息，先按部门排序，再按姓名排序。

（8）查询 IT、HR 和 Marketing 3 个部门薪水低于四万元的员工信息，先按部门升序排序，再按薪水降序排序。

（9）查询除 IT、HR 和 Marketing 外其他部门的员工信息，先按部门排序，再按姓名排序。

5.4 重塑和透视表

Pandas 还提供了操作 Series 和 DataFrame 的方法，以便更改数据的表示形式，进行进一步的数据处理或数据汇总。数据通常以所谓的“堆叠”或“记录”格式存储，在“记录”或“宽”格式中，通常每个主题对应一行；在“堆叠”或“长”格式中，在适当的情况下，每个主题对应多行。本节介绍如何调用 DataFrame 的方法 pivot_table( )，对 DataFrame 中的数据进行重塑，创建电子表格样式的数据透视表。

文件 cost.xlsx 记录了某公司 Mike、Kite、Tom 三名业务员从 2023 年 8 月 7～11 日共 25 笔业务的相关数据，每条记录包含 5 项信息：编号（Number）、姓名（Name）、收入（Revenue）、支出（Expenditure）、日期（Date）。

【例 5-19】读取文件 data\cost.xlsx，创建 DataFrame；调用 DataFrame 的方法 pivot_table( )创建数据透视表，对每天（Date）的收入（Revenue）进行分析，仅对单列（收入）进行聚合操作。

程序代码如下：

```
import pandas as pd
df0 = pd.read_excel('data/cost.xlsx').convert_dtypes().astype(
                    {'Date': 'datetime64[ns]'})
print('*** df0 ***')
print(df0)
# 计算每天(Date)收入(Revenue)的总和(sum)
# 以日期作为数据透视表的索引
```

```
df1 = df0.pivot_table(values = 'Revenue', index = 'Date', aggfunc = 'sum')
print('*** 计算每天收入的总和 ***')
print(df1)
# 计算每天(Date)收入(Revenue)的平均值(mean)
df2 = df0.pivot_table(values = 'Revenue', index = 'Date', aggfunc = 'mean')
print('*** 计算每天收入的平均值 ***')
print(df2)
# 计算每天(Date)收入(Revenue)的最大值(max)、最小值(min)
# 参数 aggfunc 可接收多个函数名
df3 = df0.pivot_table(values = 'Revenue', index = 'Date',
                      aggfunc = ['max', 'min'])
print('*** 计算每天收入的最大值、最小值 ***')
print(df3)
# 计算每天(Date)收入(Revenue)的总和(sum)
# 日期作为数据透视表的列
df4 = df0.pivot_table(values = 'Revenue', columns = 'Date', aggfunc = 'sum')
print('*** 计算每天收入的总和 ***')
print(df4)
```

程序运行结果如下：

```
*** df0 ***
    Number  Name  Revenue  Expenditure        Date
0     1056   Tom     8204          376  2023-08-07
1     1057  Kite     2644          485  2023-08-07
2     1058  Mike     2211          629  2023-08-07
3     1059   Tom     4209          440  2023-08-07
4     1060  Mike     8642          748  2023-08-07
5     1061  Mike     6639          365  2023-08-08
6     1062   Tom     4211          688  2023-08-08
7     1063  Kite     6525          777  2023-08-08
8     1064  Kite     4123          783  2023-08-09
9     1065  Kite     7194          353  2023-08-09
10    1066   Tom     5039          444  2023-08-09
11    1067  Mike     4290          451  2023-08-09
12    1068  Mike     4894          403  2023-08-09
13    1069   Tom     7786          749  2023-08-09
14    1070  Mike     8320          392  2023-08-10
15    1071  Kite     6234          642  2023-08-10
16    1072  Mike     3769          589  2023-08-10
17    1073   Tom     4291          768  2023-08-10
18    1074  Kite     5998          587  2023-08-11
19    1075   Tom     4949          619  2023-08-11
20    1076  Mike     8262          797  2023-08-11
21    1077   Tom     8714          490  2023-08-11
22    1078  Kite     8557          656  2023-08-11
23    1079  Mike     8295          488  2023-08-11
```

```
24    1080   Tom      5435           357  2023-08-11
*** 计算每天收入的总和 ***
             Revenue
Date
2023-08-07     25910
2023-08-08     17375
2023-08-09     33326
2023-08-10     22614
2023-08-11     50210
*** 计算每天收入的平均值 ***
                  Revenue
Date
2023-08-07        5182.0
2023-08-08   5791.666667
2023-08-09   5554.333333
2023-08-10        5653.5
2023-08-11   7172.857143
*** 计算每天收入的最大值、最小值 ***
               max     min
           Revenue Revenue
Date
2023-08-07    8642    2211
2023-08-08    6639    4211
2023-08-09    7786    4123
2023-08-10    8320    3769
2023-08-11    8714    4949
*** 计算每天收入的总和 ***
Date     2023-08-07  2023-08-08  2023-08-09  2023-08-10  2023-08-11
Revenue       25910       17375       33326       22614       50210
```

方法 pivot_table( )的参数 values 指定要聚合的列；参数 index 指定数据透视表的索引，并作为分组的键；参数 aggfunc 指定聚合操作的函数名称，常用的聚合操作函数名称有 sum（总和）、mean（平均值）、max（最大值）、min（最小值）和 count（计数）等；参数 columns 指定数据透视表的列，并作为分组的键。

注意对比获取 df1 和 df4 时，方法 pivot_table( )参数的区别，以及 df1 和 df4 输出结果的区别。

【例 5-20】 读取文件 data\cost.xlsx，创建 DataFrame；调用 DataFrame 的方法 pivot_table( )创建数据透视表，对每天（Date）的支出（Expenditure）和收入（Revenue）进行分析，对多列（支出、收入）进行聚合操作。

程序代码如下：

```
import pandas as pd
df0 = pd.read_excel('data/cost.xlsx').convert_dtypes().astype(
                   {'Date': 'datetime64[ns]'})
# 计算每天(Date)支出(Expenditure)、收入(Revenue)的总和(sum)
```

```
# 以日期作为数据透视表的索引
df1 = df0.pivot_table(values = ['Expenditure', 'Revenue'], index =
                      'Date',aggfunc = 'sum')
print('*** 计算每天支出、收入的总和 ***')
print(df1)
# 计算每天(Date)支出(Expenditure)、收入(Revenue)的最大值(max)、最小值(min)
df2 = df0.pivot_table(values = ['Expenditure', 'Revenue'], index =
                      'Date',aggfunc = ['max', 'min'])
print('*** 计算每天支出、收入的最大值、最小值 ***')
print(df2)
# 计算每天(Date)支出(Expenditure)的最小值(min)、收入(Revenue)的最大值
  (max)
# 给参数 aggfunc 传入字典，指定计算支出的最小值、收入的最大值
df3 = df0.pivot_table(values = ['Expenditure', 'Revenue'], index =
                      'Date',aggfunc = {'Expenditure':
                      'min', 'Revenue': 'max'})
print('*** 计算每天支出的最小值、收入的最大值 ***')
print(df3)
# 计算每天(Date)支出(Expenditure)、收入(Revenue)的总和(sum)
# 日期作为数据透视表的列
df4 = df0.pivot_table(values = ['Expenditure', 'Revenue'], columns =
                 'Date',aggfunc = 'sum')
print('*** 计算每天支出、收入的总和 ***')
print(df4)
```

程序运行结果如下：

```
*** 计算每天支出、收入的总和 ***
            Expenditure  Revenue
Date
2023-08-07         2678    25910
2023-08-08         1830    17375
2023-08-09         3183    33326
2023-08-10         2391    22614
2023-08-11         3994    50210
*** 计算每天支出、收入的最大值、最小值 ***
                   max                  min
           Expenditure Revenue Expenditure Revenue
Date
2023-08-07         748    8642         376    2211
2023-08-08         777    6639         365    4211
2023-08-09         783    7786         353    4123
2023-08-10         768    8320         392    3769
2023-08-11         797    8714         357    4949
*** 计算每天支出的最小值、收入的最大值 ***
            Expenditure  Revenue
Date
```

```
2023-08-07          376    8642
2023-08-08          365    6639
2023-08-09          353    7786
2023-08-10          392    8320
2023-08-11          357    8714
*** 计算每天支出、收入的总和 ***
Date         2023-08-07  2023-08-08  2023-08-09  2023-08-10  2023-08-11
Expenditure        2678        1830        3183        2391        3994
Revenue           25910       17375       33326       22614       50210
```

注意对比获取 df1 和 df4 时，方法 pivot_table( )参数的区别，以及 df1 和 df4 输出结果的区别。

【例 5-21】读取文件 data\cost.xlsx，创建 DataFrame；调用 DataFrame 的方法 pivot_table( )创建数据透视表，先对每天（Date）每名业务员（Name）的支出（Expenditure）和收入（Revenue）进行分析，再对每名业务员（Name）每天（Date）的支出（Expenditure）和收入（Revenue）进行分析。

程序代码如下：

```
import pandas as pd
df0 = pd.read_excel('data/cost.xlsx').convert_dtypes().astype(
                     {'Date': 'datetime64[ns]'})
# 计算每天(Date)每名业务员(Name)收入(Revenue)的总和(sum)
# 日期作为数据透视表的索引，姓名作为数据透视表的列
df1 = df0.pivot_table(values = 'Revenue', index = 'Date',
                      columns = 'Name', aggfunc = 'sum')
print('*** 计算每天每名业务员收入的总和 ***')
print(df1)
# 计算每天(Date)每名业务员(Name)支出(Expenditure)、收入(Revenue)的总和(sum)
# 以日期作为数据透视表的索引，姓名作为数据透视表的列
df2 = df0.pivot_table(values = ['Expenditure', 'Revenue'], index =
                      'Date',columns = 'Name', aggfunc = 'sum')
print('*** 计算每天每名业务员支出、收入的总和 ***')
print(df2)
# 计算每名业务员(Name)每天(Date)收入(Revenue)的总和(sum)
# 以姓名作为数据透视表的索引，日期作为数据透视表的列
df3 = df0.pivot_table(values = 'Revenue', index = 'Name',
                      columns = 'Date', aggfunc = 'sum')
print('*** 计算每名业务员每天收入的总和 ***')
print(df3)
# 计算每名业务员(Name)每天(Date)支出(Expenditure)、收入(Revenue)的总和(sum)
# 以姓名作为数据透视表的索引，日期作为数据透视表的列
df4 = df0.pivot_table(values = ['Expenditure', 'Revenue'], index =
                      'Name',columns = 'Date', aggfunc = 'sum')
print('*** 计算每名业务员每天支出、收入的总和 ***')
print(df4)
```

程序运行结果如下：

```
*** 计算每天每名业务员收入的总和 ***
Name         Kite   Mike    Tom
Date
2023-08-07   2644  10853  12413
2023-08-08   6525   6639   4211
2023-08-09  11317   9184  12825
2023-08-10   6234  12089   4291
2023-08-11  14555  16557  19098
*** 计算每天每名业务员支出、收入的总和 ***
           Expenditure             Revenue
Name              Kite  Mike  Tom     Kite   Mike    Tom
Date
2023-08-07         485  1377  816     2644  10853  12413
2023-08-08         777   365  688     6525   6639   4211
2023-08-09        1136   854 1193    11317   9184  12825
2023-08-10         642   981  768     6234  12089   4291
2023-08-11        1243  1285 1466    14555  16557  19098
*** 计算每名业务员每天收入的总和 ***
Date  2023-08-07  2023-08-08  2023-08-09  2023-08-10  2023-08-11
Name
Kite        2644        6525       11317        6234       14555
Mike       10853        6639        9184       12089       16557
Tom        12413        4211       12825        4291       19098
*** 计算每名业务员每天支出、收入的总和 ***
     Expenditure                        ...    Revenue
Date  2023-08-07 2023-08-08 2023-08-09  ... 2023-08-10 2023-08-11
Name                                    ...
Kite         485        777       1136  ...       6234      14555
Mike        1377        365        854  ...      12089      16557
Tom          816        688       1193  ...       4291      19098
[3 rows x 10 columns]
```

5.5 数据可视化

Matplotlib 是一个用于在 Python 中创建静态、动画和交互式可视化的综合库。Matplotlib 让简单的事情变得容易，让困难的事情成为可能。Matplotlib 不仅能够制作高质量图片，还能够制作可以缩放、平移和更新的交互式图形。Matplotlib 的官方网址为 https://matplotlib.org。

Matplotlib 是第三方库，不是 Python 的标准库，因此使用前需要安装。使用 Python 自带的工具 pip 安装 Matplotlib 的指令为“pip install matplotlib”。

5.5.1 Matplotlib 基础

【例 5-22】根据坐标点绘制折线图。

程序代码如下：

```
# 导入 matplotlib 库中的 pyplot 模块
import matplotlib.pyplot as plt
# 5 个坐标点 (1,1) (2,4) (3,2) (4,5) (5,3)
x=[1, 2, 3, 4, 5]              # x 轴坐标
y=[1, 4, 2, 5, 3]              # y 轴坐标
fig, ax=plt.subplots()         # 创建图形 fig 和坐标轴 ax
ax.plot(x, y)                  # 在坐标轴 ax 上，根据坐标点绘制折线图
plt.show()                     # 显示图形
```

程序运行结果如图 5-2 所示。

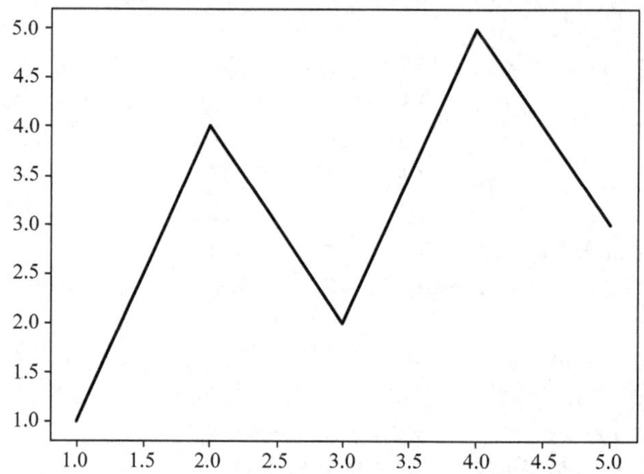

图 5-2　例 5-22 程序运行结果（折线图）

本例调用方法 subplots( )创建图形和坐标轴，调用方法 plot( )绘制折线图。本例中除了调用方法 plt.show( )显示图形外，还可以调用方法 plt.savefig('文件名') 将图形存储到文件中。

【例 5-23】绘制函数 y = x 的图形，设置图例、标题及轴标签。

程序代码如下：

```
import numpy as np
import matplotlib.pyplot as plt
# x 轴坐标：[0, 2] 内等距的 100 个浮点数
x = np.linspace(start = 0, stop = 2, num = 100)
y = x                               # y 轴坐标
# 创建图形 fig（宽 10 英寸，高 6.18 英寸）和坐标轴 ax
fig, ax = plt.subplots(figsize = (10, 6.18))
# 在坐标轴 ax 上绘制函数 y = x 的图形，并设置图例 linear
ax.plot(x, y, label = 'linear')
ax.legend()                         # 放置图例
ax.set_title('Simple Plot')         # 设置标题
ax.set_xlabel('x label')            # 设置 x 轴的标签
ax.set_ylabel('y label')            # 设置 y 轴的标签
plt.show()                          # 显示图形
```

程序运行结果如图 5-3 所示。

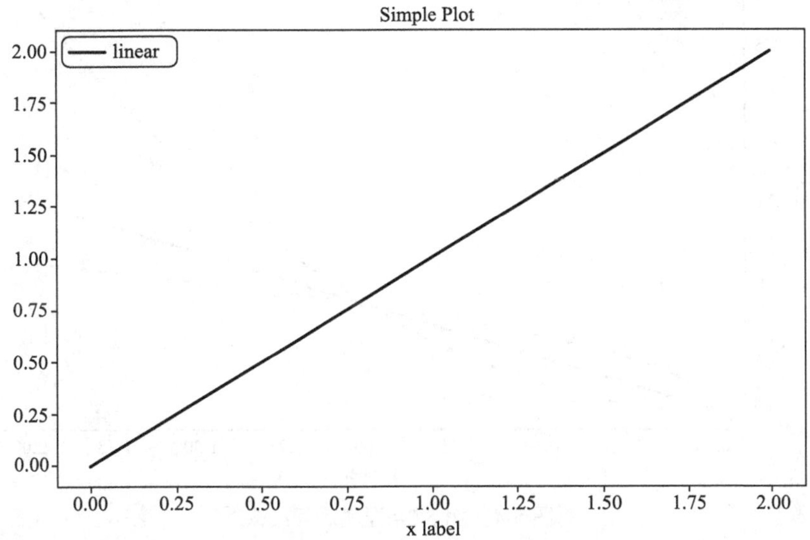

图 5-3 例 5-23 程序运行结果

NumPy 的方法 linspace(start, stop, num)在[start, stop]内返回等距的 num 个浮点数。

【例 5-24】在一个坐标轴上绘制 3 个图形。

程序代码如下：

```
import numpy as np
import matplotlib.pyplot as plt
x = np.linspace(start = 0, stop = 2, num = 100)
fig, ax = plt.subplots(figsize = (10, 6.18))
# 在坐标轴 ax 上绘制函数 y = x 的图形，图例设为 linear，线型选用实线
y1 = x                              # y 轴坐标
ax.plot(x, y1, label = 'linear', linestyle = '-')
# 在坐标轴 ax 上绘制函数 y=x**2 的图形，图例设为 quadratic，线型选用点画线
y2 = x ** 2                         # y 轴坐标
ax.plot(x, y2, label = 'quadratic', linestyle = '-.')
# 在坐标轴 ax 上绘制函数 y = x ** 0.5 的图形，图例设为 sqrt，线型选用虚线
y3 = x ** 0.5                       # y 轴坐标
ax.plot(x, y3, label = 'sqrt', linestyle = ':')
ax.legend()                         # 放置图例
ax.set_title('Simple Plot')         # 设置标题
ax.set_xlabel('x label')            # 设置 x 轴的标签
ax.set_ylabel('y label')            # 设置 y 轴的标签
plt.show()                          # 显示图形
```

程序运行结果如图 5-4 所示。

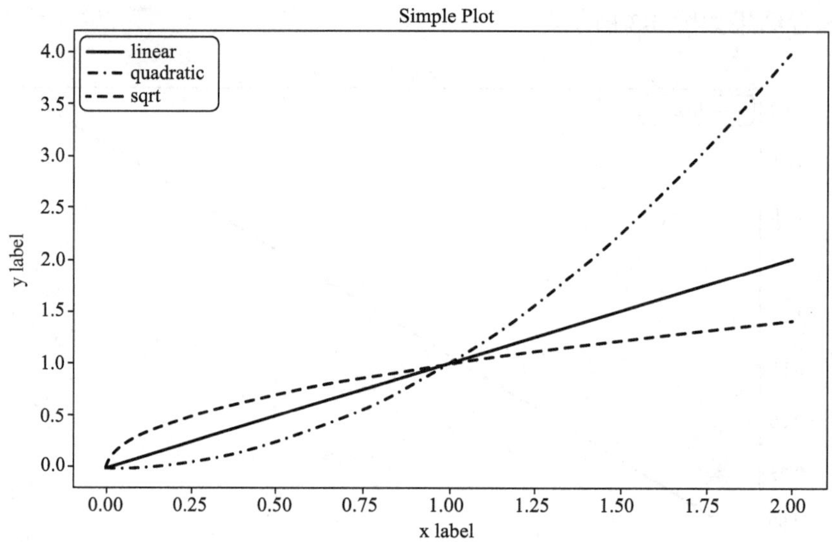

图 5-4　例 5-24 程序运行结果

【例 5-25】在 3 个坐标轴上分别绘制图形。

程序代码如下：

```
import numpy as np
import matplotlib.pyplot as plt
x = np.linspace(start = 0, stop = 2, num = 100)
# 创建图形 fig （宽 10 英寸，高 6.18 英寸）和坐标轴 axs
# 共 3 个坐标轴 axs[0]、axs[1]、axs[2]
fig, axs = plt.subplots(nrows = 1, ncols = 3, figsize = (10, 6.18))
# 在坐标轴 axs[0] 上绘制函数 y = x 的图形
y1 = x                              # y 轴坐标
axs[0].plot(x, y1)
axs[0].set_title('linear')          # 设置标题
# 在坐标轴 axs[1] 上绘制函数 y = x ** 2 的图形
y2 = x ** 2                         # y 轴坐标
axs[1].plot(x, y2)
axs[1].set_title('quadratic')       # 设置标题
# 在坐标轴 axs[2] 上绘制函数 y = x ** 0.5 的图形
y3 = x ** 0.5                       # y 轴坐标
axs[2].plot(x, y3)
axs[2].set_title('sqrt')            # 设置标题
plt.show()                          # 显示图形
```

程序运行结果如图 5-5 所示。

Matplotlib 不仅能够绘制折线图，而且能够绘制常用的垂直条形图、水平条形图、直方图、面积图、饼图、散点图等。

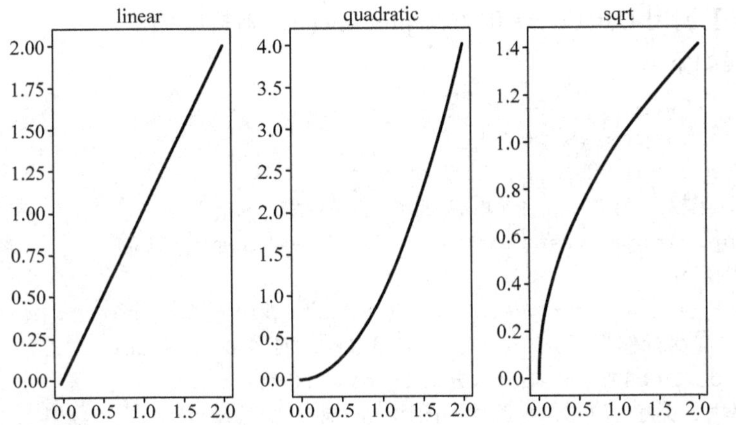

图 5-5　例 5-25 程序运行结果

5.5.2　Pandas 图表可视化

可以将 Series 或 DataFrame 中的数据取出，然后分别作为横坐标、纵坐标传入 Matplotlib 的 plot( )、bar( )、pie( )等绘图方法，从而实现图表可视化，但是 Pandas 还提供了类似的方法，可以直接实现图表可视化。

【例 5-26】 调用 Series 的方法 plot.line( )绘制折线图。

程序代码如下：

```
import numpy as np
import pandas as pd
import matplotlib.pyplot as plt
# x 轴坐标：[0, 2] 内等距的 100 个浮点数
x = np.linspace(start = 0, stop = 2, num = 100)
y = x          # y 轴坐标
# 以 x 轴坐标作为索引，y 轴坐标作为数据，创建 Series
obj = pd.Series(data = y, index = x)
# 在宽 10 英寸、高 6.18 英寸的图形上，根据 Series 中的数据绘制折线图
obj.plot.line(figsize = (10, 6.18))
plt.show()     # 显示图形
```

程序运行结果如图 5-6 所示。

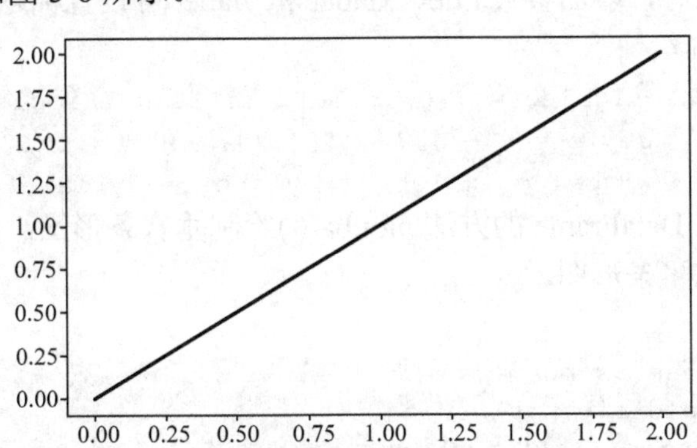

图 5-6　例 5-26 程序运行结果（折线图）

【例 5-27】调用 DataFrame 的方法 plot.line( )绘制折线图。

程序代码如下：

```
import numpy as np
import pandas as pd
import matplotlib.pyplot as plt
# x 轴坐标：[0, 2] 内等距的 100 个浮点数
x = np.linspace(start = 0, stop = 2, num = 100)
# y 轴坐标
threeY = {'linear': x, 'quadratic': x ** 2, 'sqrt': x ** 0.5}
# 以 x 轴坐标作为索引，y 轴坐标作为数据，创建 DataFrame
df = pd.DataFrame(data = threeY, index = x)
# 在宽 10 英寸、高 6.18 英寸的图形上，根据 DataFrame 中的数据
# 依次使用实线、点画线、虚线绘制折线图
df.plot.line(figsize = (10, 6.18), style = ['-', '-.', ':'])
plt.show()    # 显示图形
```

程序运行结果如图 5-7 所示。

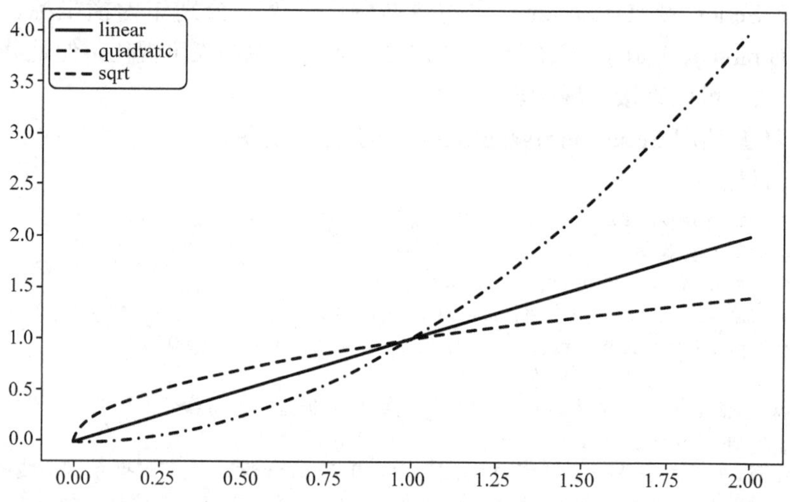

图 5-7　例 5-27 程序运行结果（折线图）

调用方法 line( )时，增加参数 title、xlabel 和 ylabel 可设置标题、x 轴标签和 y 轴标签，运行结果见图 5-4。

```
df.plot.line(figsize = (10, 6.18), title = 'Simple Plot',
             style = ['-', '-.', ':'],
             xlabel = 'x label', ylabel = 'y label')
```

【例 5-28】调用 DataFrame 的方法 plot.bar( )绘制垂直条形图，调用 DataFrame 的方法 plot.barh( )绘制水平条形图。

程序代码如下：

```
import pandas as pd
import matplotlib.pyplot as plt
# 数据来源 https://allisonhorst.github.io/palmerpenguins/
# 3 个物种：阿德利企鹅、南极企鹅、巴布亚企鹅
```

```
species = ['Adelie', 'Chinstrap', 'Gentoo']
# 企鹅数据平均值：喙深度、喙长度、脚蹼长度
penguin_means = {
    'Bill Depth': [18.35, 18.43, 14.98],
    'Bill Length': [38.79, 48.83, 47.50],
    'Flipper Length': [189.95, 195.82, 217.19]
}
# 以物种信息作为索引，企鹅数据平均值作为数据，创建 DataFrame
df = pd.DataFrame(data = penguin_means, index = species)
df.plot.bar(figsize = (10, 8))        # 绘制垂直条形图
df.plot.barh(figsize = (10, 6.18))    # 绘制水平条形图
plt.show()                            # 显示图形
```

程序运行结果如图 5-8 和图 5-9 所示。

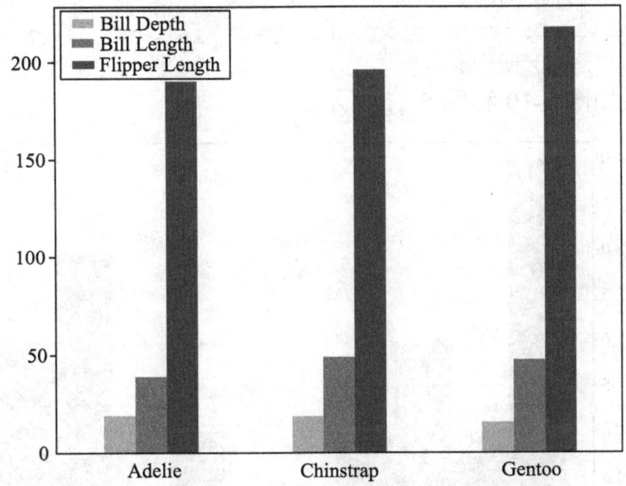

图 5-8　例 5-28 程序运行结果（垂直条形图）

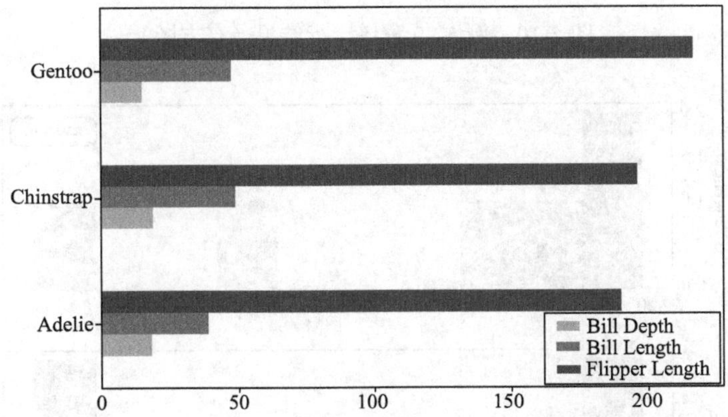

图 5-9　例 5-28 程序运行结果（水平条形图）

【例 5-29】调用 DataFrame 的方法 plot.hist( )绘制直方图。

程序代码如下：

```
import pandas as pd
```

```
import matplotlib.pyplot as plt
# 14 个人的性别、年龄信息
rd = {'gender': list('MMMMMMMMFFFFFF'),
      'age': [8, 10, 12, 14, 72, 74, 76, 78, 20, 25, 30, 35, 60, 85]}
# 以性别、年龄作为数据，创建 DataFrame
df = pd.DataFrame(data = rd)
# 直方图：由一系列高度不等的纵向条纹或线段表示数据分布的情况
# 一般用横轴表示数据范围，纵轴表示分布情况
# 使用参数 column 指定 ['age']，即绘制年龄分布的直方图
df.plot.hist(column = ['age'], figsize=(10, 6.18))
# 使用参数 by 指定 'gender'，即按性别分组
# 第一组，绘制女性(F)的年龄分布直方图
# 第二组，绘制男性(M)的年龄分布直方图
df.plot.hist(column = ['age'], by = 'gender', figsize=(10, 6.18))
plt.show()  # 显示图形
```

程序运行结果如图 5-10 和图 5-11 所示。

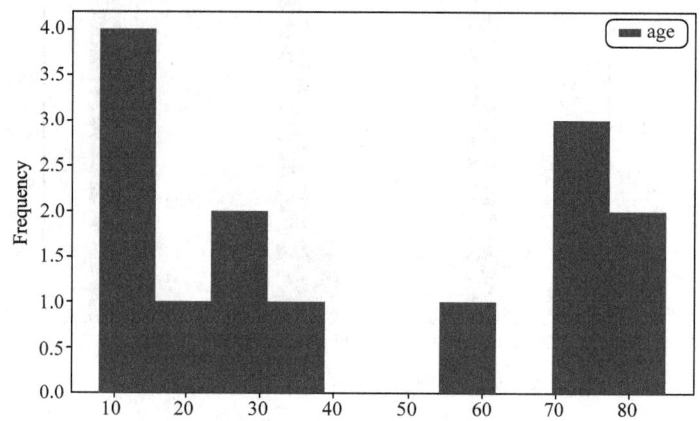

图 5-10　例 5-29 程序运行结果（直方图）

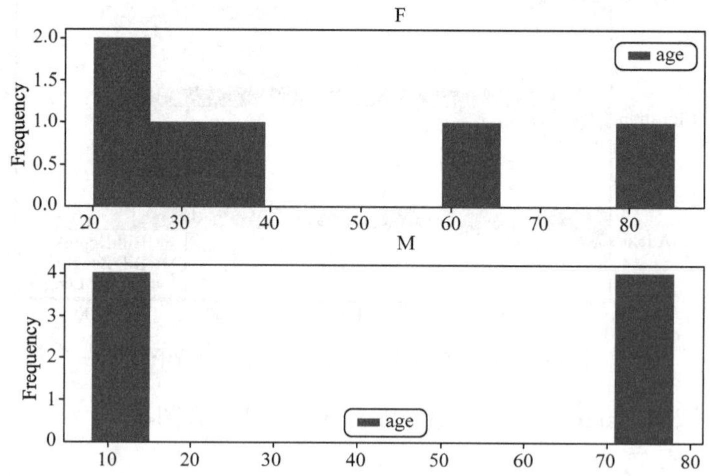

图 5-11　例 5-29 程序运行结果（按性别分组后的直方图）

【例 5-30】调用 DataFrame 的方法 plot.area( )绘制面积图。

程序代码如下：

```
import pandas as pd
import matplotlib.pyplot as plt
# 月份
months = ['Jan', 'Feb', 'Mar', 'Apr', 'May', 'Jun']
# 某网站的基本业务指标：销售、注册、访问信息
rd = {'sales': [3, 2, 3, 9, 10, 6],
      'signups': [5, 5, 6, 12, 14, 13],
      'visits': [20, 42, 28, 62, 81, 50]}
# 以月份作为索引，网站的基本业务指标作为数据，创建 DataFrame
df = pd.DataFrame(data = rd, index = months)
# 根据基本业务指标绘制面积图
df.plot.area(figsize=(10, 6.18))
plt.show()  # 显示图形
```

程序运行结果如图 5-12 所示。

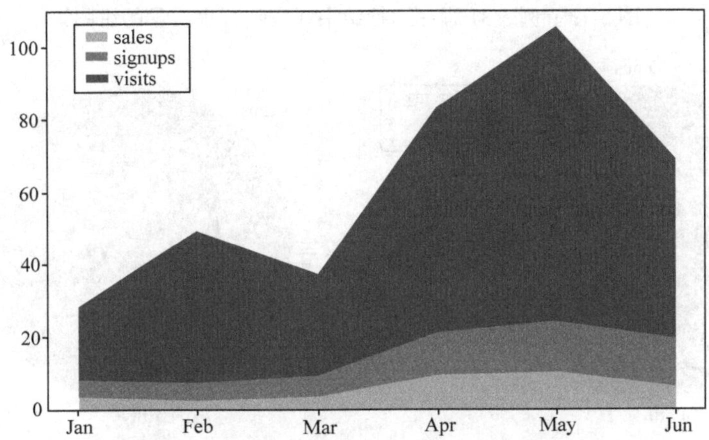

图 5-12 例 5-30 程序运行结果（面积图）

【例 5-31】调用 DataFrame 的方法 plot.pie( )绘制饼图。

程序代码如下：

```
import pandas as pd
import matplotlib.pyplot as plt
# 行星的名称(水星 Mercury、金星 Venus、地球 Earth)作为索引
# 行星的质量(mass)和半径(radius)作为数据，创建 DataFrame
df = pd.DataFrame(data = {'mass': [0.330, 4.87 , 5.97],
                          'radius': [2439.7, 6051.8, 6378.1]},
                  index = ['Mercury', 'Venus', 'Earth'])
# 使用参数 y 指定 'mass'，即绘制表示行星质量的饼图
# 使用参数 autopct 指定显示百分比信息的格式
df.plot.pie(y = 'mass', figsize = (10, 6.18), autopct = '%.2f%%')
# 分别绘制表示行星质量和半径的饼图，按指定格式显示百分比信息
# 使用参数 subplots 指定 True，即按 DataFrame 中的每一列分别绘制饼图
```

```
# DataFrame 中有两列：行星的质量(mass)、行星的半径(radius)
# 所以，有两个饼图
df.plot.pie(subplots = True, figsize = (15, 9.27), autopct = '%.2f%%')
plt.show()  # 显示图形
```

程序运行结果如图 5-13 和图 5-14 所示。

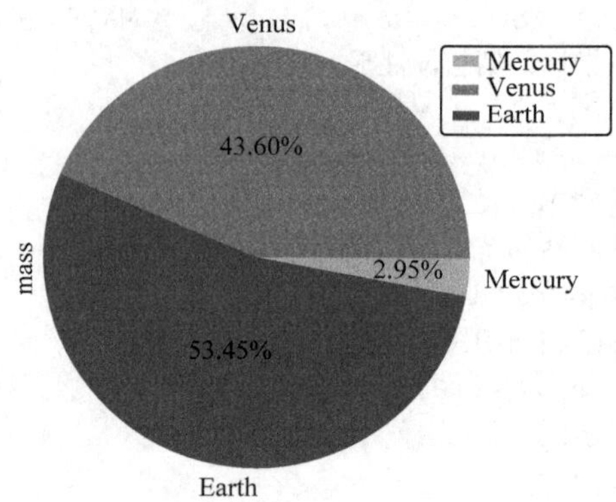

图 5-13 例 5-31 程序运行结果（表示行星质量的饼图）

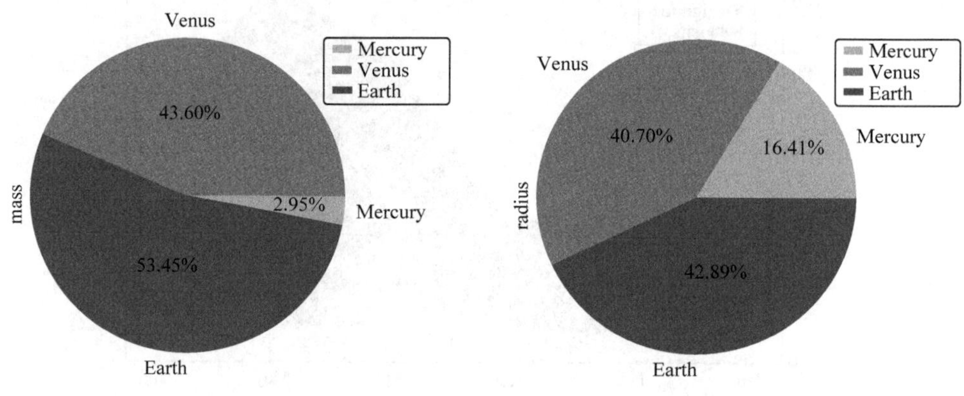

（a）行星质量饼图　　（b）行星半径饼图

图 5-14 例 5-31 程序运行结果（表示行星质量和半径的饼图）

【例 5-32】调用 DataFrame 的方法 plot.scatter( )绘制散点图。

程序代码如下：

```
import pandas as pd
import matplotlib.pyplot as plt
# 以平均温度、啤酒销量作为数据，创建 DataFrame
df = pd.DataFrame(data = {
    'temperature': [5.5, 6.6, 8.1, 15.8, 19.5, 22.4, 28.3, 28.9],
    'sales': [2.38, 3.85, 4.41, 5.67, 5.44, 6.03, 8.15, 6.87]})
# 使用参数 x 指定 'temperature'，即平均温度作为横坐标
# 使用参数 y 指定 'sales'，即啤酒销量作为纵坐标
# 绘制散点图
df.plot.scatter(x = 'temperature', y = 'sales', figsize = (10, 6.18))
plt.show()  # 显示图形
```

程序运行结果如图 5-15 所示。

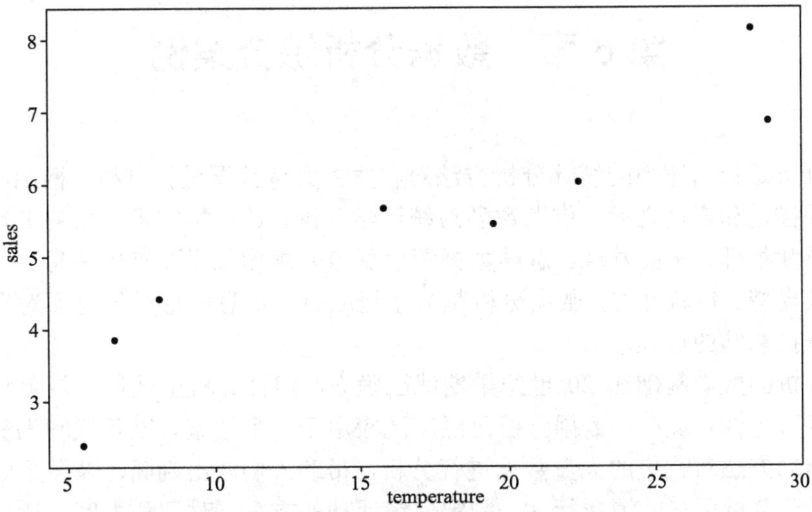

图 5-15　例 5-32 程序运行结果（散点图）

除了以上常用图形外，Pandas 的 plotting 模块还提供了用于绘制散点矩阵图、安德鲁斯曲线图、平行坐标图、雷达图、引导图等的方法。

第6章　数据分析综合案例

数据分析是指用适当的统计分析方法对收集的大量数据进行分析、概括和总结，并进行恰当的描述和表达之后，借助数学与统计学理论、计算机技术、相关工具和编程语言进行分析和处理，试图发现、总结数据背后隐藏的规律并提取有用信息，为下一步决策提供有效支持。也就是说，数据分析是为了提取有用信息和形成结论而对数据加以详细研究和概括总结的过程。

数据分析的数学基础在 20 世纪早期就已确立，但计算机出现后，规范和自动化的分析才具备可行性。现在，数据分析已经广泛应用于各个领域。以互联网为例，数据分析使用适当的方法对收集的大量数据进行分析，帮助人们做出判断，以便采取适当的行动：电商平台分析用户的消费行为，制定促销活动的方案、时间和力度，计算用户活跃度，分析产品的回购力度；短视频平台通过用户的点击和观看行为数据有针对性地给用户推送他们喜欢的视频；广告主分析广告点击率，决定投放平台、制定广告定向人群方案、决定投放时间；保险公司从大量赔付申请数据中判断哪些有骗保的可能，支付宝通过分析大量的用户消费记录和行为自动调整其花呗额度等。

本章案例主要使用 Python 编程工具实现数据分析，解释器使用 Jupyter Notebook。Jupyter Notebook 是基于 Web 的交互式计算环境，可以编辑易于人们阅读的文档，用于展示数据分析的过程。

6.1　中国大学排行榜数据分析

中国大学排行榜综合考虑了学校的教学、科研和社会影响等多方面因素，是衡量一所大学综合实力的重要标准。

提供大学排名的组织和机构有很多，这里选择“软科中国大学排名”（网址 https://www.shanghairanking.cn）。“软科中国大学排名”的前身是“中国最好大学排名”，由上海交通大学推出。“软科中国大学排名”自 2015 年首次发布以来，以专业、客观、透明的优势赢得了高等教育领域内外的广泛关注和认可，已经成为具有重要社会影响力和权威参考价值的中国大学排名领先品牌，是国际四大大学排行榜之一。“软科中国大学排名”以服务中国高等教育发展和进步为导向，依托自主研发的高等教育评价专利技术和“大学 360 度数据监测平台”的大数据支持，采用数百项指标变量对中国大学进行全方位、体系化、监测式评价，向学生、家长和全社会提供及时、可靠、丰富的高校可比信息。

数据分析的对象是数据，因此如何收集数据是数据分析的第一要务。数据收集方法有很多，这里使用 Python 的网络爬虫技术从指定网络上获取需要的数据，如图 6-1 所示。本案例拟从软科中国大学排名网站爬取 2023 年的大学排行榜单，并对其数据进行统计分析和可视化分析。榜单数据包括排名、学校名称、省市、类型、总分、办学层次、学科水平、办学资源、师资规模与结构、人才培养、科学研究、服务社会、高端人才、重大项目与成果、国际竞争力等字段。

中国大学排名（主榜） 共 590 所学校　请输入学校名称

排名	学校名称	省市	类型	总分	办学层次
1	清华大学 Tsinghua University 双一流/985/211	北京	综合	1004.1	37.5
2	北京大学 Peking University 双一流/985/211	北京	综合	910.5	35.0
3	浙江大学 Zhejiang University 双一流/985/211	浙江	综合	822.9	35.9
4	上海交通大学 Shanghai Jiao Tong Univers... 双一流/985/211	上海	综合	778.6	35.7
5	复旦大学 Fudan University 双一流/985/211	上海	综合	712.4	36.5
6	南京大学 Nanjing University 双一流/985/211	江苏	综合	676.2	37.7
7	中国科学技术大学 University of Science and T... 双一流/985/211	安徽	理工	608.6	40.0
8	华中科技大学 Huazhong University of Sci... 双一流/985/211	湖北	综合	606.2	32.2
9	武汉大学 Wuhan University 双一流/985/211	湖北	综合	599.1	31.8
10	西安交通大学 Xi'an Jiaotong University 双一流/985/211	陕西	综合	572.6	34.2

图 6-1 软科中国大学排名 2023 网页片段

6.1.1 数据爬取

1. 爬虫准备

在对一个网站进行信息爬取之前，需要注意两个问题：第一个问题是爬虫可行性，该网站是否可以爬取，若可以那么能够爬取到什么内容；第二个问题是网站类型，是静态网页还是动态网页。

1）爬虫可行性

理论上，每个网站都会有网络爬虫排除标准文件 robots.txt，这份文件说明了网站是否可以进行爬取，以及可以爬取什么内容。网站的 robots.txt 一般放置在根目录下，所以可以直接在浏览器地址栏输入网站地址加上 robots.txt 进行查看。爬取网页地址为爬取数据来源，其网址为 https://www.shanghairanking.cn/rankings/bcur/2023，则网络爬虫标准文件查看地址为 https://www.shanghairanking.cn/robots.txt，如图 6-2 所示，结果显示 404，即未找到文件，说明此网站可以爬取。

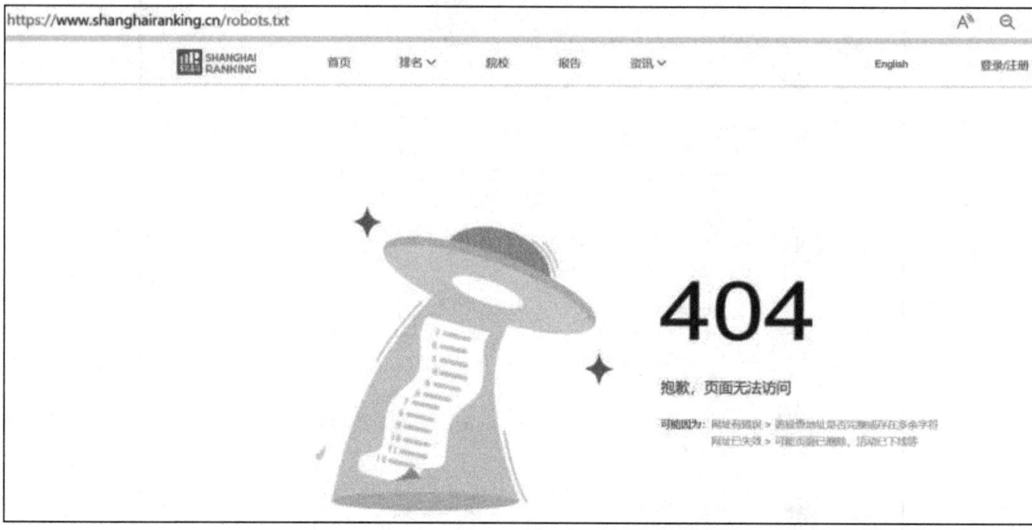

图 6-2　网站爬虫标准文件查看结果

2）网页类型

网页分为静态网页和动态网页，两者采用不同的网页编程技术。静态网页随着 HTML 代码的生成，页面的内容和显示效果基本上就不会发生变化了，除非修改页面代码。但动态网页则不然，页面代码虽然没有变，但是显示的内容却可以随着时间、环境或者数据库操作的结果而发生变化。

识别网页类型的方法是：在所要识别的网页上任意位置右击，在弹出的快捷菜单中选择“查看网页源代码”命令；若源代码中包括网页中的所有文本信息，则说明该网页为静态网页，否则为动态网页。

在网页源代码页面按 Ctrl+F 组合键，在弹出的搜索框中输入“武汉纺织大学”，如图 6-3 所示，搜索结果为“0/0”，表明此网页为动态网页。

图 6-3　网页内容搜索框

2. 网络爬虫实现

本案例爬取的网页为动态网页。爬虫的爬取过程如下：①使用开发者工具获取网页真实 URL；②使用 requests 库从网络上获取网页内容；③分析网页内容格式并提取有用数据到恰当的数据结构中；④使用 Pandas 完成数据保存。

这里直接给出软科中国大学排名网站返回数据的应用程序接口（application programming interface，API）https://www.shanghairanking.cn/api/pub/v1/bcur?bcur_type=11&year =2023。从这个 API 中可以获取 2023 年的大学排名信息，且不存在编码问题，获得的网页信息可以直接被 JS 键值对数据（JavaScript Object，JSON）解析。在浏览器的地址栏里输入上述地址，结果如图 6-4 所示。

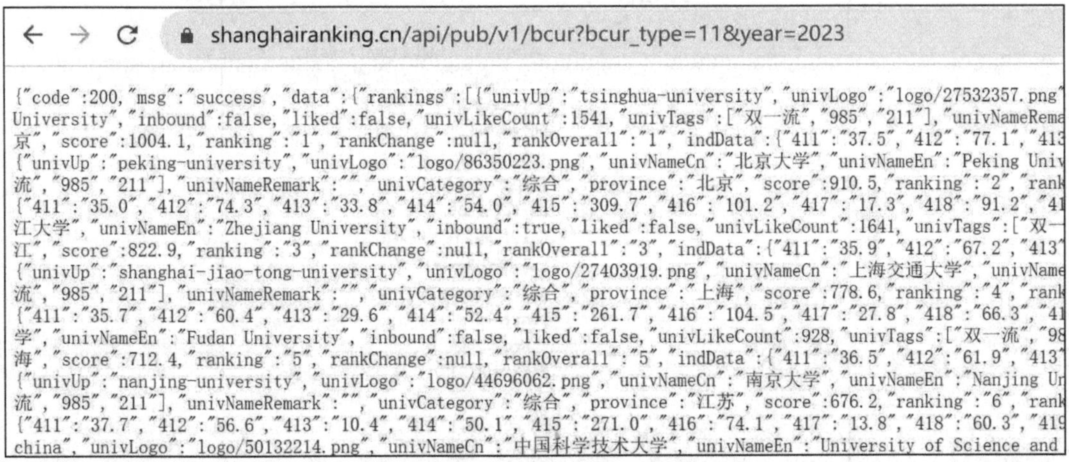

图 6-4　真实网页源代码部分截图

可以使用 requests 库获取图中网页对应的内容到程序中，并将其解析为 JSON 格式，代码如下：

```
import requests                          # 导入 requests 库
import pandas as pd                      # 导入 pandas 库，数据保存需要用到此库
url = f"https://www.shanghairanking.cn/api/pub/v1/bcur?bcur_type=
                11&year=2023"    # API 接口的 URL 地址
r = requests.get(url, timeout=30)      # 获取网页内容到 r 中
univData = r.json()          # 使用 json() 函数将网页数据解析为 JSON 格式
print(univData)
```

打印 univData 发现结果与图 6-4 所示数据一致，但此数据并不友好，无法直观看到其层次结构，因此需要对其进行解析。在网络上搜索“JSON 在线解析工具”对 univData（或图 6-4）中的数据进行解析，结果如图 6-5 所示，解析后的数据结构非常有层次且易于理解，便于后续编写程序提取此结构中的数据。

由图 6-5 可知，此案例中需要的所有字段均在“data”键嵌套的“rankings”键对应的值中，这个值也是一个字典，排名字段在“ranking”键对应的值中、学校名称字段在“univNameCn”键对应的值中、省市字段在“province”键对应的值中、类型字段在“univCategory”键对应的值中、总分字段在“score”键对应的值中、办学层次等字段均在“indData”键对应的值中。其中“indData”键对应的值是一个字典，字典中所有元素的键为 411～420 的连续数字代码，如图 6-6 所示。继续搜索 JSON 格式化结果，展开“data”→“inds”键对应的值，如图 6-7 所示，代码“411”表示“办学层次”、“412”表示“学科水平”、“413”表示“办学资源”、“414”表示“师资规模与结构”、“415”

表示“人才培养”、“416”表示“科学研究”、“417”表示“服务社会”、“418”表示“高端人才”、“419”表示“重大项目与成果”、“420”表示“国际竞争力”。


```
⊟{
    "code":200,
    "msg":"success",
    "data":⊟{
        "rankings":⊟[
            ⊟{
                "univUp":"tsinghua-university",
                "univLogo":"logo/27532357.png",
                "univNameCn":"清华大学",
                "univNameEn":"Tsinghua  University",
                "inbound":false,
                "liked":false,
                "univLikeCount":1369,
                "univTags":⊞Array[3],
                "univNameRemark":"",
                "univCategory":"综合",
                "province":"北京",
                "score":1004.1,
                "ranking":"1",
                "rankChange":null,
                "rankOverall":"1",
                "indData":⊟{
                    "411":"37.5",
```


图 6-5　JSON 格式化解析结果部分截图


```
"indData":⊟{
    "411":"31.5",
    "412":"41.5",
    "413":"11.4",
    "414":"48.0",
    "415":"230.3",
    "416":"69.9",
    "417":"23.3",
    "418":"29.2",
    "419":"33.4",
    "420":"28.4"
}
```


图 6-6　indData 键对应的值


```
"data":⊟{
    "rankings":⊞Array[590],
    "inds":⊟[
        ⊟{
            "code":"411",
            "nameCn":"办学层次",
            "weight":null
        },
        ⊟{
            "code":"412",
            "nameCn":"学科水平",
            "weight":null
        },
        ⊟{
            "code":"413",
            "nameCn":"办学资源",
            "weight":null
        },
```


图 6-7　数字代码对应的字段部分截图

通过分析 JSON 格式化数据，可以编写程序将 univData 中人们需要的数据提取到字典中，相应的代码如下：

```
# 定义字典用于存放从网页中提取的数据
items = {
    "排名": [], "学校名称": [], "省市": [], "类型": [], "总分": [], "办
```

```
    学层次": [],
    "学科水平":[], "办学资源": [], "师资规模与结构": [], "人才培养": [], "
    科学研究": [],
    "服务社会": [], "高端人才": [], "重大项目与成果": [], "国际竞争力": []
    }
# 遍历 JSON 数据，将需要的数据提取到字典 items 中
for i in univData['data']['rankings']:
    items['排名'].append(i['ranking'])
    items['学校名称'].append(i['univNameCn'])
    items['省市'].append(i['province'])
    items['类型'].append(i['univCategory'])
    items['总分'].append(i['score'])
    items['办学层次'].append(i['indData']['411'])
    items['学科水平'].append(i['indData']['412'])
    items['办学资源'].append(i['indData']['413'])
    items['师资规模与结构'].append(i['indData']['414'])
    items['人才培养'].append(i['indData']['415'])
    items['科学研究'].append(i['indData']['416'])
    items['服务社会'].append(i['indData']['417'])
    items['高端人才'].append(i['indData']['418'])
    items['重大项目与成果'].append(i['indData']['419'])
    items['国际竞争力'].append(i['indData']['420'])
```

一般情况下，从网页上爬取的数据都会保存到本地磁盘上。这里使用 Pandas 库将数据保存到“中国大学排行榜 2023.csv”文件中，代码如下：

```
df = pd.DataFrame(items)                # 将字典转换为 DataFrame 类型
df.to_csv('中国大学排行榜 2023.csv')    # 将数据保存到 SCV 文件中
```

6.1.2 数据清洗

在实际应用中，人们几乎不可能获取能够直接使用并进行处理、分析、挖掘、可视化的高质量数据，绝大多数数据都存在各种各样的问题，如数据错误、冗余、不一致或者包含缺失值、重复值、异常值。数据挖掘所需要的数据必须满足准确、完整、一致、可信、可解释等基本要求，否则无法给出满意的结果，甚至有可能得到完全错误的结果，因此在进行数据分析与知识发现之前，必须对数据进行清洗。

1. 使用 Pandas 导入数据

使用 Python 的第三方库 Pandas 可快速导入大量数据，进而利用其强大的数据分析功能进行数据分析。对于 6.1.1 节爬取的数据可以使用 pandas.read_csv( )方法导入，读取的数据文件与源代码保存在相同路径下，可使用相对路径读取，代码如下：

```
import pandas as pd                  # 导入 Pandas 库
data = pd.read_csv("中国大学排行榜 2023.csv", index_col=0)# 读取文件数据
data.head()                          # 数据概览，查看前 5 行数据
```

由于 head( )函数没有给参数，因此默认显示前 5 行数据，结果如图 6-8 所示。

	排名	学校名称	省市	类型	总分	办学层次	学科水平	办学资源	师资规模与结构	人才培养	科学研究	服务社会	高端人才	重大项目与成果	国际竞争力
0	1	清华大学	北京	综合	1004.1	37.5	77.1	50.0	53.7	328.6	105.7	46.9	88.8	124.0	91.8
1	2	北京大学	北京	综合	910.5	35.0	74.3	33.8	54.0	309.7	101.2	17.3	91.2	108.9	85.1
2	3	浙江大学	浙江	综合	822.9	35.9	67.2	28.8	51.1	287.8	100.0	30.7	69.6	88.5	63.1
3	4	上海交通大学	上海	综合	778.6	35.7	60.4	29.6	52.4	261.7	104.5	27.8	66.3	90.7	49.5
4	5	复旦大学	上海	综合	712.4	36.5	61.9	20.8	51.1	253.9	84.3	20.5	65.8	61.8	55.7

图 6-8　前 5 行数据概览

使用 Pandas 读入的数据为 dataframe 类型，类似一个二维表格，由行和列构成。

2. 查看数据基本情况

使用 data.info( )可查看数据基本情况，结果如图 6-9 所示。可见共有 590 行 15 列数据；除了“排名”“学校名称”“省市”“类型”“总分”列有 590 条数据外，其余列只有 100 条数据，说明数据中有缺失值；除“学校”“省市”“类型”为字符串类型外，其余列均为数值类型。

进一步可以使用 data.isnull( ).sum( )统计各列数据的缺失值情况，如图 6-10 所示，可见从“办学层次”到“国际竞争力”这 10 列均缺失了 490 条数据，缺失量较大。

```
data.info()   # 查看数据基本情况

<class 'pandas.core.frame.DataFrame'>
Int64Index: 590 entries, 0 to 589
Data columns (total 15 columns):
 #   Column    Non-Null Count  Dtype
---  ------    --------------  -----
 0   排名        590 non-null    int64
 1   学校名称      590 non-null    object
 2   省市        590 non-null    object
 3   类型        590 non-null    object
 4   总分        590 non-null    float64
 5   办学层次      100 non-null    float64
 6   学科水平      100 non-null    float64
 7   办学资源      100 non-null    float64
 8   师资规模与结构   100 non-null    float64
 9   人才培养      100 non-null    float64
 10  科学研究      100 non-null    float64
 11  服务社会      100 non-null    float64
 12  高端人才      100 non-null    float64
 13  重大项目与成果   100 non-null    float64
 14  国际竞争力     100 non-null    float64
dtypes: float64(11), int64(1), object(3)
memory usage: 73.8+ KB
```

图 6-9　数据基本情况

```
data.isnull().sum()

排名           0
学校名称         0
省市           0
类型           0
总分           0
办学层次       490
学科水平       490
办学资源       490
师资规模与结构    490
人才培养       490
科学研究       490
服务社会       490
高端人才       490
重大项目与成果    490
国际竞争力      490
dtype: int64
```

图 6-10　缺失值统计

3. 缺失值处理

一般在进行数据分析之前，都需要对读取到的数据进行缺失值处理，以确保数据的完整性，以及数据分析结果的准确性。如果缺失值很少，一般的做法是对字段数据进行分析找到合适的值对缺失值进行填充；如果缺失值很多，一般将其删除以免影响数据分析结果。data 中“总分”列的值其实是后面的 10 列数值之和，因此可将后 10 列删除，即按列删除；如果希望保留后 10 列数据，也可以按行删除，只保留前 100 名的大学数据。这可使用 dropna( )函数实现，代码如下：

```
dataCol = data.dropna(axis = 1)          # 删除含有缺失值的列
dataRow = data.dropna(axis = 0)          # 删除含有缺失值的行
```

使用 tail( )函数查看 dataCol 和 dataRow 的后 10 行数据，结果如图 6-11 所示。dataCol 中有 590 行 5 列数据，dataRow 中有 100 行 15 列数据。

dataCol.tail(10)

	排名	学校名称	省市	类型	总分
580	581	昌吉学院	新疆	师范	77.0
581	582	滇西应用技术大学	云南	综合	74.8
582	583	沈阳工程学院	辽宁	理工	74.7
583	584	河北工业职业技术大学	河北	理工	74.0
584	585	内蒙古科技大学包头师范学院	内蒙古	综合	71.5
585	586	河北石油职业技术大学	河北	理工	63.8
586	587	山西工程科技职业大学	山西	理工	62.1
587	588	山西科技学院	山西	理工	55.6
588	589	广西农业职业技术大学	广西	综合	51.1
589	590	新疆政法学院	新疆	综合	43.5

dataRow.tail(10)

	排名	学校名称	省市	类型	总分	办学层次	学科水平	办学资源	师资规模与结构	人才培养	科学研究	服务社会	高端人才	重大项目与成果	国际竞争力
90	91	杭州电子科技大学	浙江	理工	252.8	26.6	10.5	4.4	38.9	128.3	18.2	3.3	4.4	3.3	14.7
91	92	湘潭大学	湖南	综合	252.4	27.0	14.3	2.9	36.0	122.7	17.8	13.8	5.3	5.7	6.8
92	93	华南农业大学	广东	农业	252.3	24.8	15.3	6.2	38.3	117.3	16.0	4.3	6.5	11.4	12.1
93	94	燕山大学	河北	理工	251.8	26.8	10.1	4.1	36.9	133.7	16.4	7.7	3.2	6.8	6.1
94	95	福建师范大学	福建	师范	250.1	26.8	15.5	5.0	36.9	130.2	15.0	0.0	6.7	4.1	9.9
95	96	广西大学	广西	综合	249.0	28.6	14.8	5.2	36.8	121.8	18.4	2.6	4.8	5.2	11.0
96	97	广州大学	广东	综合	248.8	24.5	14.2	11.5	38.0	108.8	23.5	0.4	8.4	6.6	12.8
97	98	河南大学	河南	综合	248.1	26.5	18.3	5.9	38.0	119.6	17.3	1.1	6.0	5.0	10.4
98	99	大连海事大学	辽宁	综合	246.7	28.2	12.4	4.2	37.5	129.2	15.8	2.7	3.4	3.8	9.5
99	100	浙江师范大学	浙江	师范	246.4	25.7	12.4	4.9	36.8	120.0	14.7	1.9	6.2	4.7	19.2

图 6-11　删除缺失值后的后 10 行数据

6.1.3　统计与可视化分析

由 6.1.2 节查看数据的基本情况可知，2023 年一共有 590 所大学上榜，按“总分”字段进行排名，“总分”字段与“办学层次”“学科水平”“办学资源”“师资规模与结构”“人才培养”“科学研究”“服务社会”“高端人才”“重大项目与成果”“国际竞争力”10 个字段有关。本节拟分析数据之间的相关性、统计各省市大学数量、各省市平均得分、不同类型大学数量等情况，并分别绘制热力图、地图、条形图展示计算结果。

1. 相关性分析

“排名”“总分”均与“办学层次”“学科水平”等 10 个字段值有关，因此可进行相关性分析，得到它们之间的相关关系。使用 corr( )函数计算各字段的相关系数，计算的数据源可以是 data 也可以是 dataRow，原因是 corr( )函数不仅会忽略 dataframe 中的任何非数字数据类型列，而且会自动排除空值。使用 seaborn 库绘制热力图展示计算结果，代码如下：

```
import matplotlib.pyplot as plt                     #导入 matplotlib.pyplot 库
import seaborn as sns                               #导入 seaborn 库
plt.rcParams['font.family'] = ['SimHei']            #设置中文字体，正常显示中文
plt.rcParams['axes.unicode_minus'] = False          #正常显示负号

plt.figure(figsize=(8, 8))                          # 设置热力图尺寸
sns.heatmap(data.corr(), linewidths=0.1, vmax=1.0,
        square=True, linecolor='white', annot=True)
# 绘制相关系数矩阵热力图
```

程序运行结果如图 6-12 所示。相关系数取值范围为−1 至 1，正数表示正相关，负数表示负相关，系数越大表示相关性越高。“总分”字段与各个字段的相关系数均在 0.7 以上，相关性较高，其中“总分”字段与“学科水平”“人才培养”“科学研究”“高端

人才”“重大项目与成果”字段的相关系数均超过了 0.9，表明它们高度相关。结果表明，要想提高大学排名，高校必须努力在“办学层次”“学科水平”等 10 个方面努力提升综合实力，尤其是“学科水平”“人才培养”“科学研究”“高端人才”“重大项目与成果”等方面实力的提升。

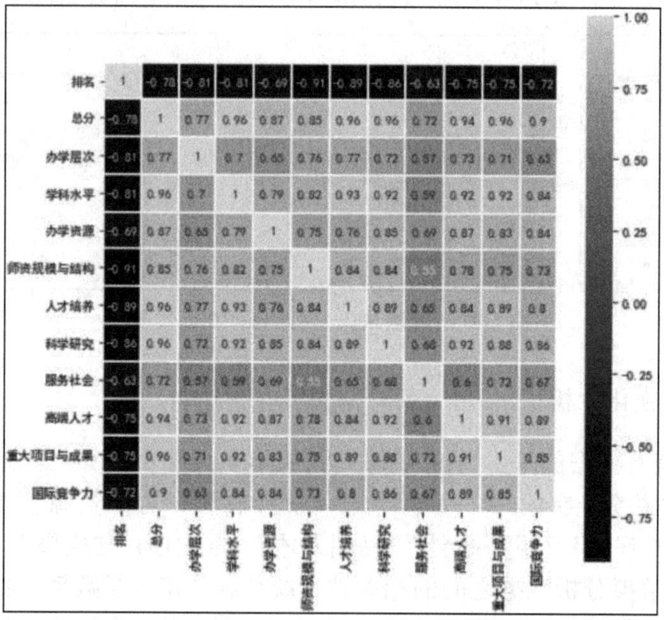

图 6-12　各字段相关系数矩阵热力图

2. 各省市大学数量分布情况

使用 dataCol['省市'].value_counts( )可计算得到各省市大学数量，dataCol['省市']表示取 dataCol 数据中的“省市”列，.value_counts( )表示计算值的个数。其结果如图 6-13 所示。

	江苏	山东	河南	河北	北京	辽宁	陕西	四川	湖南	广东	浙江	湖北	安徽	江西	山西	黑龙江	吉林	上海	福建	云南	广西	贵州	甘肃	重庆	天津	内蒙古	新疆	海南	宁夏	青海	西藏
省市	39	33	31	30	27	27	26	26	25	25	25	25	24	22	19	19	18	18	17	17	16	14	13	11	11	11	11	4	2	2	2

图 6-13　各省市大学数量

使用 pyecharts 绘制地图展示计算结果，代码如下：

```
# 导入pyecharts库用于绘制地图和条形图
from pyecharts import options as opts
from pyecharts.charts import Map,Bar
r = dataCol['省市'].value_counts()    # 计算各省市大学数量
cities = r.index.tolist()             # 获取省市名称放入列表中
counts = r.values.tolist()            # 获取大学数量值放入列表中
# 为使地图正常显示，需要对cities中的省市名称进行处理
for i in range(len(cities)):
    if cities[i] in ['西藏','内蒙古']:
        cities[i] = cities[i] + '自治区'
```

```
        elif cities[i] == '宁夏':
            cities[i] = cities[i] + '回族自治区'
        elif cities[i] == '新疆':
            cities[i] = cities[i] + '维吾尔自治区'
        elif cities[i] == '广西':
            cities[i] = cities[i] + '壮族自治区'
        elif cities[i] in ['北京','天津','重庆','上海']:
            cities[i] = cities[i] + '市'
        else:
            cities[i] = cities[i] + '省'
    # 绘制各省市大学数量地图，并导出到 HTML 文件中
    m = (Map()
        .add("大学数量",[list(z) for z in zip(cities, counts)],
            "china",label_opts=opts.LabelOpts(is_show=False))
        .set_global_opts(
                        title_opts=opts.TitleOpts(title="2023 年上榜高校各
                        省市数量分布图"),visualmap_opts=opts.VisualMapOpts
                        (is_piecewise=True,max_=40, split_number=8))
        ).render("map_china_cities.html")
```

上述代码中，如果对 cities 中的省市名称不进行处理而直接绘制地图，会发现地图颜色为灰色，且相应的省市对应的值不能显示。因此，为了使地图能正常显示，需要对 cities 中的 5 个自治区、4 个直辖市、22 个省修改为其对应的完整名称。鼠标指针在地图上移动就会显示相应的省市对应的大学数量情况。

由上述运行结果可知，江苏、山东、河南、河北、北京、辽宁、陕西、四川、湖南、广东、浙江、湖北等省市大学数量较多，西部地区大学数量较少。

3. 各省市大学平均得分

从各省市大学平均得分分析各地区高等教育水平。使用 groupby( )函数按“省市”分组并计算平均得分，使用 sort_values( )函数按“平均得分”升序排序后，绘制横向条形图展示计算结果，代码如下：

```
    r = dataCol.loc[:,['省市','总分']].groupby('省市').mean()
    # 按省市分组并计算平均得分
    r.sort_values(by=['总分'], inplace=True) # 按平均得分升序排序
    cities = r.index.tolist()                # 获取省市名称放置列表中
    avg_scores = r['总分'].round(1).tolist()  # 平均得分保留 1 位小数并放置列表中
    # 绘制各省市平均得分横向条形图，并导出到 HTML 文件中
    b = (Bar(init_opts=opts.InitOpts(height="700px"))
        .add_xaxis(cities)
        .add_yaxis('平均分数', avg_scores)
        .reversal_axis()
        .set_series_opts(label_opts=opts.LabelOpts(position='right'))
        .set_global_opts(
            title_opts=opts.TitleOpts(title='2023 年上榜高校各省市平均得分条
```

```
                                      形图'),
          yaxis_opts=opts.AxisOpts(name='省市'),
          xaxis_opts=opts.AxisOpts(name='平均得分'))
      ).render('bar_china_cities.html')
```

程序运行结果如图 6-14 所示，鼠标在条形图上移动就会显示相应省市对应的平均得分。可见，北京和上海的大学综合实力平均得分遥遥领先其他省市；江苏、湖北、天津、广东、陕西、浙江等地紧随其后；西部地区平均得分较低。

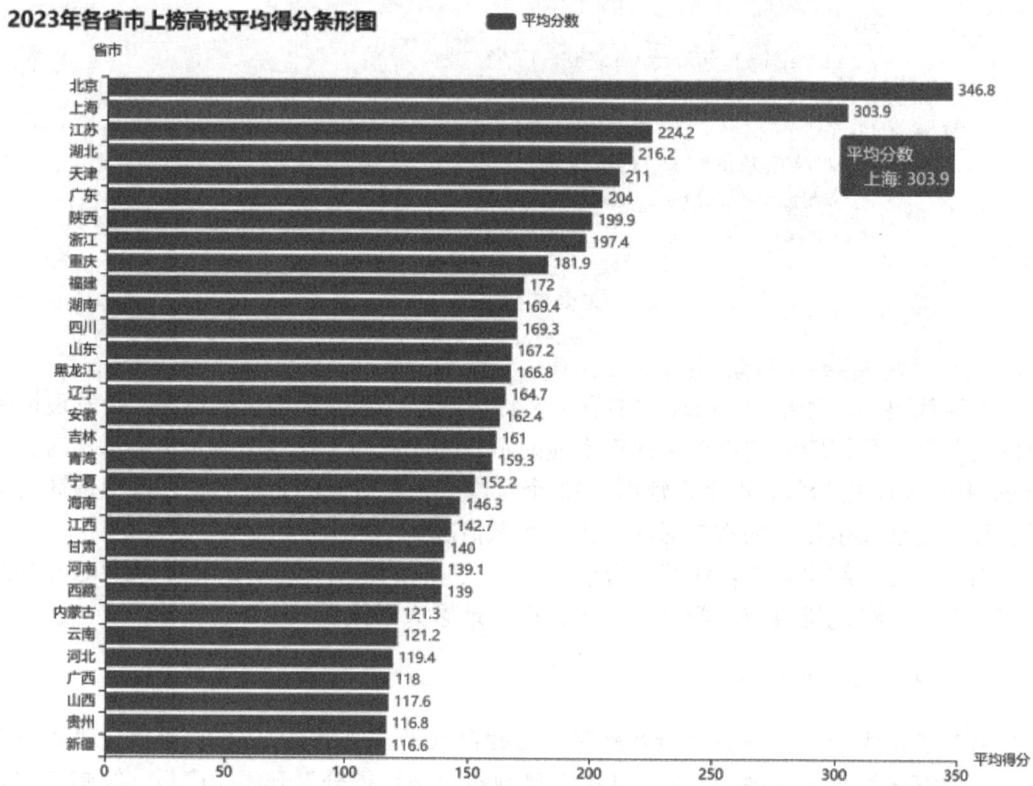

图 6-14　2023 年各省市上榜高校平均得分条形图

为了便于比较各省市的大学数量及平均得分，可将其绘制到同一条形图中，代码如下：

```
g = dataCol.groupby('省市')               # 原始数据按省市分组
df1 = g.count()['排名']                   # 计算各省市大学数量
df2 = g.mean()['总分'].round(1)           # 计算各省市平均得分并保留 1 位小数
df = pd.concat([df1, df2], join='outer', axis=1)  # 数据合并
df.columns = ['大学数量', '平均分得']  # 列名重命名
df.sort_values(by='平均得分', inplace=True)  # 按平均得分升序排序
cities = df.index.tolist()                # 获取省市名称到列表中
counts = df['大学数量'].tolist()          # 获取大学数量值到列表中
avg_scores = df['平均得分'].tolist()  # 获取平均得分到列表中
# 绘制条形图，并导出到 HTML 文件中
b = (Bar(init_opts=opts.InitOpts(height="700px"))
```

```
        .add_xaxis(cities)
        .add_yaxis('平均分数', avg_scores)
        .add_yaxis('大学数量', counts)
        .reversal_axis()
        .set_series_opts(label_opts=opts.LabelOpts(position='right'))
        .set_global_opts(
           title_opts=opts.TitleOpts(title='2023 年各省市排名'),
           yaxis_opts=opts.AxisOpts(name='省市'),
           xaxis_opts=opts.AxisOpts(name='值'))
      ).render('bar_china.html')
```

程序运行结果如图 6-15 所示，单击图例“平均分数”（或“大学数量”）可使其对应的条形图可见或者隐藏。由图可知，平均分数排名靠前的省市大学数量在 31 个省（自治区、直辖市）中并不一定是较多的，如上海、天津、重庆；江苏省的大学数量最多，其平均分数排名也比较靠前，位列第三；湖北省、广东省的大学数量居中靠前，其平均分数排名较靠前，湖北省位列第四，广东省位列第六；天津市的大学数量不多，但平均分数排名靠前，位列第五。

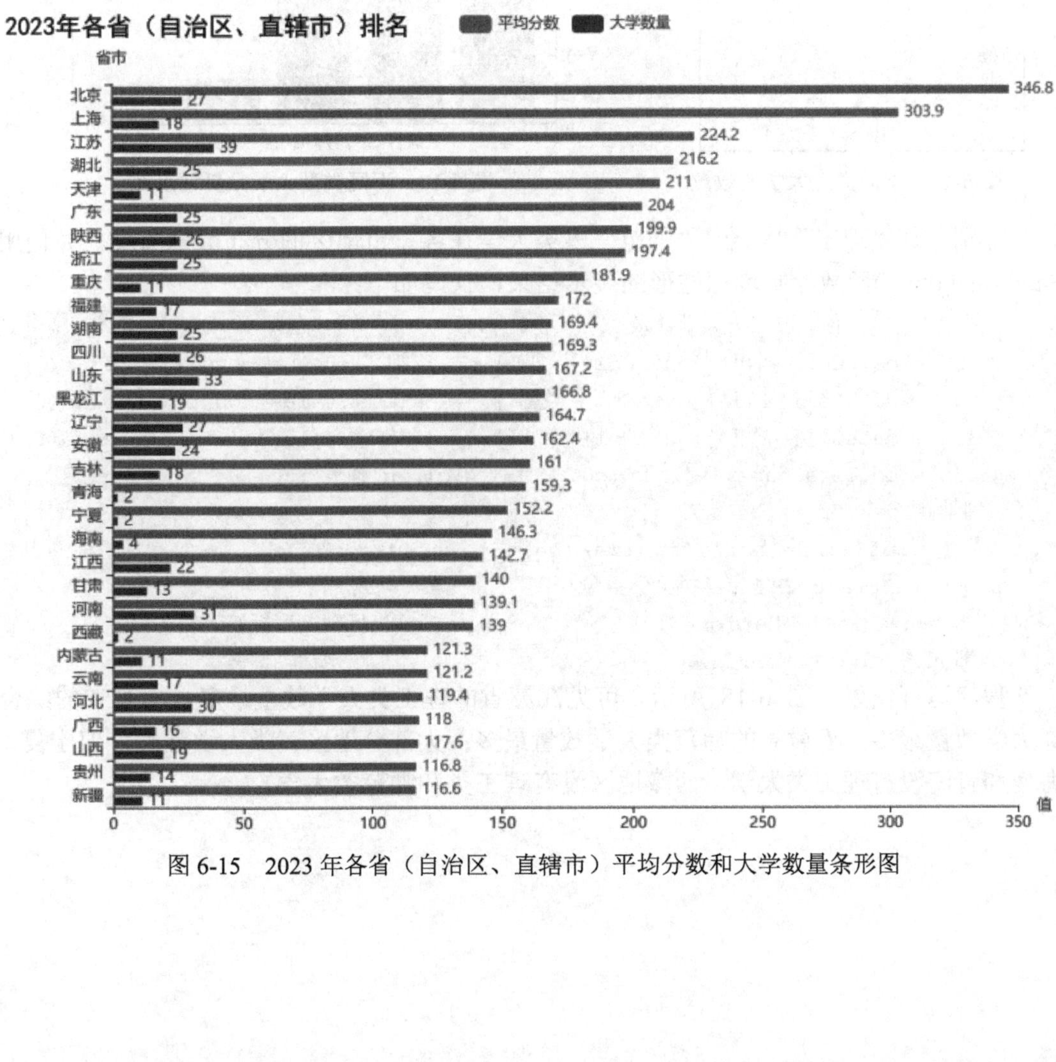

图 6-15　2023 年各省（自治区、直辖市）平均分数和大学数量条形图

4. 从大学类型分析大学分布情况

使用 dataCol['类型'].value_counts( )计算全国不同类型大学的数量，结果如图 6-16 所示。

使用 Pandas 的 plot( )函数绘制柱形图，代码如下：

```
dataCol['类型'].value_counts().plot(kind='bar')
# 计算不同类型大学数量，并绘制柱形图
plt.xticks(rotation=0)    # 横坐标刻度标签水平显示
```

程序运行结果如图 6-17 所示。由图 6-16 和图 6-17 可知全国理工类大学数量最多，林业类大学数量最少。

```
dataCol['类型'].value_counts()

理工    217
综合    174
师范    159
农业     34
林业      6
Name: 类型, dtype: int64
```

图 6-16　不同类型大学的数量

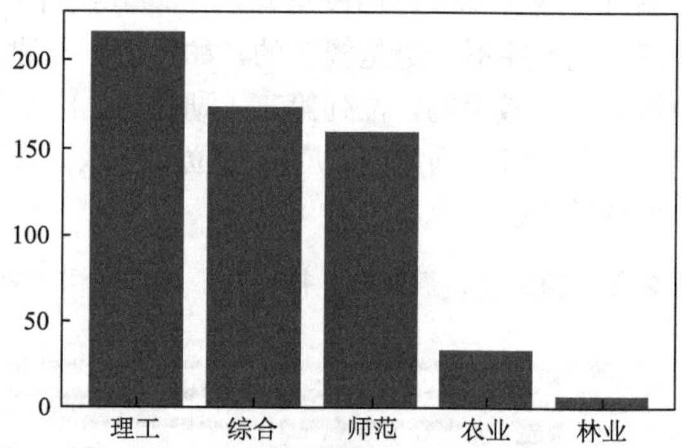

图 6-17　不同类型大学数量柱形图

分别统计“理工”“综合”“师范”三类大学在各省市地区的分布数量情况，并使用 Pandas 的 plot( )函数绘制堆积柱形图展示结果，代码如下：

```
# 分别统计各省市三类大学数量
c0 = dataCol['省市'][dataCol['类型'] == '理工'].value_counts().round(0)
c1 = dataCol['省市'][dataCol['类型'] == '综合'].value_counts().round(0)
c2 = dataCol['省市'][dataCol['类型'] == '师范'].value_counts().round(0)
df = pd.DataFrame({u'理工':c0, u'综合':c1, u'师范':c2})
# 构造 dataframe 类型数据
df.plot(kind='bar',figsize=(15, 8), stacked=True)   # 绘制堆积柱形图
plt.title(u'各省市三类大学数量')                      # 添加标题
plt.xticks(rotation=45)                               # 横坐标轴刻度标签旋转 45°
plt.ylabel(u'大学数量')                               # 添加纵坐标轴标签
```

程序运行结果如图 6-18 所示。可见江苏省的理工类大学数量最多，山东省的综合类大学数量最多，安徽省的师范类大学数量最多；大部分地区三类大学都有，但宁夏、海南和青海没有理工类大学，西藏地区没有理工类和师范类大学。

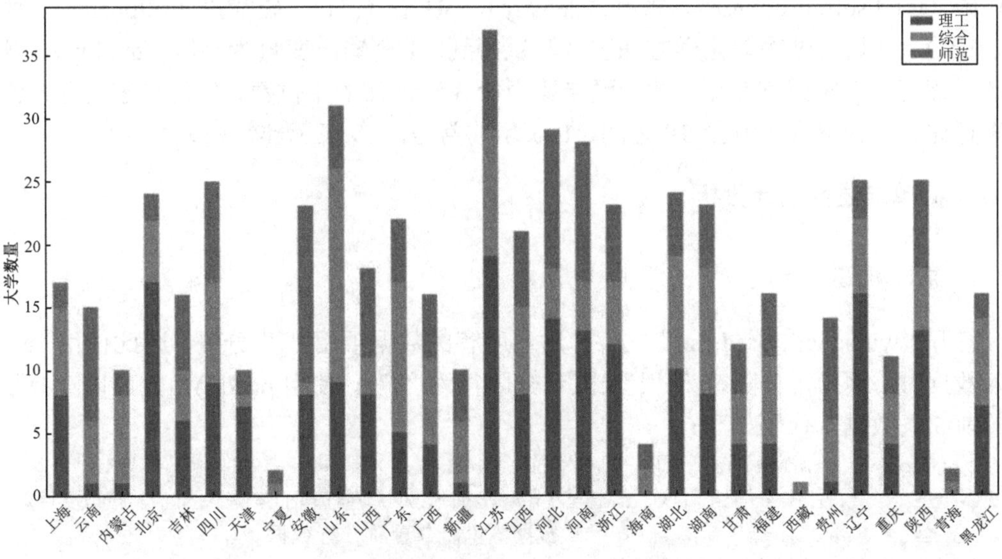

图 6-18 各省市三类大学数量

6.2 葡萄酒品质分析

葡萄酒是以葡萄为原料酿造的一种果酒。葡萄酒的品种很多，因为葡萄的栽培、葡萄酒生产工艺条件的不同，所以产品风格各不相同。按酒的颜色分类，葡萄酒分为白葡萄酒、红葡萄酒和桃红葡萄酒。白葡萄酒用白葡萄或皮红肉白的葡萄分离发酵制成，酒的颜色微黄带绿，近似无色或浅黄、禾秆黄、金黄。红葡萄酒采用皮红肉白或皮肉皆红的葡萄经葡萄皮和汁混合发酵而成，酒色呈自然深宝石红、宝石红、紫红或石榴红。桃红葡萄酒用带色的红葡萄带皮发酵或分离发酵制成，酒色为淡红、桃红、橘红或玫瑰色，这一类葡萄酒在风味上具有新鲜感和明显的果香。至今葡萄酒的品质评价还是主要依靠品鉴专家的感官，因此存在一定的争议。

为了评估葡萄酒的品质，本案例拟根据葡萄酒的物理化学性质与葡萄酒品质之间的关系，通过机器学习建立数学模型，最终使用模型来实现葡萄酒的品质鉴定。

6.2.1 数据集描述

“葡萄酒质量”数据来源于美国加州大学欧文分校提出的 UCI 数据库，其下载地址为 https://archive.ics.uci.edu/dataset/186/wine+quality。此数据源有两个数据集“winequality-red.csv”和“winequality-white.csv”，两者均与葡萄牙“Vinho Verde”葡萄酒的红色和白色变体有关。

这里选择“winequality-red.csv”数据集作为数据源，即对红葡萄酒做品质分析。该数据集共有 1599 个样本，每个样本含有 11 个输入变量和 1 个输出变量。11 个输入变量分别是固定酸度（fixed acidity）、挥发性酸度（volatile acidity）、柠檬酸（citric acid）、残留糖（residual sugar）、氯化物（chlorides）、游离二氧化硫（free sulfur dioxide）、总二氧化硫（total sulfur dioxide）、密度（density）、pH 值（pH）、硫酸盐（sulphates）、酒精（alcohol），数据通过物理化学方法客观测试得到。1 个输出变量为品质（quality），其值来源于葡萄酒专家感官数据（葡萄酒专家至少 3 次评估的中位数，每位专家对葡萄酒品质进行评分，评分介于 0 至 10 之间，0 表示非常差，10 表示非常好）。

6.2.2 简单描述性统计分析

1. 导入数据

打开“winequality-red.csv”文件，发现所有的数据项用“;”分隔，因此使用 Pandas 导入数据时，须指定分隔符为“;”（默认分隔符为“,”）。使用 head( )函数可以查看数据集的前 5 条数据，代码如下：

```
import pandas as pd       # 导入 Pandas 库
data = pd.read_csv("winequality-red.csv", delimiter=';')  # 读取文件数据
data.head()               # 数据概览，查看前 5 行数据
```

程序运行结果如图 6-19 所示。

	fixed acidity	volatile acidity	citric acid	residual sugar	chlorides	free sulfur dioxide	total sulfur dioxide	density	pH	sulphates	alcohol	quality
0	7.4	0.70	0.00	1.9	0.076	11.0	34.0	0.9978	3.51	0.56	9.4	5
1	7.8	0.88	0.00	2.6	0.098	25.0	67.0	0.9968	3.20	0.68	9.8	5
2	7.8	0.76	0.04	2.3	0.092	15.0	54.0	0.9970	3.26	0.65	9.8	5
3	11.2	0.28	0.56	1.9	0.075	17.0	60.0	0.9980	3.16	0.58	9.8	6
4	7.4	0.70	0.00	1.9	0.076	11.0	34.0	0.9978	3.51	0.56	9.4	5

图 6-19 数据集前 5 行数据概览

2. 数据基本情况

使用 info( )函数查看数据的基本情况，结果如图 6-20 所示。可见共有 1599 行 12 列数据；前 11 个字段均为 float 类型，最后一个字段为 int 类型，对应红葡萄酒的品质评分；所有字段均有 1599 行数据，此数据集无缺失值。

```
data.info()   # 查看数据基本情况

<class 'pandas.core.frame.DataFrame'>
RangeIndex: 1599 entries, 0 to 1598
Data columns (total 12 columns):
 #   Column                Non-Null Count  Dtype
---  ------                --------------  -----
 0   fixed acidity         1599 non-null   float64
 1   volatile acidity      1599 non-null   float64
 2   citric acid           1599 non-null   float64
 3   residual sugar        1599 non-null   float64
 4   chlorides             1599 non-null   float64
 5   free sulfur dioxide   1599 non-null   float64
 6   total sulfur dioxide  1599 non-null   float64
 7   density               1599 non-null   float64
 8   pH                    1599 non-null   float64
 9   sulphates             1599 non-null   float64
 10  alcohol               1599 non-null   float64
 11  quality               1599 non-null   int64
dtypes: float64(11), int64(1)
memory usage: 150.0 KB
```

图 6-20 数据基本情况

3. 数据描述性统计

使用 data.describe( )可以得到数据的统计信息，结果如图 6-21 所示。count 表示有效值数量；mean 表示均值；std 表示标准差；min 表示最小值；max 表示最大值；百分位数表示至少有 p%的数据项小于或等于这个值，如 fixed acidity 这个字段 25%对应的 7.10 值表示有 25%的样本的 fixed acidity 值小于 7.10，75%的样本的 fixed acidity 值大于 7.10。

从图中 count 这一行也可以看出此数据集没有缺失值，此外也没有发现明显的异常值。

```
data.describe().round(2)    # 描述性统计信息，结果保留两位小数
```

	fixed acidity	volatile acidity	citric acid	residual sugar	chlorides	free sulfur dioxide	total sulfur dioxide	density	pH	sulphates	alcohol	quality
count	1599.00	1599.00	1599.00	1599.00	1599.00	1599.00	1599.00	1599.00	1599.00	1599.00	1599.00	1599.00
mean	8.32	0.53	0.27	2.54	0.09	15.87	46.47	1.00	3.31	0.66	10.42	5.64
std	1.74	0.18	0.19	1.41	0.05	10.46	32.90	0.00	0.15	0.17	1.07	0.81
min	4.60	0.12	0.00	0.90	0.01	1.00	6.00	0.99	2.74	0.33	8.40	3.00
25%	7.10	0.39	0.09	1.90	0.07	7.00	22.00	1.00	3.21	0.55	9.50	5.00
50%	7.90	0.52	0.26	2.20	0.08	14.00	38.00	1.00	3.31	0.62	10.20	6.00
75%	9.20	0.64	0.42	2.60	0.09	21.00	62.00	1.00	3.40	0.73	11.10	6.00
max	15.90	1.58	1.00	15.50	0.61	72.00	289.00	1.00	4.01	2.00	14.90	8.00

图 6-21　数据描述性统计

6.2.3　探索性分析

1. 化学成分相关性分析

使用 corr( )函数计算红葡萄酒各化学成分之间的相关系数，如图 6-22 所示。从图中 quality 这一行可以看到固定酸度、柠檬酸、残留糖、硫酸盐、酒精这些成分与品质评分呈正相关，即这些成分含量增加时，红葡萄酒的品质会提升；挥发性酸度、氯化物、游离二氧化硫、总二氧化硫、密度、pH 值这些成分与品质评分呈负相关，即这些成分含量增加时，红葡萄酒的品质会下降。其中，对红葡萄酒品质影响最大的是酒精含量，其相关系数达 0.476166。

```
data.corr()    # 计算各字段相关系数
```

	fixed acidity	volatile acidity	citric acid	residual sugar	chlorides	free sulfur dioxide	total sulfur dioxide	density	pH	sulphates	alcohol	quality
fixed acidity	1.000000	-0.256131	0.671703	0.114777	0.093705	-0.153794	-0.113181	0.668047	-0.682978	0.183006	-0.061668	0.124052
volatile acidity	-0.256131	1.000000	-0.552496	0.001918	0.061298	-0.010504	0.076470	0.022026	0.234937	-0.260987	-0.202288	-0.390558
citric acid	0.671703	-0.552496	1.000000	0.143577	0.203823	-0.060978	0.035533	0.364947	-0.541904	0.312770	0.109903	0.226373
residual sugar	0.114777	0.001918	0.143577	1.000000	0.055610	0.187049	0.203028	0.355283	-0.085652	0.005527	0.042075	0.013732
chlorides	0.093705	0.061298	0.203823	0.055610	1.000000	0.005562	0.047400	0.200632	-0.265026	0.371260	-0.221141	-0.128907
free sulfur dioxide	-0.153794	-0.010504	-0.060978	0.187049	0.005562	1.000000	0.667666	-0.021946	0.070377	0.051658	-0.069408	-0.050656
total sulfur dioxide	-0.113181	0.076470	0.035533	0.203028	0.047400	0.667666	1.000000	0.071269	-0.066495	0.042947	-0.205654	-0.185100
density	0.668047	0.022026	0.364947	0.355283	0.200632	-0.021946	0.071269	1.000000	-0.341699	0.148506	-0.496180	-0.174919
pH	-0.682978	0.234937	-0.541904	-0.085652	-0.265026	0.070377	-0.066495	-0.341699	1.000000	-0.196648	0.205633	-0.057731
sulphates	0.183006	-0.260987	0.312770	0.005527	0.371260	0.051658	0.042947	0.148506	-0.196648	1.000000	0.093595	0.251397
alcohol	-0.061668	-0.202288	0.109903	0.042075	-0.221141	-0.069408	-0.205654	-0.496180	0.205633	0.093595	1.000000	0.476166
quality	0.124052	-0.390558	0.226373	0.013732	-0.128907	-0.050656	-0.185100	-0.174919	-0.057731	0.251397	0.476166	1.000000

图 6-22　各字段相关系数矩阵

2. 品质评分分析

为了了解红葡萄酒数据集样本数据的品质评分分布，可统计其品质评分频数，使用 data.quality.value_counts( )实现，结果如图 6-23 所示。可见红葡萄酒的品质评分在 3 至 8 之间，其中品质评分为 5 的红葡萄酒最多，品质评分为 3 的红葡萄酒最少。

也可以绘制品质评分直方图，以更加直观地查看红葡萄酒品质评分的分布情况。导入 seaborn 库绘制红葡萄酒品质评分直方图，代码如下：

```
import seaborn as sns
sns.distplot(data.quality)  # distplot 函数查看品质评分分布
```

程序运行结果如图 6-24 所示。可见红葡萄酒的品质评分大部分集中在 5 至 7 之间，评分为 3 和 8 的非常少。

```
data.quality.value_counts()

5    681
6    638
7    199
4     53
8     18
3     10
Name: quality, dtype: int64
```

图 6-23　品质评分频数统计

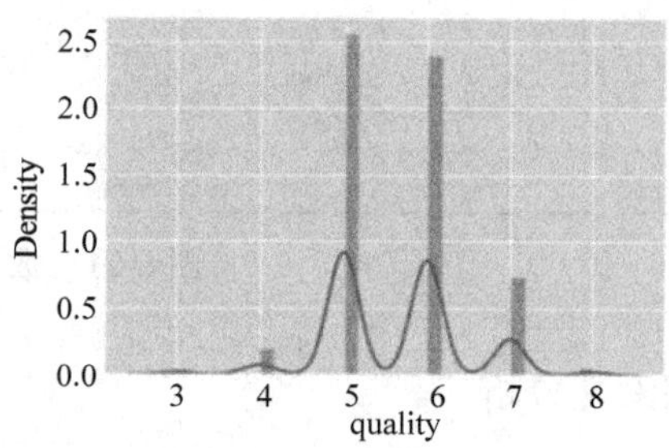

图 6-24　品质评分直方图

6.2.4　数学模型构建与应用

由 6.2.1 节可知，红葡萄酒数据集中的样本含有 11 个输入变量和 1 个输出变量，即品质评分为因变量，其他 11 个特征为自变量。由 6.2.3 节的品质评分分析可知，因变量的值在 3 至 8 之间，所以这是一个分类问题。Python 中 scikit-learn 提供了多种分类算法，如逻辑回归、支持向量机、朴素贝叶斯、随机森林等。scikit-learn 的详细介绍可参见官方文档（https://scikit-learn.org/stable/index.html）。

这里选择随机森林算法建立数学模型。随机森林是用于分类和回归的监督式集成学习模型。这个模型非常简单，易于实现。此外，随机森林可以有效地降低过拟合程度，具有较好的泛化误差，训练速度也非常快，是十分受欢迎的一种机器学习方法。

1. 建立随机森林模型

使用随机森林分类器 RandomForestClassifier( )新建模型对象，将红葡萄酒数据中 80%的数据导入上述模型中进行训练，使用 fit( )函数完成模型训练，至此模型构建成功。使用构建好的模型调用 predict( )函数对余下的 20%数据的因变量（即品质评分）进行预测，求出预测值，为下一步与真实值进行对比来评估模型效果提供基础，代码如下：

```
import pandas as pd
from sklearn.ensemble import RandomForestClassifier
from sklearn.model_selection import train_test_split
```

```
data = pd.read_csv("winequality-red.csv", delimiter=';')
# 提取特征和标签
X = data.drop('quality', axis=1)
y = data['quality']
# 划分训练集和测试集
X_train, X_test, y_train, y_test = train_test_split(X, y, test_size=0.2,
                                                    random_state=142)
rf = RandomForestClassifier(random_state=142)   # 构建模型对象
rf.fit(X_train, y_train)                        # 训练模型
y_pred = rf.predict(X_test)                     # 预测测试集
```

为了使代码每次在测试时得到的结果一致，随机数种子参数 random_state 应赋相同的值。

2. 模型效果评估及优化

使用模型的 test( )函数计算准确率，评估对随机森林模型效果，代码如下：

```
accuracy = rf.score(X_test, y_test)
print('准确率(Accuracy):', str(accuracy*100)+'%')
```

上述代码的运行结果为 72.5%，比较低，需要对模型进行优化，如重新划分品质等级。由 6.2.3 节可知，因变量即红葡萄酒的品质评分值在 3 至 8 之间，可将此范围内的值重新划分为 3 个等级："一般" 对应评分值 3 和 4、"中等" 对应评分值 5 和 6、"较好" 对应评分值 7 和 8，3 个等级数值化为 0、1、2。完整代码如下：

```
import pandas as pd
from sklearn.ensemble import RandomForestClassifier
from sklearn.model_selection import train_test_split
data = pd.read_csv("winequality-red.csv", delimiter=';')
# 将品质等级转换为分类标签
data['quality_label'] = pd.cut(data['quality'], bins=[0,4,6,10],
                               labels=[0,1,2])
# 提取特征和标签
X = data.drop(['quality','quality_label'], axis=1)
y = data['quality_label']
# 划分训练集和测试集
X_train, X_test, y_train, y_test = train_test_split(X, y, test_size=0.2,
                                                    random_state=142)
rf = RandomForestClassifier(random_state=142)   # 构建模型对象
rf.fit(X_train, y_train)                        # 训练模型
y_pred = rf.predict(X_test)                     # 预测测试集
accuracy = rf.score(X_test, y_test)             # 计算准确率
print('准确率(Accuracy):', str(accuracy*100)+'%')
```

结果显示模型准确率达 90.625%，有较显著的提升。

3. 特征重要性分析

模型在实际应用于预测前，需要分析自变量在随机森林模型中的特征重要性得分，

明确自变量的重要性。为直观显示各特征重要性得分情况，使用 Pandas 库中的 plot( ) 函数绘制水平条形图展示结果，代码如下：

```
# 获取特征重要性得分
feature_importances = rf.feature_importances_
# 创建特征名列表
feature_names = list(X.columns)
# 创建一个 DataFrame，包含特征名和其重要性得分
feature_importances_df = pd.DataFrame({'feature': feature_names,
                                        'importance':feature_importances})
# 对特征重要性得分进行排序
feature_importances_df = feature_importances_df.sort_values('importance',
                                                            ascending=True)
# 绘制特征重要性水平条形图
feature_importances_df.plot.barh(x='feature',y='importance')
```

程序运行结果如图 6-25 所示。feature_importances_df 按'importance'降序排序后结果如图 6-26 所示。

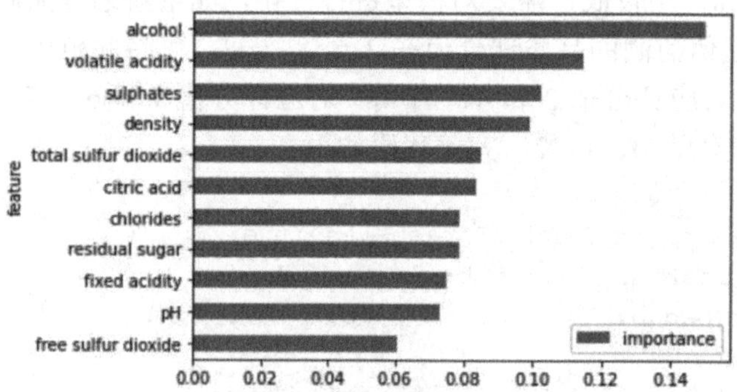

图 6-25 特征重要性得分水平条形图

	feature	importance
10	alcohol	0.149651
1	volatile acidity	0.114401
9	sulphates	0.102286
7	density	0.099046
6	total sulfur dioxide	0.084766
2	citric acid	0.083439
4	chlorides	0.078951
3	residual sugar	0.078627
0	fixed acidity	0.075144
8	pH	0.073183
5	free sulfur dioxide	0.060505

图 6-26 特征重要性得分值

可见在红葡萄酒的各化学成分中，酒精、挥发性酸度、硫酸盐的特征重要性较高，均超过了 0.1，位列前三。

在具体应用时，只需要导入样本数据就可以预测出红葡萄酒的品质等级。

参 考 文 献

韩瀛，杨光煜，刘婧，等，2020．计算机基础及 Python 程序设计导论[M]．北京：清华大学出版社．

骞柯，胡良兰，潘玉茹，2021．大学计算机：思维与应用[M]．成都：电子科技大学出版社．

嵩天，礼欣，黄天羽，2017．Python 语言程序设计基础[M]．2 版．北京：高等教育出版社．

吴宛萍，魏媛媛，许小静，2021．大学计算机基础：计算与信息素养[M]．北京：科学出版社．

夏敏捷，杨关，2017．Python 程序设计：从基础到开发[M]．北京：清华大学出版社．

战德臣，张丽杰，2019．大学计算机：计算思维与信息素养[M]．3 版．北京：高等教育出版社．

张俊红，2019．对比 Excel 轻松学习 Python 数据分析[M]．北京：电子工业出版社．

Boris Paskhaver，2022．Pandas 数据分析实战[M]．殷海英，译．北京：清华大学出版社．

Cortez P, Cerdeira A, Almeida F, et al., 2009. Modeling wine preferences by data mining from physicochemical properties[J]. Decision Support Systems, Elsevier, 47(4)：547-553.